Capitaine C. MARTINOT-LAGARDE

ANCIEN ÉLÈVE DE L'ÉCOLE POLYTECHNIQUE

LE

MOTEUR A EXPLOSION

Avec 157 figures dans le texte

BERGER-LEVRAULT, ÉDITEURS

PARIS | NANCY

RUE DES BEAUX-ARTS, 5-7 | RUE DES GLACIS, 18

1912

LE

MOTEUR A EXPLOSION

DU MÊME AUTEUR

Les Moteurs d'aviation. — Un volume in-8, avec 69 figures
dans le texte. (*Berger-Levrault, Éditeurs*) . . . **2** fr. **50**

INTRODUCTION

Des travaux très variés et très approfondis sur
le moteur à explosion ont déjà été publiés : les
uns s'adressent surtout aux savants, comme les
études magistrales de MM. Witz, Lecornu, Marchis, Georges Moreau; d'autres intéressent spécialement le technicien-constructeur, comme ceux,
si précis, de MM. Lumet, Lacoin, Leroux, Périssé;
d'autres enfin, comme ceux de MM. Baudry-de-
Saulnier, le Dr Baumier, ont su mettre à la portée
de tous, grâce à une très grande clarté d'exposition et une rédaction très attrayante, la mécanique, souvent ardue, du moteur.

Après tant de voix si autorisées nous n'oserions
prendre la parole si nous n'y avions été amené
par les circonstances. Chargé de l'instruction mécanique des aviateurs militaires qui possèdent une
culture scientifique générale, nous avons écrit,
sur leur demande, ce manuel qui, il nous semble,
tient le milieu entre l'ouvrage purement scientifique ou technique et le traité de vulgarisation,
et paraît, par suite, susceptible d'intéresser un

grand nombre de lecteurs. Il est le développement des conférences qui ont été faites aux officiers et mécaniciens du service aéronautique; les calculs y sont réduits au minimum et sont du domaine des mathématiques élémentaires; les développements y ont essentiellement un caractère d'utilisation pratique, et sont accompagnés de nombreuses figures, grâce à la complaisance des principaux constructeurs. Nous tenons à les en remercier ici.

Nous y passons en revue, après une description de la marche générale du moteur, les dispositifs de mesure de puissance le plus souvent employés dans l'industrie.

Les diverses fonctions du moteur, carburation, distribution, allumage, explosion, échappement, refroidissement, graissage, sont ensuite étudiées en détail en se plaçant surtout au point de vue expérimental. Suivent des notions élémentaires au sujet de la régulation et de l'équilibrage. En ce qui concerne la construction, le réglage et la mise au point du moteur, nous avons donné les renseignements qu'il est essentiel de connaître pour l'utiliser rationnellement.

Enfin, dans la dernière partie, nous avons exposé un essai de recherche méthodique des pannes et des moyens d'y remédier.

L'ensemble de l'ouvrage prépare à l'étude des moteurs spéciaux employés en aviation et dont la description fait l'objet d'un deuxième fascicule déjà paru.

Nous nous estimerons heureux si, par cette publication, nous avons fait œuvre utile, en facilitant la tâche de nos hardis aviateurs, en augmentant le nombre de ceux qui s'intéressent à la mécanique moderne, en incitant à pousser plus avant l'étude et le perfectionnement de ce merveilleux engin, le moteur à explosion, qui a permis à l'homme de prendre son essor.

LE

MOTEUR A EXPLOSION

Généralités. — Les moteurs à gaz rentrent dans la grande classe des moteurs thermiques dans lesquels la chaleur est transformée en travail suivant la loi de l'équivalent mécanique de la chaleur.

Dans la machine à vapeur, à air chaud, le calorique est emprunté par un corps évoluant sans changer de composition, l'eau ou l'air, à une source extérieure, la chaudière ou le foyer, et rendue à une source froide, l'atmosphère extérieure. Théoriquement, la même masse de ce corps évoluant pourrait être indéfiniment utilisée.

Dans les moteurs à gaz, au contraire, le calorique provient de la transformation chimique dans le cylindre d'un mélange gazeux composé d'un comburant, l'air en général, et d'un combustible, gaz, hydrogène. Cette transformation chimique se produit dans le cylindre lui-même et élève la température du mélange plus ou moins brusquement, suivant qu'elle résulte d'une détonation ou d'une combustion. Le mélange gazeux ainsi échauffé se détend en se refroidissant, en refoulant un piston et en produisant le travail utile; mais les nouveaux corps ou gaz brûlés qu'il contient représentent des combinaisons stables non réversibles, et ne peuvent être utilisés à nouveau.

Ce qui différencie les moteurs à combustion des moteurs à explosion, c'est non seulement la différence dans la durée de la combinaison, qui, en réalité, a une valeur très appréciable dans le cas de l'explosion, c'est aussi le mode d'alimentation du moteur, le mode de détente et, souvent, le mode d'allumage.

Moteur à explosion. — On s'occupera seulement, dans cette étude, du moteur à explosion et celui-ci sera étudié surtout au point de vue expérimental et pratique.

Le premier moteur à gaz est le moteur Lenoir, qui paraît en 1860. Il est à simple effet et à deux temps.

Premier temps. — Le piston s'éloigne du fond du cylindre, aspire le mélange de gaz d'éclairage et d'air; vers le milieu de sa course l'ouverture d'aspiration est fermée, une étincelle éclate au fond du cylindre et produit l'explosion; la fin de course est ainsi motrice, par suite de la détente des gaz brûlés.

Deuxième temps. — Le piston, en revenant sur ses pas, chasse dehors les gaz de la combustion par une soupape d'échappement commandée mécaniquement par le moteur.

La consommation de gaz est énorme : 3000 l par cheval-heure, au lieu de 300 aujourd'hui.

La théorie et la pratique montrèrent l'intérêt qu'il y avait à comprimer au préalable le mélange d'air et de gaz, et à produire l'explosion à volume constant, c'est-à-dire au moment où le piston est au point mort.

Cycle à quatre temps. Le cycle de Rochas. — Breveté en 1862, appliqué la première fois en 1870 par Otto, le cycle à explosion à quatre temps, avec compression, est universellement adopté aujourd'hui (fig. 1 et 2).

Pendant la première course (aller) du piston, le mélange est aspiré dans le cylindre par la dépression produite derrière le piston (*premier temps*).

Pendant la deuxième course (retour), la soupape

d'admission étant fermée, le piston comprime les gaz dans la chambre de compression formée par l'espace situé entre lui et le fond du cylindre (*deuxième temps*).

L'explosion a lieu au moment où le piston est à la fin de la course précédente.

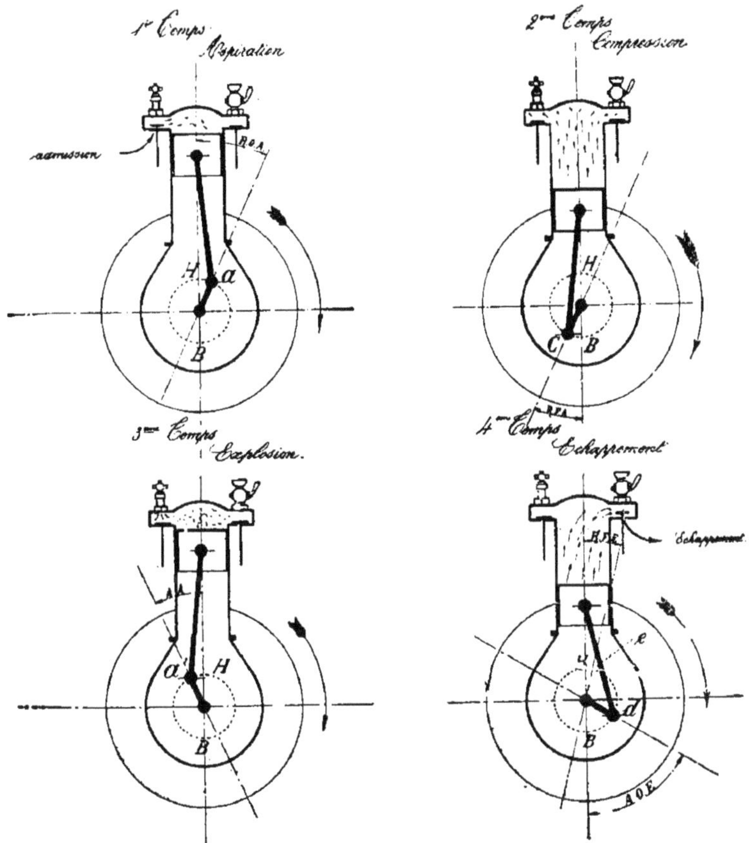

Fig. 1. — Cycle à quatre temps dans un cylindre.

Pendant la troisième course (aller), le piston est poussé en avant par la détente des gaz brûlés (c'est la course motrice unique) (*troisième temps*).

Pendant la quatrième course (retour), le piston refoule

les gaz au dehors dans l'atmosphère par la soupape
d'échappement qui s'est ouverte au début de la course
(*quatrième temps*).

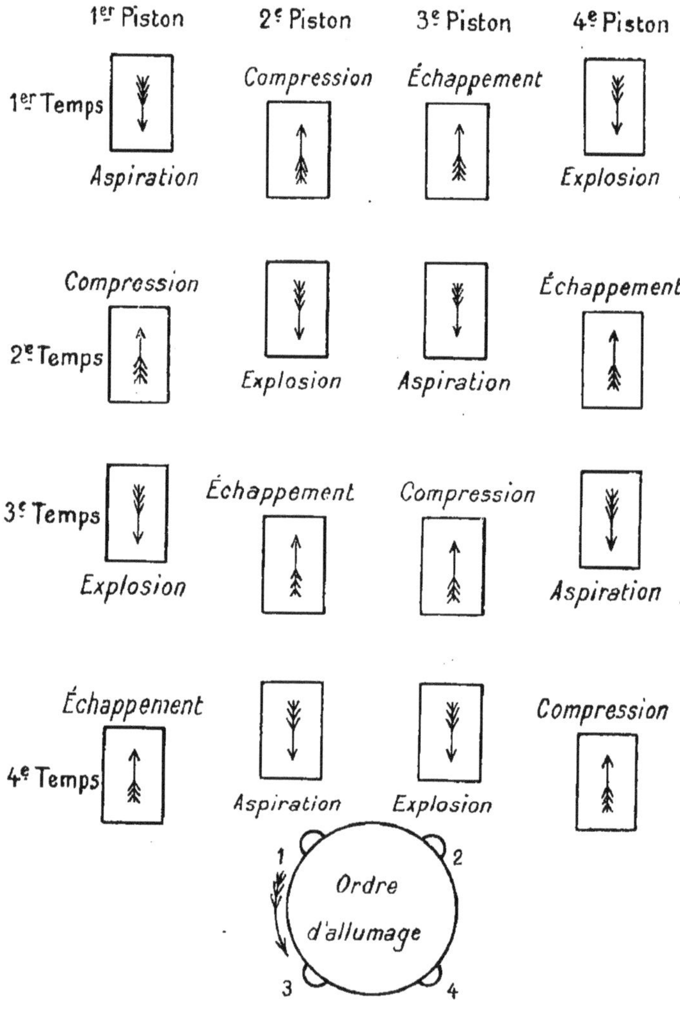

Fig. 2. — Fonctionnement d'un quatre cylindres.

Puis une nouvelle aspiration et le cycle recommence,
on a ainsi **une seule** course motrice sur **quatre.**

Moteur à quatre temps. — Le moteur à quatre temps à un cylindre (fig. 3, 4 et 5) se compose d'un **cylindre** en fonte ou en acier parfaitement alésé à l'intérieur. Dans le cylindre peut se mouvoir un **piston** sans tige et assez long pour assurer un bon guidage, et assurant une étanchéité aussi parfaite que possible.

Ce piston commande, au moyen d'une **bielle** articulée à ses deux extrémités, **la manivelle** calée sur l'arbre moteur; l'ensemble, manivelle et arbre du moteur, porte le nom de **vilebrequin**.

Le vilebrequin commande les organes de **distribution** destinés à produire au moment voulu l'ouverture et la fermeture des **soupapes** d'admission et d'échappement. L'ouverture des soupapes est obtenue, en général, grâce à un soulèvement de leur tige par une came de profil déterminé. Chacune des soupapes devant être soulevée une fois seulement pendant le cycle, c'est-à-dire pendant deux tours du vilebrequin, il en résulte que les arbres portant ces cames doivent tourner à la demi-vitesse du vilebrequin.

La liaison entre le vilebrequin et chacun des arbres de distribution est produite par deux pignons, le pignon de l'arbre de distribution ayant un diamètre double de celui du vilebrequin.

Sur les quatre courses du piston, on a vu que l'on avait un **seul temps moteur** et trois résistants. Pour mettre le moteur en marche, il faut donc produire les deux premières courses par des moyens extérieurs, manivelle de mise en marche ou autres. Pour que le mouvement continue après la première explosion, il faut emmagasiner pendant la course motrice, au moyen du volant, une force vive suffisante pour faire exécuter les trois temps résistants. Ce **volant** est calé sur l'arbre à vilebrequin.

Afin de diminuer les résistances passives et les frottements, on est obligé d'interposer par le **graissage** une mince pellicule d'huile entre les surfaces métalliques frot-

Fig. 3. — Extérieur d'un monocylindre.

Légende. — *a*, allumeur ; *b*, borne du primaire ; *c*, bouchons de clapets ; *d*, décompresseur ; *e*, étrangleur ; *f*, bougie ; *g*, sortie d'eau ; *i*, robinet de vidange du carburateur ; *j*, robinet de vidange du moteur.

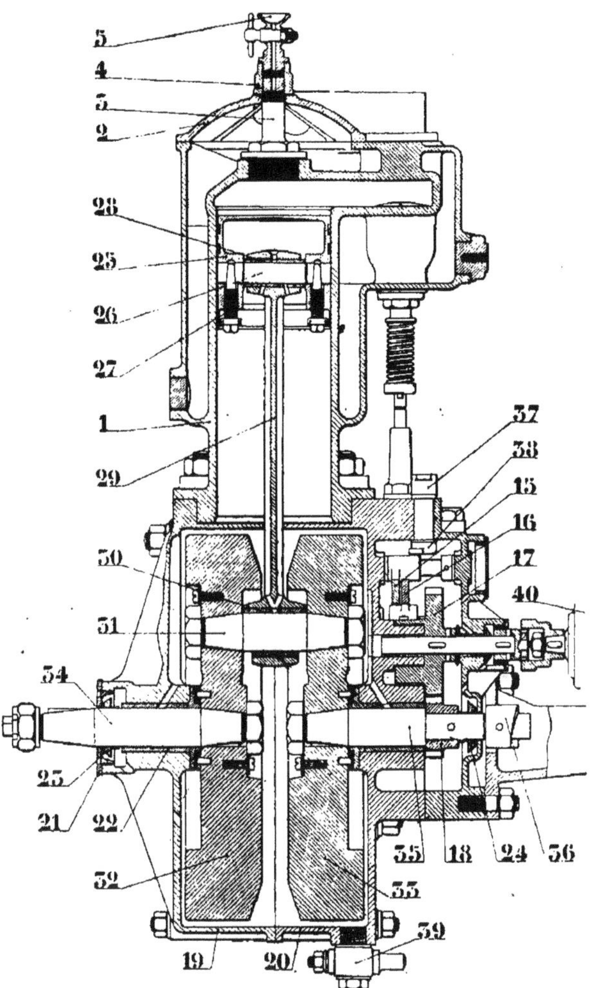

Fig. 4. — Coupe d'un monocylindre.

Légende. — 1, cylindre ; 2, calotte du cylindre ; 3, pièce de fixation de la calotte ; 4, écrou de la calotte ; 5, robinet de compression ; 15-16, leviers de clapet ; 17, came et couronne de distribution ; 18, pignon de distribution ; 19-20, demi-bâtis ; 21, bouchon de bâti ; 22, bague de bâti ; 23-24, bagues de retour d'huile ; 25, piston ; 26, axe de piston ; 27, vis d'axe de piston ; 28, bague de pied de bielle ; 29, bielle ; 30, bague de tête de bielle ; 31, maneton ; 32-33, volants ; 34, arbre côté commande ; 35, arbre côté distribution ; 36, dent de loup ; 37-38, décompresseur 39, robinet de vidange ; 40, magnéto.

tantes. Le caractère lubrifiant des huiles actuellement employées cesse vers la température de 300°, et la température de l'explosion des gaz atteignant de 1200 à

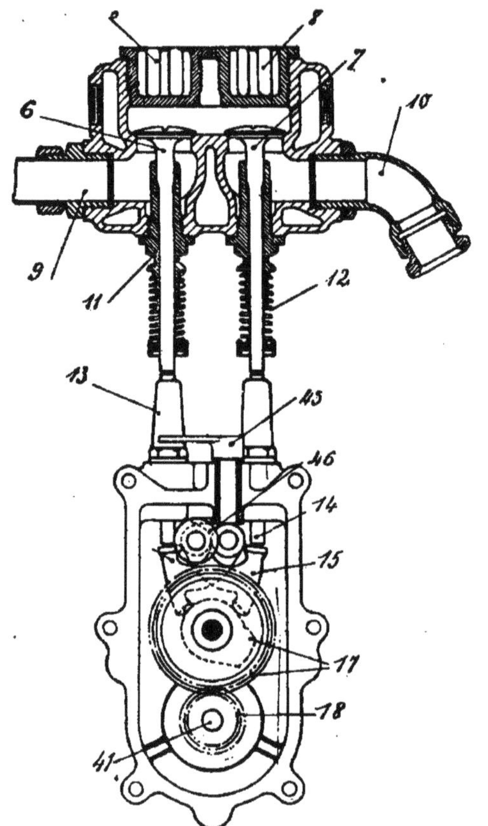

Fig. 5. — Commande des soupapes dans un monocylindre de Dion.

Légende. — 6, clapet d'aspiration ; 7, clapet d'échappement ; 8, bouchons de clapets ; 9, tubulure d'aspiration ; 10, tubulure d'échappement ; 11, guide de tige de clapet ; 12, ressort de clapet ; 13, guide de tige poussoir de clapet ; 14, tige poussoir de clapet ; 15, levier de clapet ; 17, came et couronne de distribution ; 18, pignon de distribution ; 41, arbre côté distribution ; 45-46, décompresseur.

1800°, il est de toute nécessité de refroidir le cylindre. Aussi celui-ci porte extérieurement soit des ailettes pour le refroidissement par air, soit une chemise de circulation d'eau. Dans ce dernier cas, la circulation est activée ou non par une pompe mue par le moteur.

Pour la facilité du graissage, le vilebrequin et les organes de distribution sont enfermés dans un logement étanche appelé **carter,** qui sert en même temps de bâti pour supporter le cylindre et le vilebrequin.

Le graissage est lui-même régularisé normalement par une pompe.

L'allumage du mélange explosif est réalisé généralement grâce à une étincelle électrique jaillissant avant la fin du 2e temps entre les deux pointes d'une bougie ou d'un rupteur placé au fond du cylindre.

La commande mécanique produisant l'étincelle au moment voulu est faite par le vilebrequin. Lorsque la source d'énergie électrique est une magnéto, la rotation de celle-ci est commandée également par le vilebrequin.

Comme accessoire indispensable, le moteur comporte le **carburateur,** organe destiné à l'alimenter de mélange tonnant en quantité et avec une composition bien déterminées.

Enfin, comme tout mécanisme, le moteur à explosion doit être aussi bien **équilibré** que possible, afin de réduire au minimum les forces d'inertie et la fatigue de ses appuis, etc., et être muni d'un dispositif de **régulation** destiné à l'empêcher de prendre une vitesse dangereuse pour la conservation de ses organes en mouvement, lorsque l'effort à vaincre diminue ou cesse brusquement.

Le moteur à explosion forme ainsi un tout complet qui assure lui-même :

— sa distribution;

— sa carburation;

— son allumage;

— l'explosion de ses gaz et son refroidissement;

— son graissage;

— sa régulation;

— son équilibrage.

Le travail produit par l'explosion et qui correspond à la puissance indiquée doit d'abord satisfaire les besoins du moteur qui en absorbent une portion très appréciable pouvant atteindre 10 à 15 p. 100. Le travail restant est seul réellement utilisable et, par suite, le plus intéressant au point de vue des applications. Mais un des meilleurs moyens pour améliorer la puissance effective est d'étudier de près la puissance indiquée; on commencera par celle-ci.

REPRÉSENTATION GRAPHIQUE DU CYCLE
A QUATRE TEMPS

On peut représenter graphiquement la suite des transformations que subit le mélange gazeux pendant un cycle du moteur.

Prenons deux axes rectangulaires OV et OP (fig. 6). Sur le premier OV, portons des longueurs proportionnelles aux volumes occupés à chaque instant par le mélange gazeux qui évolue dans le cylindre, c'est-à-dire aux

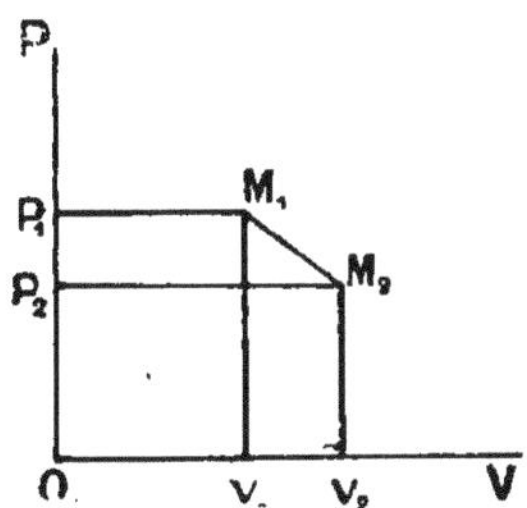

Fig. 6. — Points figuratifs.

déplacements du piston; sur OP, portons des longueurs proportionnelles aux pressions par centimètre carré qui règnent dans cette masse gazeuse.

A un instant donné, l'état de cette masse gazeuse est alors représenté par un point M_1 dit point figuratif dont l'abscisse OV_1 est égale au volume V_1 occupé par le mélange gazeux derrière le piston, et dont l'ordonnée OP_1 est égale à la pression P_1 de ce mélange; un instant après le volume est devenu V_2, la pression P_2, le point figuratif du mélange est M_2. L'arc M_1M_2 est la courbe figurative des transformations du mélange.

Travail indiqué. — Quel est le travail produit pendant cette transformation, c'est-à-dire lorsque le piston

s'est déplacé de telle sorte que le volume V_1 devienne le volume V_2? Soit S la section du piston en centimètres carrés, si d est le déplacement du piston, on a :

$$(1) \qquad V_2 - V_1 = d \times S.$$

La pression totale qui agit sur le piston en M_1 est $P_1 S$; en M_2, c'est $P_2 S$; si les points $M_1 M_2$ sont assez rapprochés, la pression moyenne P sur le piston pendant son déplacement sera :

$$\frac{P_1 + P_2}{2} \times S = PS.$$

Le déplacement du piston étant égal à d, le travail T correspondant produit est égal à :

$$(2) \qquad T = P \times S \times d.$$

En vertu de la relation (1), on a :

$$T = P \times (V_2 - V_1).$$

Le travail est donc égal à l'aire du trapèze (fig. 6) :

$$v_1 M_1 M_2 v_2.$$

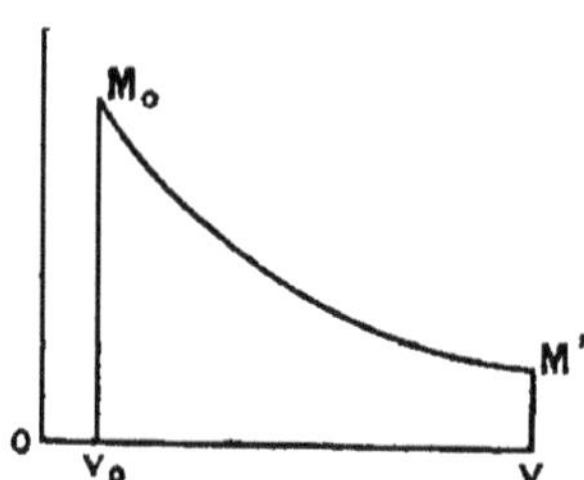

Fig. 7. — Courbe de travail indiqué.

Si on applique le même raisonnement à toute la course $M_0 M$ du piston, on en conclut que le travail correspondant à cette course $M_0 M$ est égal à l'aire du trapèze curviligne $v_0 M_0 M v$ limité par l'axe Ov, les verticales correspondantes au maximum et au minimum de volume et par la courbe figurative M_0 M. définie ci-dessus (fig. 7).

Le tracé des courbes figuratives donne donc le moyen de connaître le travail effectué dans un cycle de moteur.

Traçons l'horizontale B C représentant la pression atmosphérique (fig. 8) : soit V_1 le volume de la chambre de compression (piston à fond de course à gauche), V_2 le volume maximum existant derrière le piston (à

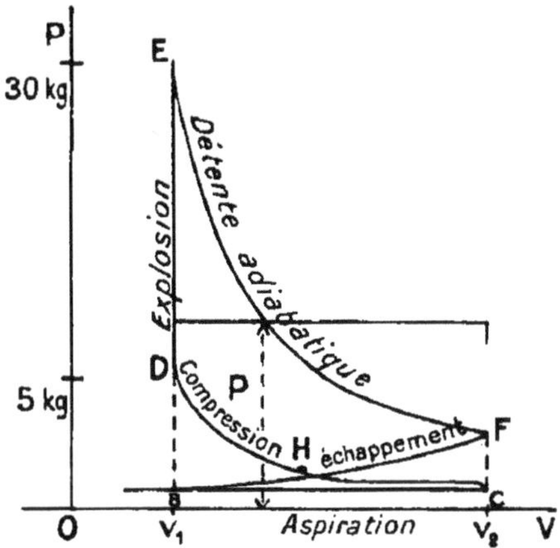

Fig. 8. — Diagramme théorique du moteur à quatre temps.

fond de course à droite), $V_2 - V_1$ représente le volume de la cylindrée.

Le premier temps, l'aspiration se faisant sensiblement sous la pression atmosphérique, sera représenté par la droite BC; le deuxième temps, compression du mélange gazeux, sera représenté par la courbe CD. Théoriquement, pendant cette phase, le gaz ne reçoit ni ne cède de chaleur à l'extérieur, on a ce que l'on appelle une transformation adiabatique, et la relation qui lie P et V est :

$$PV^{1,41} = C^{te}.$$

L'explosion étant supposée à peu près instantanée et

le piston étant au point mort, le volume de mélange reste constant et la pression croît subitement, par suite de la grande élévation de température.

Cette phase est représentée par la verticale DE.

Le troisième temps, détente, est représenté par l'arc EF, qui est lui aussi, un arc d'adiabatique. Le point F est au-dessus de l'horizontale de la pression atmosphérique, parce que la détente n'est pas terminée à la fin de la course du piston.

Le quatrième temps, l'échappement, est représenté par la courbe FB, et l'on revient au point de départ.

D'après le raisonnement exposé ci-dessus, le travail résistant correspondant à la compression est représenté par l'aire du triangle CBD. Le travail indiqué (moteur) correspondant à la détente, est représenté par l'aire du trapèze CBEF. Si l'on néglige le travail résistant correspondant à la fin de l'échappement et qui est représenté par l'aire du triangle CBH, on voit que le travail indiqué résultant est représenté par l'aire du trapèze curviligne HDEF.

Pression moyenne. — Si l'on considère maintenant un rectangle ayant pour base $V_1 V_2$ et même surface que le trapèze HDEF, la hauteur P de ce rectangle s'appelle ordonnée moyenne du diagramme et représente la pression moyenne exercée sur le piston pendant les périodes de travail moteur et de travail résistant (fig. 8).

Le travail produit pendant un cycle pour un cylindre, soit pendant deux tours du moteur, est égal ainsi au produit par P du volume de la cylindrée, soit (si D est le diamètre « alésage » du cylindre *en centimètres*, P, la *pression en kilog*, C la *course en mètres*) :

$$T = \frac{\pi D^2}{4} \times C \times P. \qquad \pi = 3,1416.$$

Puissance. — Le travail effectué en une seconde,

c'est-à-dire la puissance F en kilogrammètres-seconde,
est alors, si N est le nombre de tours à la minute, c'est-à-
dire $\frac{N}{60}$ tours à la seconde, soit $\frac{1}{2}\frac{N}{60}$ cycles à la seconde.

$$H_i \ \text{kgms} = \frac{\pi D^2}{4} \ CP \ \frac{1}{2}\frac{N}{60}.$$

Pour avoir la puissance en chevaux, il suffit de diviser
F par 75 (1 cheval-vapeur = 75 kilogrammètres), et on a :

$$H_i \ \text{chx} = \frac{\pi D^2}{4} \times C \times P \times \frac{1}{2}\frac{N}{60} \times \frac{1}{75},$$

$$H_i \ \text{chx} = 0,0000875 \ PD^2 CN \ (1 \ \text{cylindre}).$$

Si on a K cylindres, la puissance indiquée sera :

$$H_i \ \text{chx} = K \times 0,0000875 \ PD^2 CN \ (K \ \text{cylindres}).$$

Rendement thermique indiqué. — Soit φ la quantité
de chaleur dégagée pendant l'explosion par le mélange
gazeux introduit dans le moteur pendant une seconde;
si E est l'équivalent mécanique de la chaleur, on donne
au rapport $R_i = \dfrac{H_i \ \text{kg}}{E \ \varphi}$, le nom de « rendement thermique indiqué » (E = 425).

Rendement organique. — Le rendement organique R
est le rapport de la puissance utile H_u à la puissance
indiquée H_i, on a la relation :

$$H_u = R \times H_i.$$

Formules empiriques de puissance. — Dans la pratique, pour une classe de moteurs donnée, le nombre de
tours et la pression moyenne varient peu; il en est de
même pour le rapport de la course à l'alésage, et le rendement R qui varie de 0,75 à 0,80 p. 100. On a alors essayé
de prendre des formules empiriques où P, R et C ne

figurent pas explicitement. On a ainsi les formules du Comité technique de l'Automobile-Club de France :

$$\mathrm{H}_u\ \mathrm{chx} = 0{,}0028\ d^2$$

(d, l'alésage en millimètres, 4 cylindres, puissance inférieure à 50 chevaux).

La formule du service des Mines :

$$\mathrm{H}_u\ \mathrm{chx} = 0{,}044\ d^{2\cdot 7},$$

établie en vue des impositions (d cm, 4 cylindres).

De telles formules ne sont qu'approximatives, car elles ne tiennent pas compte des multiples causes de variation de puissance provenant d'autres dimensions du cylindre, etc., et ne doivent être appliquées qu'à la classe de moteurs qui a servi à les établir.

Diagrammes réels (fig. 9). — En réalité, le diagramme réel diffère du diagramme théorique. Nous avons sup-

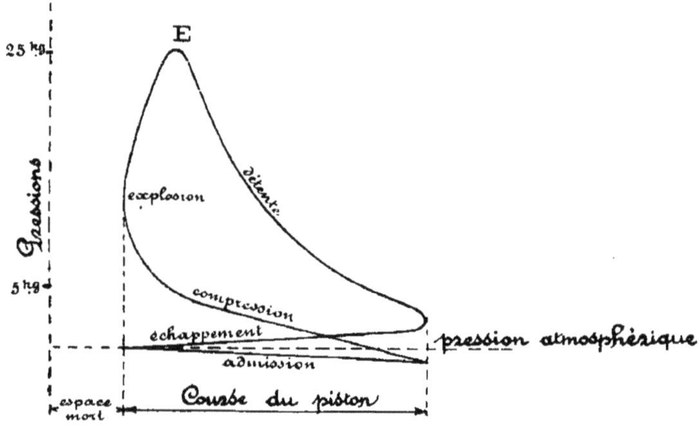

Fig. 9. — Diagramme réel du moteur à quatre temps.

posé la compression et la détente adiabatiques; en réalité, pendant la compression, les parois du cylindre du moteur cèdent de la chaleur au mélange gazeux, tandis que, pendant la détente, le mélange, se trouvant à une température très supérieure à celle des parois, leur cède au contraire de la chaleur. D'autre part, l'explosion n'est pas instantanée, le point E se trouve porté à droite; l'allumage se produit avec une certaine avance, ce qui arrondit l'angle D; on admet de l'avance à l'échappement, ce qui élève et arrondit l'angle F (fig. 8 et 9).

Le diagramme réel a ainsi l'allure indiquée sur la figure 9.

La forme des diagrammes permet d'étudier la puissance indiquée d'un moteur quand on fait varier les divers éléments du cycle, par exemple la compression,

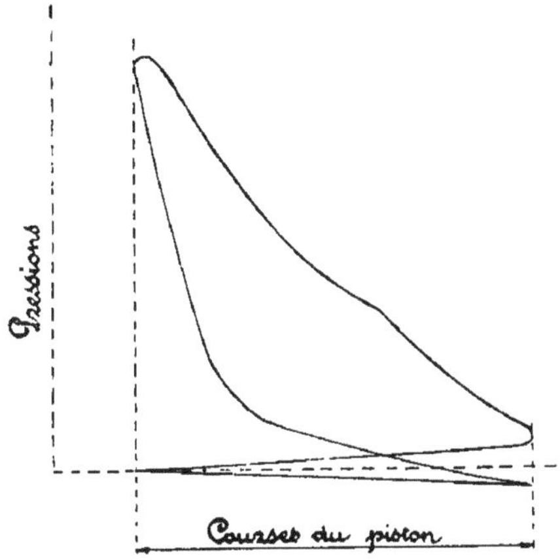

Fig. 10. — Diagramme correspondant à une avance exagérée de l'allumage et de l'échappement.

l'avance à l'allumage (fig. 10 et 11), l'avance à l'ouverture de l'échappement, etc., la disposition des organes du moteur lui-même, les tuyauteries, etc.

Elle permet en même temps, non seulement de constater les défectuosités de fonctionnement, mais encore d'en trouver souvent les causes. C'est ainsi qu'un relèvement de la courbe vers la fin de l'échappement indique une fermeture anticipée de la soupape d'échappement; un abaissement de la courbe au début de l'aspiration dénote une ouverture tardive de la soupape d'admis·

sion; une **grande dépression de la courbe d'admission** indique **un étranglement** sur l'admission; une courbe en **dents de scie au** moment de l'explosion, un **mauvais allumage**, etc.

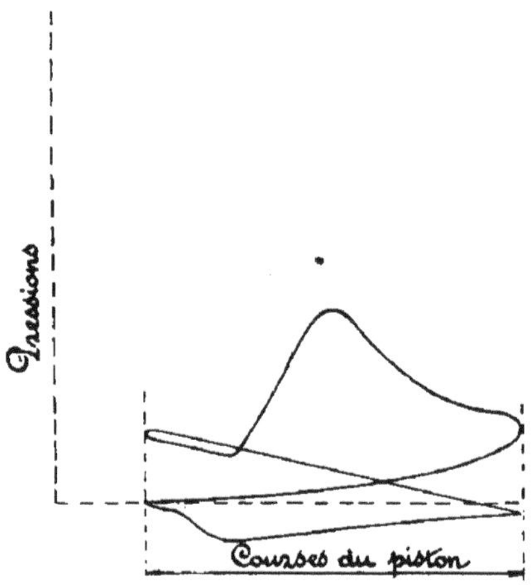

Fig. 11. — Diagramme correspondant à un retard à l'admission et à l'allumage et à trop d'avance à l'échappement.

Tracé des diagrammes. — La vitesse de rotation des moteurs à essence étant de 1000 à 1500 tours à la minute, l'indicateur de Watt ordinaire ne peut être utilisé par suite de l'inertie des pièces. Les appareils les plus employés sont le manographe de MM. Hospitalier et Carpentier et l'enregistreur d'explosions de M. Mathot.

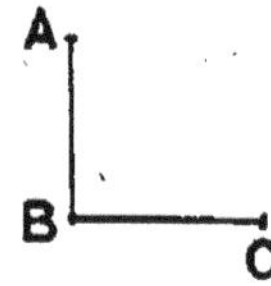

Fig. 12. — Schéma du miroir du manographe Hospitalier-Carpentier.

Le manographe (fig. 12) se compose essentiellement d'un miroir mobile autour de deux axes rectangulaires BA et BC dont le point de rencontre B est fixe.

Les déplacements du point A, toujours très petits et

perpendiculaires au plan du miroir, qui entraînent une rotation du miroir autour de l'axe BC, sont commandés par le mouvement du piston et synchrones avec lui, au moyen de bielles et d'engrenages; ceux du point C (également très petits et perpendiculaires au plan du miroir, qui entraînent une rotation autour de AB) sont déterminés par les variations de pression se produisant à l'intérieur du moteur pendant sa marche, variations qui sont transmises par l'intermédiaire d'un tube et d'une membrane souple.

On envoie sur le miroir un rayon lumineux sensiblement perpendiculaire à son plan; si le miroir tourne

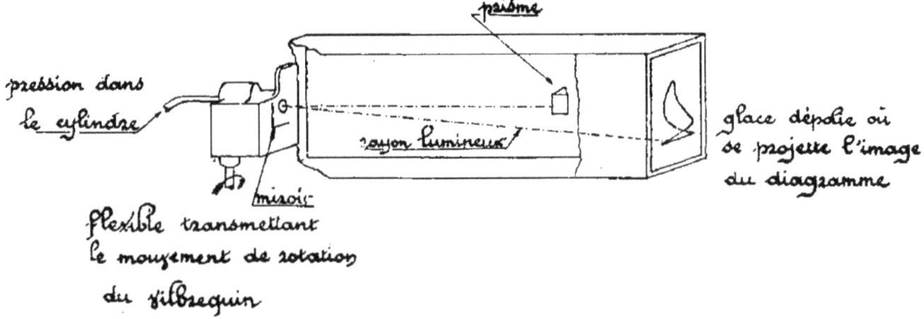

Fig. 13. — Schéma du manographe Hospitalier-Carpentier.

autour de BC, le rayon réfléchi décrit sur un écran fixe parallèle au miroir une ligne droite perpendiculaire à BC; si le miroir tourne autour de AB, le rayon réfléchi décrit sur le même écran une droite perpendiculaire à AB. Si les points A et C ont des mouvements simultanés, le rayon réfléchi décrit sur l'écran une courbe dont la forme dépend des mouvements propres des points A et C et du décalage de ces mouvements l'un par rapport à l'autre, et qui représente le diagramme réel défini plus haut.

L'enregistreur d'explosions Mathot (fig. 14) est analogue aux indicateurs à diagrammes, de machines à vapeur avec seulement des pièces plus légères et un ressort à oscillations bien amorties et à faible amplitude, de façon à diminuer les effets d'inertie. Le tracé se fait sur une bande de papier qui se déroule d'une façon continue sur un tambour enregistreur.

Le manographe permet d'apprécier le fonctionnement des diverses phases d'un cycle; l'enregistreur d'explosions donne le moyen de comparer entre elles les diverses explosions qui se succèdent dans un moteur.

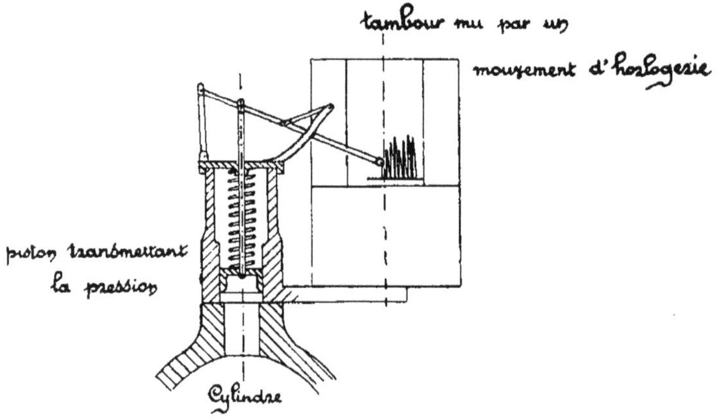

Fig. 14. — Schéma de l'enregistreur d'explosions Mathot.

Ces appareils, qui permettent de disséquer en quelque sorte la marche d'un moteur, sont de vrais instruments de laboratoire, d'un maniement très délicat.

Pour les applications, on se contente, en général, de la mesure de la puissance effective et du rendement thermodynamique.

Mesure de la puissance effective. — Avant d'indiquer les méthodes de mesure de la puissance effective, nous allons exprimer la puissance d'un moteur sous une autre forme en employant le couple moteur.

Soient R le rayon de la manivelle, F la force tangentielle à l'extrémité de la manivelle, le couple moteur C est le produit :

$$C = R \times F.$$

Le travail pour un tour de manivelle est :

$$2 \pi\, RF = 2 \pi\, C.$$

Si N est le nombre de tours à la minute, la puissance en kilogrammètres par seconde sera :

$$H = 2 \pi \times C \times \frac{N}{60}.$$

La vitesse angulaire ω d'un moteur est liée au nombre de tours N par la relation connue :

$$\omega = 2 \pi\, \frac{N}{60}.$$

La puissance en kilogrammètres est donc égale à :

$$H\, kg = C\, \omega; \qquad \text{d'où} \qquad C = \frac{H}{\omega}.$$

La puissance en chevaux est :

$$H\, chx = \frac{1}{75}\, C\, \omega.$$

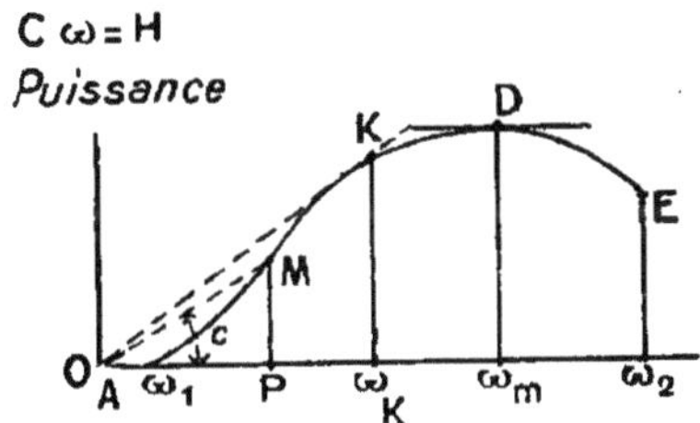

Fig. 15. — Courbe de puissance d'un moteur.

Si on construit la courbe des puissances d'un moteur (fig. 15), en prenant les vitesses angulaires comme abscisses, on trouve que la puissance est représentée par la courbe AMKDE, d'allure générale parabolique avec un maximum en D correspondant à une vitesse ω_m; de part et d'autre de cettte valeur ω_m, la puissance décroît. Théoriquement, le moteur peut être utilisé entre deux limites de vitesse de rotation, l'une inférieure ω_1, qui est celle de la marche au ralenti maximum, où la puissance effective est nulle (la puissance indiquée suffit tout juste à vaincre les résistances internes du moteur, frottement, soulèvement des soupapes, etc.), l'autre supérieure ω_2.

La vitesse croissant au-dessus de ω_1, le couple moteur, qui est la tangente de l'angle POM, $C = \dfrac{H}{\omega}$ croît d'abord en même temps que la puissance jusqu'à un maximum donné par la tangente menée de l'origine à la courbe de puissance, ce qui correspond, en général, à la marche la plus économique $\omega = \omega K$. Puis, le couple décroît lentement, la puissance croissant cependant jusqu'au maximum D; au delà du point D, le couple moteur décroît rapidement, par suite, comme on le verra plus loin, d'une mauvaise utilisation d'une cylindrée de moins en moins complète; la puissance décroît également jusqu'à un minimum E, correspondant à la vitesse maxima ω_2 (deuxième limite visée ci-dessus), compatible avec la résistance des pièces en mouvement.

En pratique on n'utilise de la courbe que la partie MD qu'on peut presque confondre avec une droite.

Appareils de mesure de puissance effective. — Les appareils de mesure se divisent en deux classes :

1º Les dynamomètres d'absorption qui, comme leur nom l'indique, absorbent tout le travail fourni par le moteur;

2º Les dynamomètres de transmission dans lesquels on mesure un effort, par exemple la tension d'une courroie, la torsion d'un arbre, etc.

Les plus employés pour les moteurs d'automobiles et d'aéronautique, toujours de moyenne et de petite puissance, sont les premiers. Parmi ceux-ci, les uns sont mécaniques, comme le frein de Prony, le frein à corde; les autres électriques, comme la dynamo ou le dynamo-dynamomètre.

Dans les uns, on mesure le couple moteur (frein de Prony, balance, dynamo-dynamomètre); dans les autres, on mesure un travail (dynamo, moulinet Renard, etc.).

Frein de Prony (fig. 16). — Le frein se compose essentiellement de deux mâchoires en bois, reliées entre elles par deux boulons et que l'on peut serrer sur une poulie calée sur l'arbre moteur. La mâchoire supérieure est prolongée, d'un côté par un levier portant à son extrémité un plateau de balance, et de l'autre par un levier équilibrant exactement le premier, balance comprise, par rapport au centre de l'arbre.

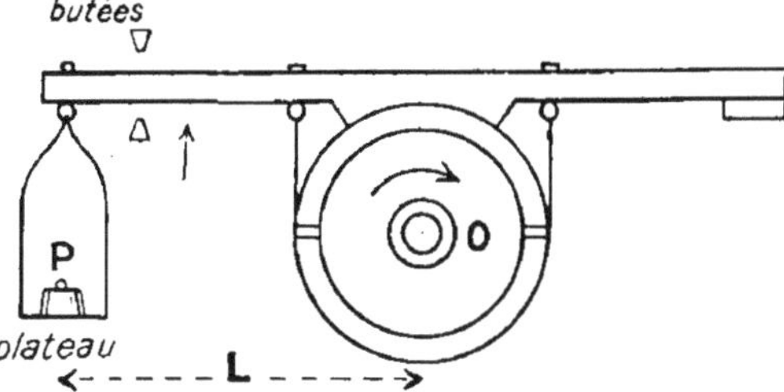

Fig. 16. — Schéma d'un frein Prony.

Pour se servir de l'appareil, on met le moteur en route les mâchoires desserrées; le moteur tend à s'emballer; on serre progressivement les mâchoires, tout l'appareil tend à tourner dans le sens de la flèche, c'est-à-dire dans le sens de la rotation du moteur.

On met des poids dans le plateau pour maintenir le levier horizontal (deux butées limitent l'oscillation).

Quand le moteur a acquis sa vitesse de régime, le couple moteur $Cm = RF$ est alors précisément égal au couple résistant Cr, c'est-à-dire $Cm = Cr$.

Puisque le frein ne tourne pas autour du point O, c'est qu'il y a égalité entre le couple développé par les forces de frottement, qui tendent à l'entraîner dans le sens du mouvement, et le moment du poids mis dans le plateau de balance pris par rapport au point O. On a donc, si P

est le poids mis dans !a balance, L la longueur du bras
du levier :

$$Cr = PL$$

et, par suite :

$$Cm = PL.$$

La puissance en chevaux est donc, d'après les formules
établies plus haut, égale à :

$$H\,chx = \frac{1}{75}\,\omega \times PL \qquad \omega = 2\pi\,\frac{N}{60}.$$

Dans cet appareil, toute la puissance du moteur est
absorbée intégralement par le frottement des mâchoires
sur le tambour, et transformée en chaleur; le résultat
étant indépendant du coefficient de frottement des surfaces, on graisse la poulie, en général, avec de l'eau de
savon et on augmente les surfaces de contact; on ne doit
pas dépasser, d'après Witz, 1800 kilogrammètres à la
seconde par mètre carré de surface frottante. En outre,
dès que la vitesse du moteur dépasse 500 tours, l'emploi
du frein de Prony devient très délicat.

Balance dynamométrique du colonel Renard (fig. 17).
— Considérons une balance dont le fléau, à la partie
supérieure, porte une plateforme sur laquelle on installe
le moteur. à essayer avec l'organe chargé d'en absorber
la puissance, hélice ou moulinet Renard, par exemple.
Mettons le moteur en mouvement, si l'hélice ou le moulinet tourne de gauche à droite, la balance tend à tourner
de droite à gauche, autour de la ligne O de ses couteaux.

Pour ramener le fléau horizontal, il faut placer des
poids dans le plateau de droite.

Lorsque la vitesse de régime est atteinte, il y a égalité
entre le couple moteur et le couple résistant $Cm = Cr$.

Le couple résistant Cr est égal à la somme des moments
des résistances que l'air oppose à la rotation des palettes
ou des pales d'hélice.

Puisque le fléau est en équilibre, c'est que les forces extérieures ont un moment nul par rapport à l'axe O, c'est-à-dire que, si P est le poids placé dans le plateau de bras L, on a :

$$Cr = PL \text{ et par suite } Cm = PL \text{ d'où } H \text{ chx} = \frac{1}{75}\,\omega\,PL$$

(afin de diminuer les frottements, les couteaux suppor-

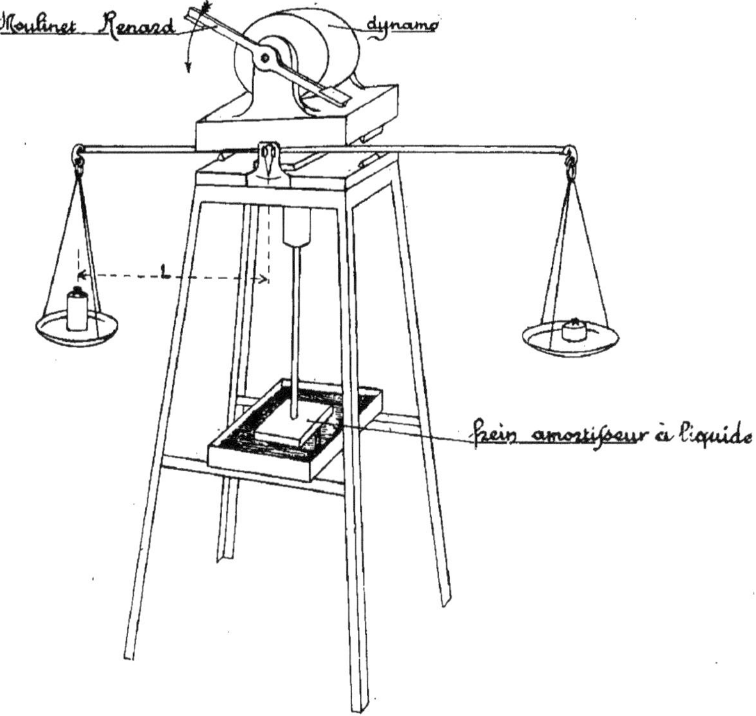

Fig. 17. — Schéma de la balance dynamométrique du colonel Renard.

tant le fléau peuvent être remplacés par des roulements à billes).

Dynamo-dynamomètre (fig. 18 et 19). — Dans le dynamo-dynamomètre, le frottement est remplacé par des réactions électro-magnétiques qui tendent à entraîner la carcasse et les inducteurs d'une dynamo dans le sens du mouvement de l'induit comme par un frottement invisible. Le dynamo-dynamomètre de Marcel Desprez se compose d'une dynamo ordinaire dans laquelle l'arbre de la bobine induite est monté sur deux paliers indépendants et fixes, la carcasse et les bobines inductrices pouvant tourner autour de cet arbre; cette carcasse est munie de deux fléaux horizontaux équilibrés.

Lorsqu'on accouple l'arbre de l'induit avec l'arbre du moteur, et que ce dernier tourne, le déplacement de l'induit dans le champ magnétique des inducteurs engendre des courants induits.

Ces courants, d'après la loi de Lenz, tendent à s'opposer à la cause qui les produit; en vertu du principe de

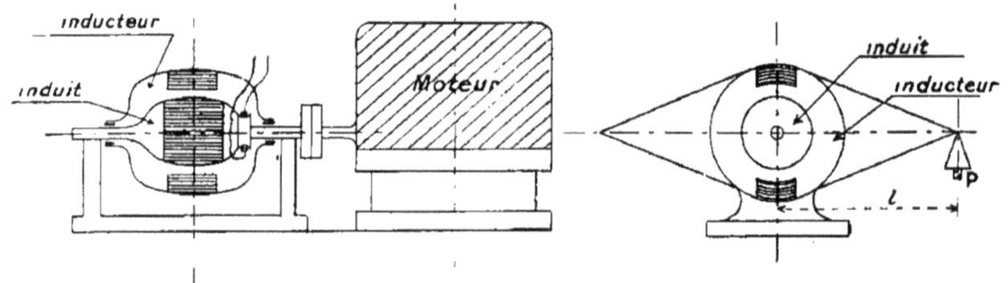

Fig. 18. — Schéma de la balance dynamo-dynamométrique Desprez.

l'égalité de l'action et de la réaction, la partie tournante tend ainsi à entraîner la partie fixe (inducteurs). On équilibre le couple des réactions électro-magnétiques par des poids placés à l'extrémité d'un des leviers solidaires de la carcasse de la dynamo.

Une fois que la vitesse de régime est établie, c'est que le couple moteur est égal au couple résistant ($Cm = Cr$). Ce couple résistant correspond aux efforts tangentiels qui tendent à empêcher la rotation de l'induit, efforts égaux et directement opposés à ceux qui tendent à entraîner la carcasse des inducteurs. Lorsque l'équilibre de la carcasse est réalisé, c'est que le moment de ces efforts par rapport à l'axe de rotation de la carcasse est égal au moment Pl du poids P par rapport à ce même axe, l étant le bras de levier du poids P, on a donc :

$$Cm = Cr = Pl.$$

La puissance du moteur est intégralement absorbée, et transformée, partie en énergie mécanique (frottement de la carcasse sur les paliers et résistance de l'air à la rotation de l'induit), partie en énergie électrique (perte par hystérésis, courants de Foucault, effet de Joule, énergie d'excitation, énergie disponible aux bornes (cette dernière est utilisée à l'extérieur).

L'effort correspondant à l'énergie électrique est transmis intégralement au fléau par réaction électro-magnétique ; le rendement de la dynamo n'intervient pas. L'effort correspondant au frottement de la carcasse sur l'arbre et des balais sur le collecteur agit comme dans le frein de Prony et est transmis intégralement au fléau par réaction mécanique.

Seule la résistance à la rotation de l'induit à vide (frottement des paliers, frottement de l'air) n'est pas comptée. Mais cette résistance est négligeable ; à titre d'indication, elle correspond à une puissance de 1/5e de cheval environ pour un dynamo-dynamomètre de 100 chevaux-vapeur.

Les indications de puissance obtenues ont donc une précision aussi grande qu'il est désirable.

L'emploi des dynamo-dynamomètres présente encore l'avantage de permettre, sans arrêter le moteur, en faisant varier les résistances du rhéostat d'excitation et du circuit d'utilisation du courant produit par la dynamo, de faire varier à la fois, séparément ou simultanément, la vitesse et la puissance du moteur, de façon à avoir son régime complet. La figure 19 représente un essai de moteur d'aviation Renault.

Ainsi le dynamo-dynamomètre est l'instrument le plus précis et le plus pratique pour la mesure de la puissance effective des moteurs, mais à cause de son prix un peu élevé, on lui substitue quelquefois le moulinet dynamométrique du colonel Renard.

Fig. 19. — Photographie d'un essai de moteur d'aviation Renault à la balance dynamo-dynamométrique. La vitesse est mesurée par un cinémomètre Richard, monté sur un pied en fonte et commandé par courroie.

Moulinet dynamométrique du colonel Renard (fig. 20). — Ce moulinet consiste en une barre de bois AA perpendiculaire à l'axe du moteur et solidaire de cet axe, et sur laquelle on peut fixer deux plans symétriques PP, le plus souvent en aluminium et se mouvant orthogonalement dans l'air.

Ces plans peuvent varier de dimension et d'écartement tout en restant symétriques.

Pour faire varier l'écartement, on déplace — ce qui est possible seulement pendant le repos, — les boulons de fixation. La barre en bois porte des trous à ce destinés et également espacés.

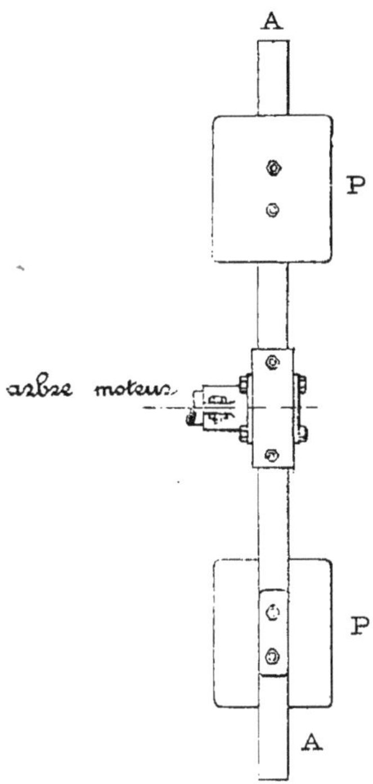

Fig. 20. — Schéma de moulinet Renard.

La résistance R offerte par l'air au mouvement de rotation de chacun de ces plans est normale à ceux-ci et appliquée à leur centre de gravité.

Elle est proportionnelle à leur surface S, au carré de la vitesse linéaire résultant de leur vitesse angulaire ω et de leur écartement $2\,r$, et au poids du mètre cube d'air a dans le laboratoire où se meut le moulinet. Soit K un coefficient constant propre au moulinet, le moment résistant M produit par la rotation du moulinet est égal à :

$$M = 2 \times r \times R \qquad R = a KS (\omega r)^2,$$

d'où :

(1) $$M = 2\, ra\, KS\, (\omega r)^2.$$

Si N est le nombre de tours du moteur à la minute, $\omega = 2\pi \dfrac{N}{60}$, en désignant par K_m, un coefficient propre au moulinet et obtenu par le tarage de celui-ci dans lequel entrent tous les coefficients numériques, le moment M peut se mettre sous la forme :

(2) $$M = a\, K_m \left(\frac{N}{1000}\right)^2$$

(on prend $\dfrac{N}{1000}$ au lieu de N pour faciliter les calculs).

Le travail résistant produit par un tour du moulinet est égal à :

$$2\pi \times M.$$

Lorsque le moteur freiné par le moulinet Renard aura atteint sa vitesse de régime, sa puissance en kilogrammètres-seconde sera égale à :

$$H\ \text{kgms} = \frac{N}{60} \times 2\pi M,$$

$$H\ \text{kgms} = \frac{\pi}{30}\, 1000\, a\, K_m \left(\frac{N}{1000}\right)^3,$$

en posant :

(3) $$K_1 = \frac{100\,\pi}{3}\, k_m = 104{,}72\, k_m.$$

Cette expression devient :

(4) $$H\ \text{kgms} = a\, K_1 \left(\frac{N}{1000}\right)^3.$$

Tarage. — Le tarage du moulinet, c'est-à-dire la

détermination du coefficient K_t se fait à la balance dynamométrique décrite plus haut.

Le moteur à explosion est remplacé par un moteur électrique au moyen duquel on peut imprimer au moulinet les vitesses voulues, et dont le rendement d'ailleurs n'intervient pas; au moment où la vitesse régulière est établie et où le fléau est horizontal, le moment résistant M du moulinet est égal, comme on a vu, au moment du poids placé dans le plateau dont le bras de levier est connu. Connaissant M et a (dans a interviennent la température, la pression atmosphérique et l'état hygrométrique), on tire de la relation (2) :

$$K_m = \frac{M}{a \left(\dfrac{N}{1000} \right)^2}.$$

On opère avec des vélocités croissantes et on doit trouver toujours pour K_m une valeur constante. De K_m on déduit facilement K_t.

La méthode est assez souple : quand on emploie, soit la barre seule, soit les plans à l'extrémité des bras, K_t varie avec les moulinets ordinaires de 1 à 14,75.

Dans le moulinet, on appelle module μ le nombre exprimant en centimètres l'écartement constant des trous régulièrement espacés sur chaque bras de la barre AA, à partir de son axe et au nombre de 11 en général. La longueur totale de la barre est de 24 μ cm, son épaisseur de μ cm, sa hauteur de 2 μ cm, le côté du carré de chaque plan égal à :

$$\frac{60}{11} \; \mu \; cm.$$

Similitude. — Étant donnés deux moulinets géométriquement semblables, on voit par la formule (1) que, si λ est le rapport de similitude des dimensions homolo-

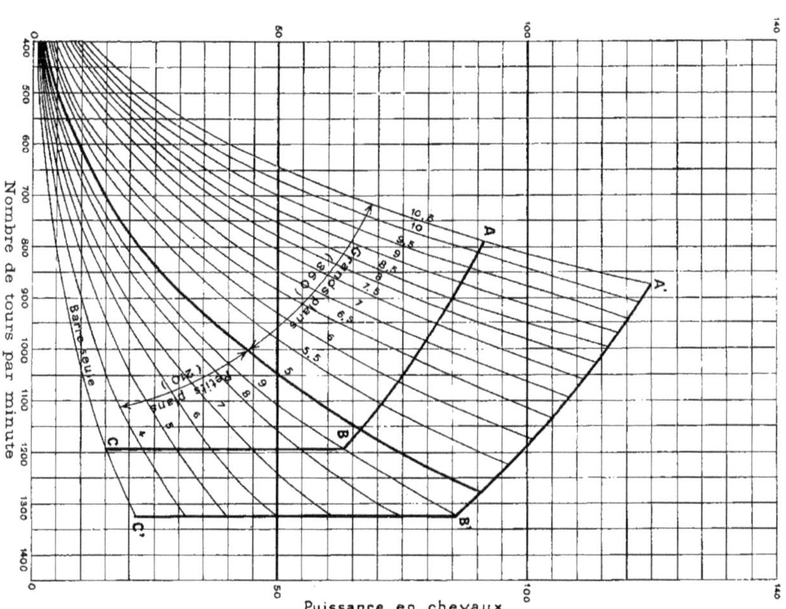

Fig. 21. — Abaque pour l'emploi du moulinet Renard (nouveau type). Les numéros de 4 à 10,5 correspondent au centre de la plaque

gues, les moments résistants de chacun d'eux sont dans
le rapport de 1 à λ^5. L'expérience le vérifie.

Limite d'emploi. — Les limites d'emploi d'un moulinet sont imposées :

1º Par la limitation de la vitesse linéaire de l'extrémité
de la barre, qui ne doit pas dépasser 100 m par seconde;

2º Par la tension des fibres les plus fatiguées dont la
limite doit être inférieure à 100 kg par centimètre carré,
ce qui correspond à un coefficient de sécurité de 7 à 8
pour le frêne.

Ainsi le moulinet de module 6,6, avec plans de 360 mm
de côté, permet de mesurer une puissance maximum de
90 chevaux, à 800 tours et 120 HP à la vitesse limite
de 925 tours-minute.

La courbe ABC correspond aux conditions normales
d'emploi : A'B'C' aux limites exceptionnelles.

Pour des puissances supérieures à 100 HP, on emploie deux moulinets suffisamment espacés (2 m au
moins).

Abaque. — On a dressé des abaques donnant la puissance absorbée par un moulinet suivant le numéro des
trous de fixation du plan, le nombre de tours (fig. 21),
et des abaques donnant les corrections à apporter pour
tenir compte de la température et de la pression atmosphérique (variation de la densité de l'air).

Précision. — Le moulinet Renard constitue un instrument très pratique et très économique pour vérifier
la bonne marche d'un moteur; mais, pour avoir la puissance absorbée avec une approximation supérieure à
5 p. 100, surtout pour les puissances au-dessus de 50 chevaux, il faut que le moulinet soit employé dans les
mêmes conditions qu'au moment de son tarage, c'est-à-
dire dans un milieu où les obstacles, les parois, sont à la

même distance de lui et présentent les mêmes surfaces à l'air brassé par les plans ; sans cela il y a de très grandes indécisions sur les corrections à apporter au coefficient K_t.

C'est ainsi que, monté sur le nez d'un moteur rotatif comme le moteur Gnome, les indications de puissance que fournit le moulinet peuvent être supérieures à la réalité de 15 à 20 p. 100.

Le moulinet doit être parfaitement équilibré.

Dynamo. — On peut aussi mesurer la puissance d'un moteur au moyen d'une dynamo préalablement tarée. La méthode est peut-être moins précise et moins simple que celle du dynamo-dynamomètre, car elle nécessite la connaissance exacte du ·rendement de la dynamo à tous les régimes, rendement qui peut être variable avec le temps.

Mesure des vitesses de rotation. — La mesure des puissances, selon les procédés indiqués ci-dessus, nécessite la détermination du nombre de tours du moteur pendant l'unité de temps. Étant données les vitesses considérables réalisées, on mesure (pour avoir une précision suffisante) le nombre de tours N pendant une minute. La lecture à vue est, en général, impossible, à moins qu'un organe, comme la pompe dans le moteur Gnome, n'ait un mouvement démultiplié, de façon à ne pas dépasser 100 à 150 périodes par minute. On emploie alors, soit un compte-tours ordinaire à engrenages et un chronomètre, soit un tachymètre.

Les tachymètres peuvent être soit mécaniques, (a) cinématiques (fig. 22), ou (b) dynamiques, basés sur la force centrifuge, soit électriques (électro-magnétiques ou électro-thermiques) (fig. 23). On en décrira deux types :

1° Le cinémomètre **Richard** (fig. 22) donne le quotient du nombre de tours du moteur N par le temps t employé à les effectuer, c'est-à-dire la vitesse angulaire.

Pour cela un plateau P tourne avec une vitesse angulaire constante, c'est-à-dire décrit un nombre de tours
proportionnel au temps ; ce plateau entraîne une rou-

FIG. 22. — SCHÉMA DU CINÉMOMÈTRE « RICHARD »

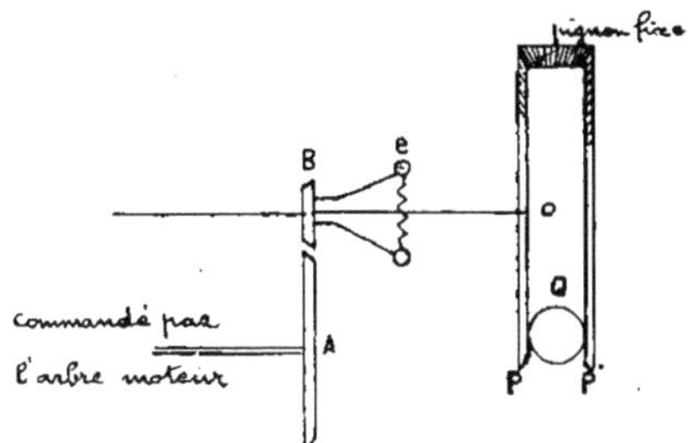

a) Schéma de l'entraînement du tambour P.

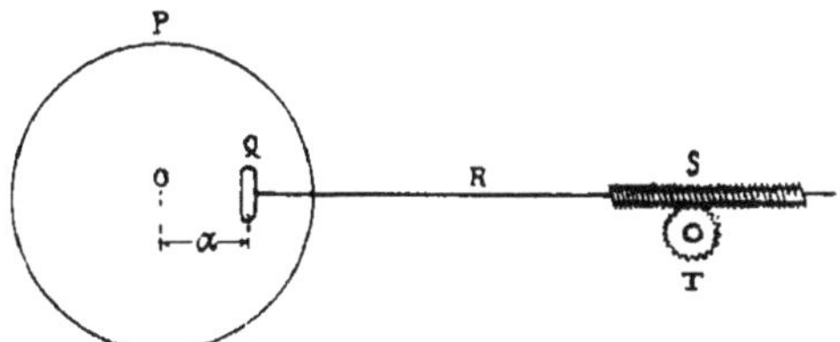

b) Schéma de l'enroulement de la roulette Q.

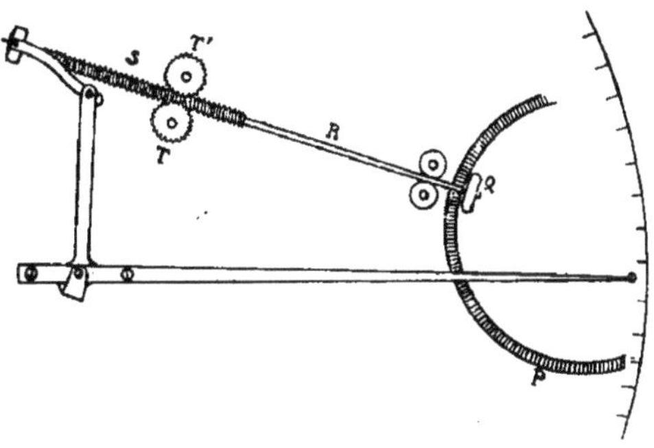

c) Schéma de commande de l'aiguille mobile devant le secteur gradue.

lette Q dont l'axe porte à une extrémité une vis S engrenant un pignon T. Ce pignon tourne de son côté proportionnellement à la vitesse du moteur. La rotation de la roue T tend à éloigner la roulette Q du centre du plateau d'une quantité N proportionnelle au nombre de tours du moteur pendant le temps t. Mais, comme le plateau fait tourner sur elle-même la roulette, il dévisse sa tige de l'écrou formé par la denture de la roue T, d'autant plus vite que la roulette s'éloigne plus de son centre ; autrement dit, il tend à ramener à son centre la roulette Q proportionnellement à la fois au temps t et à la distance a de la roulette au centre O. La roulette Q prend ainsi une position d'équilibre telle [que l'on a :

$$N = at$$

d'où :

$$a = \frac{N}{t} = \text{vitesse angulaire.}$$

Les déplacements a de la roulette Q sont transmis par un levier à une aiguille qui se meut devant un secteur gradué.

Pour réaliser une vitesse angulaire constante du plateau P sans employer un mouvement d'horlogerie, on utilise le mouvement de rotation du moteur en lui faisant commander une poulie A, qui entraîne par frottement une poulie B solidaire de l'arbre du plateau P, et qui n'est maintenue au contact de A qu'autant que la vitesse de rotation de l'arbre P est inférieure à une limite fixe.

Un régulateur à force centrifuge e produit en effet le débrayage automatique de la poulie B dès que la vitesse de B dépasse cette limite ; mais dès que la vitesse de B, qui n'est plus entraîné, décroît au-dessous d'une limite qui peut être rendue voisine de la précédente, l'entraînement est de nouveau produit. On obtient ainsi pour le plateau P une série d'entraînements faisant osciller sa vitesse entre deux vitesses limites assez voisines l'une de l'autre pour être considérées comme constantes, et qui sont indépendantes de la vitesse A dès que celle-ci est supérieure à un minimum déterminé

par la sensibilité du régulateur et qui est en moyenne
de 100 à 200 tours.

2° Le tachymètre électro-magnétique **Chauvin-Arnoux**
(fig. 23) se compose essentiellement d'une petite magnéto A dont l'inducteur est constitué par un aimant
permanent, l'induit par une bobine fixe, la variation du
champ est produite par la rotation d'un volet en fer
doux *e* qui est entraîné à une vitesse proportionnelle à
celle du moteur, les deux extrémités de l'induit sont
reliées par un conducteur aux deux bornes d'un galva-
nomètre à dilatation comprenant un ressort creux R.
Le mouvement de flexion du ressort R, provoqué par

Fig. 23. — Schéma d'un tachymètre magnétique Chauvin-Arnoux.

le passage du courant, est transmis à une aiguille au
moyen d'un fil *f* tendu par un ressort *r* et enroulé autour
de l'axe de cette aiguille. L'intensité de l'énergie électrique d'induction produite par la rotation de l'induit,
et par suite les mouvements de l'aiguille, étant propor-
tionnels à cette vitesse de rotation, on peut graduer le
cadran divisé devant lequel se déplace l'aiguille. Sous
les aimants se trouve une rondelle de fer doux pour le
réglage du champ magnétique.

Les tachymètres sont souvent commandés par une
poulie avec courroie ou par un flexible, où les coudes
sont réduits au minimum.

Ils doivent tous être tarés par une expérience directe
et vérifiés périodiquement.

Puissance massique. — On appelle puissance massique la puissance rapportée à 1 kg du moteur ; la masse puissancique est la masse du moteur par cheval.

Rendement thermodynamique. — On appelle rendement thermodynamique d'un moteur le rapport du nombre de calories correspondant au travail effectif au nombre des calories développées par les explosions. Le cheval-heure vaut 75 kgm $\times$ 3600 = 270000 kgms.

Comme 425 kgm est l'équivalent mécanique d'une calorie, le cheval-heure équivaut donc à

$$\frac{270000}{425} = 635 \text{ calories.}$$

Comme 1 kg de combustible (essence) a un pouvoir calorifique de 11000 calories (ce nombre de calories est déterminé à la bombe calorimétrique), si on a consommé 300 g de combustible par cheval-heure, on a développé dans l'explosion :

$$\frac{11000 \times 300}{1000} = 3300 \text{ calories.}$$

Le rendement thermodynamique est donc égal dans ce cas à $\dfrac{635}{3300} = 0{,}19$.

Le rendement thermodynamique théorique maximum est, d'après le principe de Carnot, égal à $1 - \dfrac{T_o}{T_1}$, T_o étant la température des gaz de l'échappement, soit $260°$ environ ; T_1 la température de l'explosion, soit $1800°$ environ. Le rendement maximum est ainsi $= 0{,}8$.

On voit combien la nécessité de refroidir le moteur abaisse le rendement. Les meilleurs moteurs consomment actuellement environ 230 à 260 g par cheval-heure, ce qui correspond à un rendement de 22 à 24 p. 100.

FONCTIONNEMENT GÉNÉRAL D'UN MOTEUR
A EXPLOSION

Influence de la vitesse de rotation. — On a vu que la puissance d'un moteur croissait, entre certaines limites, avec la vitesse angulaire. M. Witz a pu énoncer les lois expérimentales suivantes :

Première loi. — Le rendement thermique indiqué d'un moteur va croissant avec la vitesse linéaire du piston ou le nombre de tours par minute.

Deuxième loi. — La combustion du mélange gazeux introduit dans le moteur se fait dans un temps d'autant plus court que la vitesse linéaire du piston est plus considérable.

Le diagramme pratique se rapproche ainsi, quand la vitesse croît, du diagramme théorique.

La vitesse linéaire du piston étant plus grande, la chaleur cédée aux parois (en pure perte) est moins grande, les détentes et les compressions se rapprochent de plus en plus des transformations adiabatiques.

Outre ces avantages, le moteur à grande vitesse présente, sur celui à faible vitesse de même puissance, l'avantage d'une plus grande légèreté qui résulte d'une réduction des dimensions et, par suite, du poids de tous les organes.

Il a, par contre, l'inconvénient d'une usure un peu plus rapide.

Mais la vitesse ne peut augmenter indéfiniment. Les causes de limitation de la vitesse sont d'ordre mécanique et d'ordre thermique. Au point de vue mécanique, on est limité par l'obligation de ne pas faire mouvoir les pièces à des vitesses telles que les forces d'inertie engen-

drées leur imposent des efforts dangereux. Cette vitesse
limite croît avec les progrès de la métallurgie.

Il ne semble pas prudent de dépasser :

1° 7,50 m à 8 m comme vitesse linéaire moyenne
pour les pistons, ce qui correspond avec une course de
120 mm à une vitesse de 1800 tours par minute;

2° 20 m comme vitesse périphérique pour les volants
en fonte.

En outre, lorsque la vitesse devient trop grande, les
frottements deviennent exagérés, absorbent une partie
de plus en plus grande de l'énergie totale (de sorte que
la puissance décroît), et amènent une usure prématurée
des pièces.

Au point de vue thermique, la limitation de vitesse
vient du rendement, c'est-à-dire de la bonne utilisation
de la cylindrée.

Il faut en effet tout d'abord que l'inflammation pendant une course du piston ait le temps de se propager
dans la masse gazeuse évoluant dans le cylindre, sinon,
une partie du mélange serait expulsée avant d'avoir été
utilisée et viendrait exploser dans le pot d'échappement;
cette partie du mélange ne produirait aucun travail, ce
qui amènerait une consommation inadmissible d'essence;
en outre, on aurait au début de l'échappement une très
forte compression qui diminuerait le travail utile. On
peut, il est vrai, remédier à cet inconvénient d'utilisation incomplète du mélange explosif en allongeant la
course et en produisant une avance à l'allumage, mais
le rapport de la course à l'alésage ne doit pas dépasser
en pratique 2 environ, et l'avance 30°.

Il faut ensuite que la cylindrée soit complète.

On en obtient de meilleures en employant de plus
grandes soupapes et des canalisations d'admission de
grande section, en facilitant l'évacuation des gaz brûlés;
on est limité par la place disponible et par la vitesse
d'écoulement des fluides.

On peut diminuer l'effort de soulèvement des soupapes d'échappement en employant des soupapes étagées, de diamètre croissant; on est arrêté dans cette voie par l'échauffement anormal de la plus petite des soupapes autour de laquelle les gaz brûlants sont laminés.

Enfin, la vitesse linéaire du piston est limitée par la grandeur de la compression produite à la fin du deuxième temps.

Compression et explosion. — La grandeur de la compression a une très grande importance dans la marche du moteur. L'expérience et la théorie permettent d'énoncer les résultats suivants :

1º Une compression plus considérable favorise l'explosion.

Les températures auxquelles les mélanges gazeux sont susceptibles de faire explosion s'abaissent en effet lorsque la pression initiale augmente. Lorsque cette pression est suffisante, comme dans le moteur Diesel, où la pression à la fin de la compression est de 30 à 40 kg par centimètre carré, le mélange gazeux s'enflamme spontanément;

2º Une compression plus considérable diminue la durée de l'explosion et augmente la pression à la fin de cette explosion.

C'est ainsi qu'avec des pressions à la fin de compression ayant les valeurs croissantes 2,7 kg, 4,25 kg, 5,4 kg, les pressions à la fin de l'explosion ont les valeurs correspondantes de 11,9 kg, 14,35 kg, 19,7 kg.

Les aires des diagrammes et les pressions moyennes suivent une marche analogue; ces dernières ont la valeur 5,04 kg, 6 kg, 6,94 kg.

Le travail indiqué croît donc régulièrement avec la compression; il en est de même pour le rendement thermique indiqué, puisque la masse de combustible employée reste la même.

En même temps, la durée de l'explosion étant réduite, la vitesse linéaire du piston et, par suite, la vitesse de rotation du moteur peut augmenter. On a vu que, de ce chef encore, résulte une augmentation de puissance.

On a donc intérêt à augmenter la compression.

Si $V = \pi \dfrac{d^2}{4} C$ (d alésage, C course) est le volume engendré par le piston, e l'espace mort au-dessus du piston quand celui-ci est à fond de course, on appelle compression volumétrique le rapport $m = \dfrac{e}{V + e}$.

La compression réelle, seule intéressante au point de vue de l'explosion, est toujours supérieure, puisque c'est le rapport de la pression finale à la pression initiale et que la température s'élève par la compression, qui se produit sensiblement suivant les lois d'une transformation adiabatique.

Si la compression est complètement adiabatique, et si la compression volumétrique est de 4 et la température initiale 20°, la température s'élèvera de 152°, c'est-à-dire deviendra égale à 172° et la pression réelle sera de 6,25 kg.

En explosant, le kilogramme d'essence donne 11000 calories environ; cette chaleur sert à élever la température du mélange gazeux dont la chaleur spécifique peut être considérée comme constante et égale à 0,25. En tenant compte de la présence des gaz brûlés, qui, dans chaque cylindrée, occupent sensiblement le volume de l'espace mort, on trouve que l'élévation de température du mélange gazeux est de 1500°; comme le mélange était à 172°, la température à la fin de l'explosion est théoriquement, dans le cas considéré, de 1672°.

Cette élévation de température à volume constant produit, avec une pression initiale de 6,25 kg, une pression finale égale à 27,3 kg.

Dans la pratique, la compression n'est pas instantanée

eʹ, par suite, il y a des pertes par les parois; moins elle est rapide, plus il y a de pertes.

En outre, l'étanchéité des segments et des joints peut ne pas être parfaite, de sorte que, pour une compression volumétrique de 4, on compte, en moyenne, sur une compression réelle de 4,8 à 5 kg.

L'explosion n'étant pas, elle aussi, instantanée, la pression après l'explosion est de 18 à 20 kg, quadruple environ de la précédente.

Pour augmenter la compression, on a deux moyens :

1° En diminuant les causes de déperditions éventuelles, par exemple, en ramenant au minimum le jeu des pistons et des segments, en veillant à ce que les cylindres n'aient intérieurement ni ovalisation ni rayures, à ce que les soupapes s'appuient parfaitement sur leur siège, à ce que les joints de robinet et de bougie soient parfaitement étanches;

2° En diminuant le volume de l'espace mort. Par ce procédé, on augmente la compression volumétrique, on diminue la quantité de gaz brûlés qui restent dans le cylindre à la fin de l'explosion, on augmente la dépression créée par le mouvement du piston pendant l'admission, et, par suite, on augmente le volume de mélange frais introduit.

Pratiquement, les variations de compression réalisées pendant la mise au point d'un moteur en usine sont très faibles, car on obtient très vite, à partir de 7 kg de pression, des auto-allumages.

Pour augmenter la compression, il suffit de mettre des cales aux coussinets de tête de bielle, d'augmenter l'émergence, dans la chambre d'explosion, d'un bouchon vissé dans la culasse; pour la diminuer, on met des joints un peu plus épais sous les cylindres, on aplatit un peu les pistons.

La limite de la compression, comme on vient de le dire, est vite atteinte; toute augmentation de compression provoque un échauffement plus grand du moteur; la température de l'explosion est plus haute et, par suite, la chaleur cédée aux parois est plus grande; celles-ci en reçoivent, en outre, pendant la fin de la compression.

Pour combattre cet échauffement, il faut rendre plus énergique le refroidissement des parois et faciliter le dégagement des gaz brûlés.

Le premier moyen entraîne l'augmentation du poids de l'eau de refroidissement à employer et diminue le rendement; le second est plus facile à réaliser et conduit à accroître le diamètre des clapets et de la conduite d'échappement; cela force à employer des clapets plus lourds (si l'on veut garder la même robustesse), par suite des ressorts de rappel plus forts, d'où augmentation de l'effort nécessaire à leur soulèvement, et des forces d'inertie.

Expulsion des gaz brûlés. — La rapidité d'expulsion des gaz brûlés présente en même temps l'avantage de diminuer la contre-pression sur la face du cylindre qui produit un travail résistant pendant la durée de l'échappement.

Enfin, l'expulsion plus complète des gaz brûlés permet d'avoir des cylindrées plus homogènes et plus riches en gaz frais, ce qui augmente notablement la puissance du moteur. Cela tient à ce que l'explosion se propage d'autant plus facilement et d'autant plus rapidement que le mélange est plus homogène.

On verra plus loin les dispositifs employés pour l'échappement.

La distribution se fait encore généralement au moyen de deux sortes de soupapes :

1° Les soupapes d'admission qui s'ouvrent, pendant la durée du premier temps, pour permettre l'introduction du mélange tonnant dans le cylindre;

2° Les soupapes d'échappement qui s'ouvrent pendant le quatrième temps pour l'expulsion des gaz brûlés.

(Nous citons seulement pour mémoire les moteurs sans soupapes, tels que les Knight, et qui, à cause de leur poids, ne sont pas encore employés en aéronautique.)

Pour que la distribution soit assurée dans de bonnes conditions, il faut que l'ouverture et la fermeture des soupapes aient lieu au moment voulu.

Ce réglage est lié à la vitesse d'écoulement des gaz, au tracé et aux sections des canalisations, aux ouvertures des soupapes, mais surtout à la vitesse linéaire du piston.

Soupape d'échappement. — Théoriquement, l'ouverture de la soupape d'échappement doit se faire à la fin de la troisième course.

Mais dans ces conditions, la contre-pression serait très forte au début de la quatrième course, et si la vitesse linéaire du piston est très grande, il pourrait rester un excès de gaz brûlés à la fin de la quatrième course; aussi on réalise l'*avance à l'échappement.*

Avance à l'échappement. — Par ce moyen, d'une part, les gaz brûlés disposent d'un temps plus long pour évacuer le cylindre, et l'avance doit croître naturellement avec la vitesse, d'autre part, la contre-pression, au début de la quatrième course, est très diminuée. La pression sur la soupape d'échappement au moment de son ouverture est d'autant plus grande que la pression produite par l'explosion est elle-même plus grande. Or, cette dernière pression croît, comme nous l'avons vu, avec la compression du deuxième temps. Donc, si on augmente la compression, il faut augmenter également l'avance à l'échappement, si l'on veut que la vitesse angulaire croisse en même temps.

Ces deux éléments, compression et avance à l'échappement, sont liés entre eux au point de vue de leur influence sur l'augmentation de la vitesse angulaire.

L'avance à l'échappement entraîne la perte d'un peu de travail moteur à la fin de la détente, mais cette perte est compensée et au delà par la diminution du travail résistant d'expulsion des gaz, et, en outre, le moteur peut prendre des vitesses plus considérables, favorables à un bon rendement.

En pratique, l'avance est, en général, comprise entre 30 et 45°; elle atteint cependant près de 60° pour le moteur Gnome.

Fin de l'échappement. — La fermeture de la soupape d'échappement doit avoir lieu le plus près possible du point mort haut :

a) Une avance à la fermeture ferait perdre une partie des bénéfices de l'avance à l'ouverture, et amènerait une contre-pression inutile à la fin du quatrième temps; au commencement du premier temps suivant on aurait une dépression moins forte, ce qui empêcherait l'aspiration de se faire dans de bonnes conditions;

b) Dans le cas d'un retard à la fermeture, les gaz brûlés seraient aspirés en même temps que ceux du carburateur, ce qui donnerait, en marche, des cylindrées peu homogènes et peu riches; au départ, on aspirerait de l'air supplémentaire, ce qui diluerait le mélange et rendrait la mise en route très pénible.

Commande de la soupape d'échappement. — La soupape d'échappement doit s'ouvrir, d'après ce qui précède, vers l'intérieur du cylindre. En outre, elle doit être commandée par un dispositif mécanique de distribution assez puissant pour vaincre la pression du mélange gazeux vers la fin de la détente. En général, la soupape est ramenée sur son siège par un ressort; il faut que ce ressort soit assez puissant pour l'empêcher de se soulever pendant la phase d'admission; cela augmente encore l'effort à produire par le dispositif de distribution. Cette soupape, constamment léchée par des gaz brûlés à haute température, est elle-même portée à une température voisine du rouge (rouge blanc dans les moteurs à ailettes); le ressort fortement échauffé doit être particulièrement soigné; le siège de la soupape doit être bien refroidi.

Soupape d'admission. — La soupape d'admission s'ouvre du dehors vers le dedans pour laisser passer les gaz aspirés par la dépression produite dans le cylindre; elle est ensuite maintenue sur son siège, pendant les autres phases, par la compression du **gaz** évoluant. Elle peut donc être **automatique**, en utilisant la dépression dans le cylindre pour la soulever, et même elle pourrait être dépourvue de ressort de rappel, en utilisant la pesanteur pour sa fermeture. Mais, pour assurer la netteté de sa fermeture à la fin de l'aspiration et éviter toute perte de mélange tonnant au début de la compression, on lui adjoint toujours un ressort de rappel. Cependant, à l'heure actuelle, sur la majorité des moteurs, elle est **commandée.**

Les dispositifs de soupapes automatiques et de soupapes commandées ont chacun leurs avantages et leurs inconvénients, comme on va voir, et l'une ou l'autre solution doit être appliquée suivant les circonstances.

Examinons le fonctionnement des soupapes d'admission dans un cas concret, soit dans un moteur à 4 cylindres, de 185 mm d'alésage et 200 mm de course, donnant, à 1000 tours à la minute, une puissance de 100 chevaux; la cylindrée est égale à 5,3 l. Chaque course aller ou retour du piston dure 1/33ᵉ de seconde; il faut que, pendant ce temps, on introduise 5,3 l de mélange gazeux, ou qu'on l'expulse. La vitesse d'écoulement des gaz, déterminée par les dépressions produites derrière le piston, ne dépassant pas 80 m à la seconde, on voit qu'il est nécessaire d'avoir de grandes ouvertures, soit d'admission, soit d'échappement.

Si la soupape d'admission est automatique, comme sa levée ne peut excéder 3 ou 4 mm, on doit employer soit une soupape de grand diamètre, par exemple de 50 à 60 mm de diamètre, ce qui correspond à 25 ou 28 cm² de section, soit plusieurs soupapes de section moyenne, c'est-à-dire dont le diamètre ne dépasse pas 30 mm et la surface 7 cm² environ.

Si la pression à la fin de l'explosion atteint 15 kg, la grande soupape supportera un effort de 350 kg environ; pour qu'elle résiste, il faut lui donner une épaisseur suffisante et, par suite, un poids relativement considérable.

Or, une soupape lourde possède une grande inertie, et met donc, toutes choses égales d'ailleurs, plus de temps pour s'ouvrir et se fermer.

Un retard à l'ouverture diminue le volume de la cylindrée utile; un retard trop considérable à la fermeture permet, dans le cas de faibles vitesses de rotation, le refoulement dans le carburateur d'une partie du mélange introduit pendant l'aspiration, d'où nouvelle diminution de la cylindrée utile.

Or, à un moindre volume de la cylindrée correspond une compression plus faible, d'où il résulte une puissance du moteur moins élevée.

On peut remédier au retard à la fermeture, en tendant le ressort qui ramène la soupape sur son siège; mais il faut remarquer que, plus la tension du ressort augmente, plus on a de retard à l'ouverture. Il est vrai que le retard à l'admission, qui résulte de l'augmentation de tension du ressort, provoque une diminution de puissance bien moins grande que le retard à la fermeture, de telle sorte que la puissance croît avec la tension du ressort; mais on atteint vite la limite de tension du ressort, car il faut que cette tension soit inférieure à l'effort de dépression sur la surface de la soupape augmenté du poids de celle-ci, si la soupape se déplace de haut en bas pour s'ouvrir, diminué de ce poids si elle se déplace de bas en haut.

L'importance de la tension du ressort de soupape d'aspiration varie, d'ailleurs, suivant la vitesse du moteur.

Avec un moteur tournant à faible vitesse angulaire, au-dessous de 500 tours, on n'a pas avantage à employer un ressort puissant; le retard à la fermeture devient, en effet, relativement très faible, même avec un ressort peu puissant, et son influence est négligeable; par contre, le retard à l'ouverture produit par un ressort très tendu vient diminuer la puissance massique. La soupape automatique à très faible ressort semble même l'emporter dans ce cas sur la soupape commandée; en effet, les gaz arrivent froids du carburateur et se dilatent brusquement en entrant dans le cylindre; la soupape commandée, surtout si elle se referme avec un certain retard, peut laisser échapper au dehors une partie des gaz ainsi dilatés.

Au contraire, avec un moteur à grande vitesse, on a avantage à prendre un ressort un peu fort. Au commencement de l'aspiration, en effet, la pression des gaz à l'intérieur du moteur dépasse légèrement la pression atmosphérique. On ne doit pas lever la soupape avant le point mort, sans quoi les gaz brûlés auraient tendance à pénétrer dans le carburateur; un léger retard à l'ouverture est donc avantageux. La fermeture doit se faire également avec un léger retard, de façon à avoir une cylindrée plus complète et à obtenir une diminution de consommation spécifique. A ce moment de fin de course, en effet, la vitesse linéaire du piston est faible, la vitesse

d'aspiration est, au contraire, élevée et l'énergie cinétique des gaz aspirés est telle, qu'ils ont tendance à se
tasser contre le piston qui vient à leur rencontre.

Il semble donc que la soupape automatique, avec ressort assez tendu, conviendrait aux moteurs rapides.
Malheureusement, il est très long et très difficile, sinon
impossible, de déterminer un ressort produisant l'ouverture et la fermeture avec des retards bien déterminés,
surtout avec les fortes puissances.

On n'arrive jamais qu'à un résultat approché, même
après de longs tâtonnements; on est obligé dans ce cas,
pour avoir des cylindrées complètes et ne pas employer
de trop grandes soupapes, d'admettre des levées considérables atteignant 10 mm.

Or, le temps que met la soupape à se déplacer pour
arriver à cette ouverture maximum est loin d'être négligeable vis-à-vis du temps que met le piston à parcourir
la longueur de sa course.

L'ouverture d'admission étranglée produit un lami-
nage du mélange tonnant introduit, ce qui diminue la
cylindrée; le retard à la fermeture, qui peut alors atteindre des valeurs exagérées et variables avec la vitesse du
moteur, diminue encore la puissance.

En réalité, les points d'ouverture et de fermeture de
la soupape d'admission, étant très intimement liés à la
vitesse d'écoulement des gaz, à la vitesse linéaire du
piston, aux sections, aux longueurs, à la forme, au tracé
des canalisations d'admission, au diamètre, à la levée, à
la position des soupapes, doivent être déterminés rigoureusement et se produire toujours aux mêmes instants
pendant les mêmes phases du cycle pour chaque cylindre,
avec une très grande précision. On ne peut obtenir le
réglage suffisant que par une commande mécanique;
donc, en pratique, si la raison de simplicité de la distribution n'est pas une condition d'existence *sine qua non*
d'un moteur étant données ses dispositions particulières

comme, par exemple, dans le Gnome ou l'Antoinette,
on doit renoncer à la soupape automatique, dès que
la puissance par cylindre dépasse 8 chevaux et que la
vitesse devient supérieure à 1200 tours.

Nous donnons, à titre d'indication et d'exemple, les
résultats obtenus avec un même moteur de 100 mm d'alésage avec deux réglages de soupapes différents (fig. 24
et 25).

On voit par l'ordre de grandeur des variations de
puissance obtenues, l'importance du réglage des soupa-

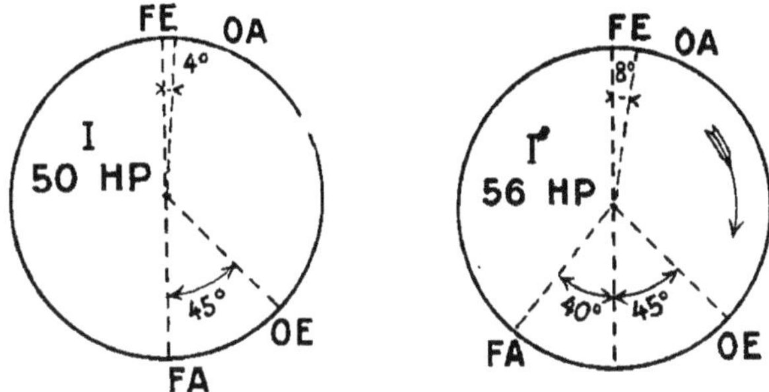

Fig. 24.   Fig. 25.

Deux réglages d'un même moteur correspondant respectivement à 5o et 56 chevaux.

O, ouverture; F, fermeture; A, admission; E, échappement.

pes d'un moteur; le réglage doit être fait, qien entendu,
au banc d'essai pour chaque moteur ou plutôt pour
chaque type de moteur.

Avec la soupape d'admission commandée, on emploie
un ressort aussi tendu qu'avec la soupape d'échappement.

Bien que, théoriquement, la section de l'ouverture
d'échappement dût, pour tenir compte de la dilatation
des gaz brûlés, être plus grande que celle de l'ouverture
d'admission, en pratique, pour des raisons de simplicité
et d'interchangeabilité, on emploie des clapets et des
ressorts identiques.

CARBURATION

La majorité des moteurs à explosion emploie comme
liquide combustible l'essence, de densité variable entre
670 et 720 g. L'essence est un mélange d'hydrocarbures
dont la formule $C^n H^{2n+2}$ où n varie de 5 à 10 environ,
et que l'on obtient successivement et séparément par
distillation de l'essence au fur et à mesure que la température s'élève. Le carbure constituant la majeure partie
de l'essence est l'heptane $C^7 H^{16}$, qui contient une proportion en poids de 84 p. 100 de carbone et de 16 p. 100
d'hydrogène.

Combustion. — La formule de combustion complète
de l'heptane est

$$C^7 H^{16} + 22\ O = 7\ C\ O^2 + 8\ H^2\ O.$$

Si on tient compte de ce que le poids atomique du
carbone est 12, de l'hydrogène 1, de l'oxygène 16, on
trouve d'après cette relation que 1 g d'essence exige
3,52 g d'oxygène, soit 15,3 g d'air occupant un volume
de 11,8 l.

M. Sorel a montré que, pratiquement, la combustion
complète de l'essence exige une quantité d'air supérieure au volume calculé dans les proportions de $\dfrac{1,3}{1}$,
c'est-à-dire en poids $15 \times 1,3 = 20$ g, soit 15 à 16 l pour
1 g d'essence.

Un mélange de combustible liquide et d'air ne détonne
qu'à la condition que le liquide soit transformé en vapeur;
il n'y a que les parties gazeuses qui explosent; les parties
restées à l'état vésiculaire ne peuvent, en effet, être en
contact avec le comburant que par leur périphérie, et
leur combustion est limitée à cette périphérie.

M. Arnoux explique le phénomène de la façon suivante : le cœur des vésicules subit une décomposition pyrogénée qui libère l'hydrogène du carbone.

Or, en vertu du principe de thermochimie du travail maximum d'après lequel toute transformation chimique exothermique tend vers la production du composé qui dégage le plus de chaleur, l'hydrogène, dont la combustion dégage 29 calories environ par gramme pour former la vapeur d'eau, brûle d'abord entièrement. Le carbone, dont la combustion complète dégage seulement 8,13 calories, brûle ensuite, mais très incomplètement ; en raison, en effet, de l'absence de tension sensible de la vapeur, même aux températures élevées, les atomes de carbone libérés d'une combinaison, au lieu de se comporter comme ceux d'un gaz, c'est-à-dire de se repousser, s'attirent, au contraire, et s'agglomèrent en formant des grains de suie dont la combustion est très incomplète parce qu'elle ne peut s'effectuer que par leur périphérie.

Influence de la température. — La température à laquelle l'essence a une tension de vapeur et une rapidité de volatilisation suffisante, est 15º C. environ. Il est bon, par suite, que le mélange gazeux amené au cylindre soit aux environs de cette température. S'il est plus chaud, le poids du gaz introduit est trop faible, et la cylindrée est moins complète ; s'il est plus froid, on a des condensations d'essence, une mauvaise explosion et une mauvaise utilisation de combustible.

Le fonctionnement du carburateur tend à abaisser la température du mélange formé par suite de la chaleur absorbée par la volatilisation de l'essence. 1 kg d'essence absorbe 117 calories pour se vaporiser ; la combustion de 1 kg d'essence nécessite l'emploi de 20 kg d'air, comme on a vu ; la chaleur spécifique totale d'un mélange de 1 kg d'essence et de 20 kg d'air est de 5,5 calories environ.

Si aucun système de réchauffage n'est prévu, la chaleur de vaporisation de l'essence ne peut être fournie que par le mélange gazeux lui-même, dont la température s'abaisse ainsi de $\dfrac{117}{5,5} = 22°$ environ.

Or, la température à laquelle la tension de vapeur de l'essence est suffisante pour saturer le volume d'air correspondant à une bonne explosion, est voisine de 18° au-dessous de 0.

La température minima à laquelle l'air et l'essence doivent être admis doit donc être telle que, diminuée de 22°, elle soit au moins égale à — 18°; cette température minima est donc de 4° environ. En pratique, le mélange peut exploser avec une proportion d'air un peu plus forte, ce qui permet le fonctionnement du carburateur à une température de — 8° environ pour l'essence et l'air.

Pour amener le mélange à 15°, il faudra donc prévoir un système de réchauffage, soit par les gaz d'échappement, soit par l'eau de circulation, soit par aspiration d'air chaud.

L'air chaud est, en général, pris autour du tuyau d'échappement et conduit au carburateur au moyen d'une tuyauterie spéciale, qui a l'inconvénient d'opposer une résistance au passage de l'air et de provoquer ainsi un remplissage moins complet de la cylindrée.

Un réchauffage par circulation d'eau, au lieu des gaz d'échappement, est à ce point de vue plus avantageux.

Vitesse des gaz. — Outre la bonne température et l'homogénéité du mélange gazeux, la vitesse de son entrée dans le cylindre a une grande importance.

Théoriquement, pour arriver au remplissage le plus parfait possible de la cylindrée, il ne faut créer sur le chemin du mélange gazeux, soit dans le carburateur, soit dans la canalisation, soit au travers des soupapes, aucune résistance.

En pratique, on se préoccupe seulement de maintenir entre certaines limites, 40 à 80 m environ, la vitesse d'écoulement des gaz à travers la tuyauterie. La question des tuyauteries est ainsi très importante à ce point de vue : il faut chercher à réaliser le minimum de longueur de tuyauterie entre le carburateur et les cylindres, éviter les coudes brusques, les brisements de la veine gazeuse, qui conduisent à des dépôts de gouttelettes d'essence. Elle l'est également au point de vue de l'égalité et de la régularité d'alimentation de chacun des cylindres.

Dans les moteurs à grande puissance massique, possédant un nombre élevé de cylindres, il existe une très grande difficulté dans l'établissement des tuyauteries d'admission. La veine gazeuse appelée par le déplacement du piston, tend à suivre une direction donnée, puis est brisée par la fermeture de la soupape, et est rappelée par le déplacement d'un autre piston dans une autre direction.

Ces effets sont d'autant plus marqués que la vitesse avec laquelle les gaz sont aspirés est plus grande. Il en résulte que certains cylindres sont mieux alimentés que d'autres; que, par suite, les explosions n'ont pas la même valeur, et le couple moteur subit des variations imprévues. On obtient un véritable déséquilibrage qui cause d'importantes trépidations.

Carburateur. — Pour que l'alimentation d'un moteur se fasse dans de bonnes conditions, il faut, d'après ce qui précède :

1° Que le liquide combustible soit amené à l'état de vapeur;

2° Que le mélange d'oxygène, c'est-à-dire d'air et de cette vapeur, soit homogène;

3° Que ce mélange ait les proportions voulues;

4° Que la composition de ce mélange reste la même, quelle que soit l'allure du moteur, c'est-à-dire la valeur de la dépression produite par le mouvement du piston.

L'organe chargé d'alimenter le moteur dans ces conditions, c'est le carburateur.

Étude expérimentale. — Les premiers carburateurs, actuellement abandonnés, étaient à léchage ou à barbotage; dans ces carburateurs, l'air aspiré par le piston était obligé, soit de traverser une certaine épaisseur, soit de lécher une large surface de liquide; la richesse du mélange gazeux obtenu était décroissante et corrélative à la volatilité de l'essence; elle variait beaucoup avec la pression, la température de l'air ambiant et l'agitation du bain liquide causée par des trépidations de la voiture.

Les carburateurs actuels sont tous à giclage ou à pulvérisation (fig. 26).

Ils se composent essentiellement d'un chalumeau pulvérisateur ou gicleur, tube capillaire d'où débouche l'essence; cette essence est brassée à travers un courant d'air qui est admis par des ouvertures réglables; le mélange gazeux est ensuite conduit au moteur en passant par une ouverture de section réglable également.

L'évaporation de l'essence est heureusement très rapide; mais comme le temps pendant lequel elle doit se faire est de l'ordre de $1/50^e$ de seconde, la dissolution totale des vésicules d'essence dans le courant d'air ne pourra s'effectuer que si l'essence est finement pulvérisée dès le début; de là, la nécessité de briser le jet d'essence sur des champignons, des cônes, des moulinets, des chicanes, etc. Mais ces obstacles constituent des résistances à l'aspiration et diminuent par suite la valeur de la cylindrée. En outre, si un brisement initial du jet favorise la pulvérisation, un heurt, produit par un coude ou un obstacle sur le courant de la veine gazeuse, peut, au contraire, amener des condensations nuisibles; une partie

des vésicules est entraînée et donne une mauvaise explosion, une autre partie peut ruisseler et se perdre à l'ex-

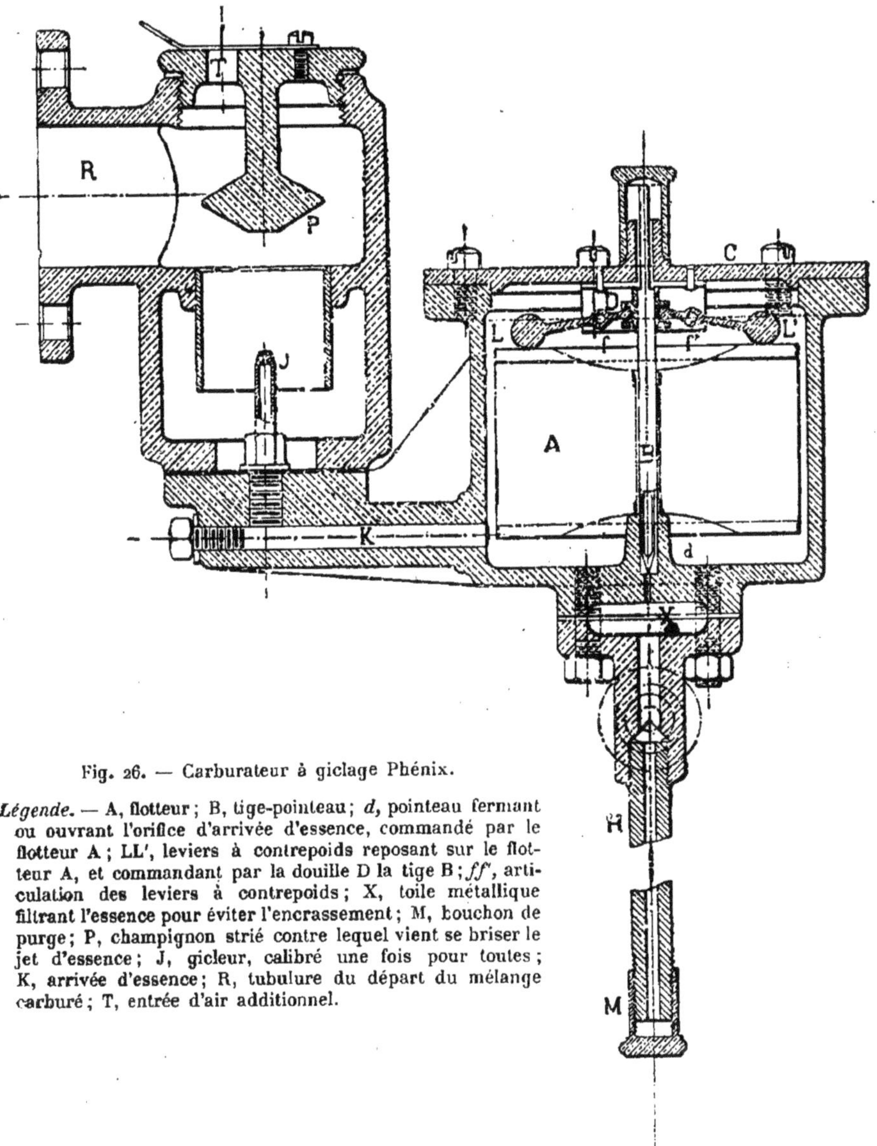

Fig. 26. — Carburateur à giclage Phénix.

Légende. — A, flotteur ; B, tige-pointeau ; *d*, pointeau fermant
ou ouvrant l'orifice d'arrivée d'essence, commandé par le
flotteur A ; LL', leviers à contrepoids reposant sur le flotteur A, et commandant par la douille D la tige B ; *ff'*, arti-
culation des leviers à contrepoids ; X, toile métallique
filtrant l'essence pour éviter l'encrassement ; M, bouchon de
purge ; P, champignon strié contre lequel vient se briser le
jet d'essence ; J, gicleur, calibré une fois pour toutes ;
K, arrivée d'essence ; R, tubulure du départ du mélange
carburé ; T, entrée d'air additionnel.

térieur, ou venir troubler la carburation par un enrichis-
sement inopportun de l'air aspiré.

Afin que le débit de l'essence ne dépende pas de la hauteur de son niveau supérieur dans le réservoir et devienne automatiquement nul quand on arrête le moteur, on interpose entre celui-ci et le gicleur, et près de ce dernier, un vase dit « à niveau constant » où l'essence est maintenue constamment à un niveau un peu moins élevé que l'ouverture supérieure du gicleur, grâce à un flotteur à pointeau.

Ce flotteur est équilibré par des masselottes ou leviers-bascules, de façon à former un pendule sensible aux moindres dénivellations de l'essence et cependant à être aussi peu impressionné que possible par les trépidations.

Constance du mélange. — La constance des proportions du mélange gazeux est très difficile à obtenir. Cela tient à ce que l'un des éléments arrive au carburateur à l'état liquide, l'autre à l'état gazeux. Ils obéissent, par conséquent, à des lois différentes. Un même effort d'aspiration exercé sur ces deux fluides à la fois produit des effets différents qui ne varient pas parallèlement avec cet effort d'aspiration.

Température. — Tant que la vitesse du moteur reste constante, l'effort d'aspiration reste constant, et les proportions du mélange restent invariables. Faisons croître la température, les expériences de M. Sorel montrent que le débit de l'essence par le même ajutage va augmenter dans les proportions de 120 à 160 lorsque la température passe de 20° à 50°. La densité de l'air diminuant quand la température croît, nous avons deux causes d'accroissement de la richesse du mélange en vapeur d'essence.

Nature du combustible. — La nature de l'essence employée a aussi une influence sensible sur la constance du mélange. Supposons que l'essence employée ne soit pas homogène et contienne de l'essence très volatile de densité 680, par exemple, et une autre de densité 740. Si on approche de la température assez basse d'ébullition de la première, le gicleur laissera passer un mélange variable de vapeur d'essence à 680 et de gouttelettes d'essence à 740 qui n'auront pas eu le temps de prendre, au carburateur et à l'air, la chaleur nécessaire à leur vaporisation complète.

Conditions atmosphériques. — L'air contenant l'oxygène nécessaire à la combustion étant puisé directement dans l'atmosphère, la composition du mélange gazeux dépend évidemment de la pression atmosphérique, de l'altitude, de la température extérieure, de l'état hygrométrique de l'air.

Vitesse du moteur. — Mais la principale cause de perturbation du mélange explosible provient du procédé d'alimentation du moteur par aspirations de valeur variable. A chaque vitesse du piston correspond une dépression déterminée qui croît avec la vitesse du moteur et peut varier entre 30 et 40 cm d'eau au ralenti, et atteindre 3 m environ à 1200 tours ; à chaque valeur de cette dépression correspond une certaine proportion des éléments du mélange gazeux, et, par suite, si la carburation est bonne pour une certaine vitesse, elle ne l'est pas pour une autre. On admet généralement que ces variations tiennent à la différence de densité des deux fluides. Les vitesses respectives de l'air et de l'essence augmentent avec la dépression qui les cause, mais de quantités différentes, car la densité de l'essence reste à peu près constante, alors que celle de l'air aspiré diminue rapidement ; il résulte donc que le mélange devient de plus en plus riche en vapeur d'essence.

On peut dire aussi que l'essence étant plus lourde que l'air, à volume égal, a une inertie plus considérable et,

par suite, n'obéit pas aussi rapidement et aussi fidèle-
ment que lui aux appels du piston; si les aspirations du
piston sont très rapprochées, l'essence ne jaillit plus par
saccades, mais d'une façon à peu près continue, alors
que l'air n'entre dans le carburateur qu'aux instants où
il y est appelé; en outre, l'air y pénètre de plus en plus
détendu, il en résulte donc que, pour ces deux motifs,
le mélange contient de la vapeur d'essence en excès. Il
en contient d'autant plus que la vitesse du moteur est
plus grande.

Au contraire, quand la vitesse diminue en dessous de
la vitesse pour laquelle le carburateur a été réglé, le
mélange formé par le carburateur devient de moins en
moins riche en vapeur d'essence, par suite de moins en
moins explosible et peut même amener des ratés.

Les remèdes qui se présentent à l'esprit et que la
théorie exposée plus loin permet de retrouver, consistent, dans le cas d'un seul gicleur, soit à ménager, quand
la vitesse croît, des ouvertures d'air supplémentaires,
soit à réduire le jaillissement de l'essence au fur et à mesure que la dépression augmente. Les ouvertures d'air
supplémentaires ont non seulement pour rôle de laisser
rentrer plus d'air dans le carburateur, mais encore de
diminuer, en augmentant la surface sur laquelle elle
s'exerce, la dépression qui agit sur le gicleur et aspire
l'essence.

L'inertie de l'essence nuit ainsi beaucoup à la souplesse du moteur; tout ralentissement du moteur correspond à un excès d'essence entraîné; toute accélération
qui exigerait un afflux immédiat d'essence ne détermine
le débit qui lui est nécessaire qu'avec un certain retard;
cette inertie rend très difficile la détermination des
bonnes dimensions du gicleur et du diffuseur; avec un
diffuseur de section réduite, on obtient un bon ralentissement pour le moteur, mais la puissance maximum
n'est pas atteinte; si on emploie un diffuseur à grande

section, on obtient une bonne marche à la puissance maximum, mais un mauvais fonctionnement au ralenti; un diffuseur moyen a des qualités et des défauts moyens.

Or, une carburation inconstante et irrégulière amène des gaspillages d'essence, qui entraînent, non seulement une dépense supplémentaire inutile, mais des inconvénients pour le moteur.

La bonne carburation exige, en effet, comme on a vu, que la cylindrée contienne assez d'oxygène pour brûler à la fois tout le carbone et tout l'hydrogène du carbure. S'il y a excès d'essence, l'hydrogène seul brûle, et le carbone se dépose à l'état de noir de fumée qui rend l'allumage plus difficile, donne de la fumée, détermine des échauffements, l'encrassement des bougies des soupapes, voire des grippages et peut même entraîner assez rapidement l'arrêt du moteur.

Théorie élémentaire du carburateur. — Tous les carburateurs modernes sont à giclage. Leur théorie élémentaire peut s'établir comme il suit : le giclage de l'essence et la rentrée d'air nécessaire à la combustion de cette essence sont provoqués par la dépression que produit dans le carburateur le mouvement du piston dans le cylindre.

Cette dépression H varie dans le même sens que la vitesse de ce mouvement, c'est-à-dire croît ou décroît en même temps que le nombre de tours par minute.

Soient S_a la section de l'orifice par où est admis l'air, Q_a le débit d'air, V_a sa vitesse de passage, d_a sa densité (D la densité de l'eau).

On a, par définition, $Q_a = S_a V_a$.

En vertu du principe de Bernoulli, applicable aux gaz avec une approximation suffisante, on aurait théoriquement :

$$V_a = \sqrt{2\,g\,H\,\frac{D}{d_a}}.$$

En réalité, par suite des pertes de charges dues aux tourbillons, aux frottements sur les parois, la dépression H doit être diminuée d'une certaine quantité x, et l'on a :

$$V_a = \sqrt{2\,g\,(H - x)\,\frac{D}{d_a}}.$$

x est voisin de 0 aux faibles vitesses, puis croît avec celles-ci.

Pour l'essence, soient S_a la section de l'ajutage, Q_e son débit, V_e sa vitesse d'écoulement, d_e sa densité.

On a, par définition, $Q_e = S_e V_e$.

Comme plus haut, on aurait théoriquement :

$$V_e = \sqrt{2\,g\,H\,\frac{D}{d_e}}.$$

Mais, en pratique, H doit être diminué d'une quantité h dont il est difficile de déterminer exactement toutes les causes de variation, qui dépendent de la dénivellation entre les plans d'essence dans le niveau constant et l'orifice du giclage, de l'effet de capillarité qui produit un frottement variable avec la température contre les parois intérieures du gicleur. Cette quantité h, qui, d'après les expériences du commandant Krebs, peut atteindre 21 mm d'eau pour une dépression H de 30 mm aux faibles vitesses du moteur, décroît rapidement quand H croît.

On a donc en réalité :

$$Q_e = \sqrt{2\,g\,(H - h)\,\frac{D}{d_e}}.$$

Par suite, on a :

$$\frac{\text{quantité d'air}}{\text{quantité d'essence}} = \frac{Q_a}{Q_e} = \frac{S_a}{S_e} \times \frac{\sqrt{H - h}}{\sqrt{H - x}} \times \frac{\sqrt{d_a}}{\sqrt{d_e}}.$$

Pour avoir une bonne carburation, ce rapport doit rester constant.

Dans le deuxième membre, certains termes H, d_a, d_e sont des variables indépendantes; par contre, le constructeur et le conducteur peuvent faire varier soit séparément, soit simultanément, un certain nombre des autres variables S_a, S_e, H — h et H — x.

Suivant les solutions adoptées, on a divers types de carburateurs, dont nous allons rapidement passer les principes en revue.

Divers types de carburateurs. — Comme nous l'avons dit plus haut, lorsque la vitesse de rotation du moteur augmente, et que, par suite, la dépression augmente, l'essence arrive en trop grande quantité. Le premier remède qui se présente à l'esprit est d'augmenter l'arrivée d'air par des ouvertures supplémentaires.

$1°$ S_a *entrée d'air supplémentaire.* — Le réglage direct par le conducteur de la quantité d'air additionnel nécessaire à chaque allure du moteur, est très délicat. Aussi, on a conclu rapidement à la nécessité dans un carburateur d'obtenir ce réglage automatiquement.

Une ouverture fixe permet le passage de l'air nécessaire à la vitesse ralentie du moteur. Pour les vitesses plus grandes, c'est la dépression elle-même du moteur qu'on charge d'ouvrir l'entrée d'air supplémentaire en soulevant une soupape unique ajoutée au carburateur et qui est maintenue fermée par un ressort à boudin de tension déterminée.

Pour éviter les vibrations et diminuer l'inertie du ressort, on le freine par un dash-pot à glycérine ou à air (fig. 27 et 28), c'est-à-dire qu'on adjoint à l'autre extrémité de la tige de soupape un piston, percé d'une faible ouverture, qui se meut dans un cylindre contenant de la glycérine ou de l'air.

L'expérience montre que l'ouverture d'air supplémentaire croît bien avec la vitesse du moteur, mais que cette croissance suit une loi plus compliquée que la simple proportionnalité; quand la vitesse croît, il faut ajouter une quantité d'air de plus en plus petite.

Les fenêtres par lesquelles se fait l'entrée d'air addi-

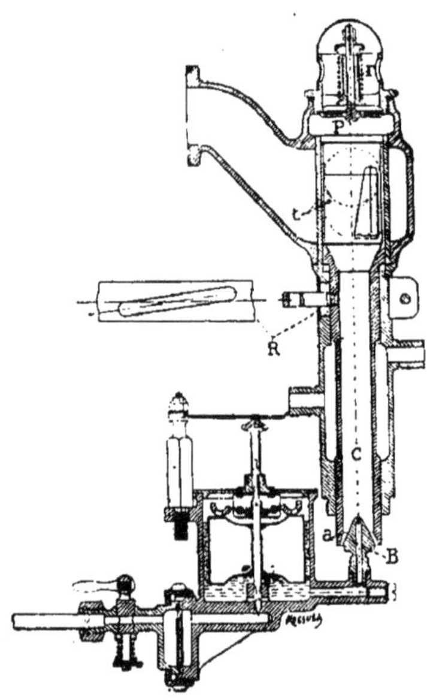

Fig. 27.

Carburateur Clément à soupape d'admission d'air supplémentaire à ressort.

Légende. — P, soupape de prise d'air supplémentaire; *r*, ressort; B, gicleur; *c*, partie étranglée du tube mélangeur; *t*, trou d'admission des gaz au ralenti; R, rampe du boisseau d'admission des gaz; *a*, entrée d'air dont la section variable est commandée par le boisseau d'admission des gaz.

tionnel doivent donc avoir des formes spéciales déterminées d'avance théoriquement et vérifiées expérimentalement par le constructeur pour chaque régime du moteur, dans des conditions extérieures moyennes (température, pression atmosphérique, état hygrométrique de l'air, etc.).

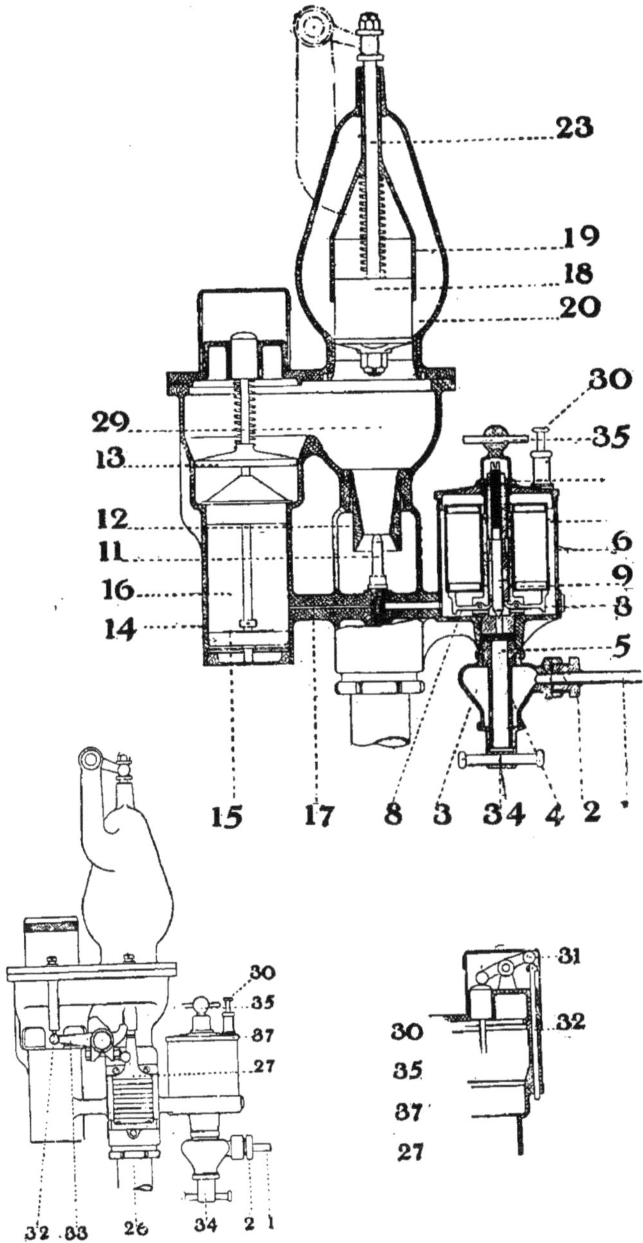

Fig. 28. — Carburateur Renault à soupape freinée par dash-pot.

Légende. — 1, tube d'arrivée d'essence ; 2, raccord fileté ; 3, chambre conique ; 4, filtre crépine fixé sur le bouchon 34 ; 5, conduit ; 6, cuve du flotteur ; 7-8, leviers articulés du flotteur ; 9, pointeau ; 10, écrou de blocage réglant la hauteur du pointeau ; 11, gicleur ; 12, étrangleur ; 13, soupape d'air additionnel ; 14, piston amortisseur mobile dans le cylindre dash-pot 16 qui est maintenu plein d'essence grâce au canal 17 ; 15, rondelle-clapet se soulevant quand le piston descend en laissant à l'essence contenue dans le cylindre 16 une section de passage plus grande qu'à la montée ; 18, tambour d'admission mobile dans le manchon 19 ; 20, chambre d'admission des gaz ; 23, tige du tambour mobile ; 26, registre réglant l'arrivée d'air chaud ; 30, poussoir permettant de soulever le pointeau d'arrivée d'essence ; 31-32-33, commande du basculeur limitant pour le départ le soulèvement de la soupape d'air additionnel ; 34-35, bouchons ; 37, couvercle.

Ces formes très spéciales doivent être choisies de telle
sorte que, pour des hauteurs d'ouverture régulièrement
croissantes avec la dépression, comme celles que donne
une soupape commandée par un ressort, la section d'entrée d'air supplémentaire soit convenable.

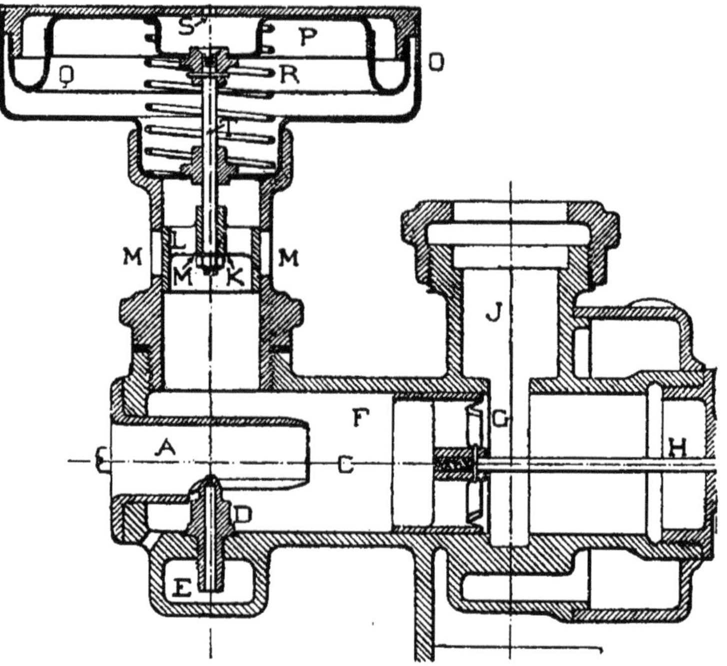

Fig. 29. — Carburateur Krebs.

Légende. — A, tubulure fixe d'arrivée d'air ; D, gicleur ; E, arrivée d'essence ;
G, tiroir réglant l'admission en J ; H, tige de ce tiroir ; MM, orifices d'admission
d'air additionnel ; P, piston soumis à la pression atmosphérique ; Q, membrane
en caoutchouc, formant joint entre le piston P et la boîte O ; R, ressort relevant le
piston ; S, couvercle.

Le **commandant Krebs**, le premier, dès 1903, a fait
cette étude complète.

Pour éviter les chocs, pour diminuer l'inertie et les
frottements, le commandant Krebs (fig. 29) remplace
la soupape précédente par un tiroir vertical mobile K
derrière les fenêtres M de forme appropriée définies

ci-dessus; le mouvement de ce tiroir est commandé par
un piston P à large section (fig. 29), dont les bords sont

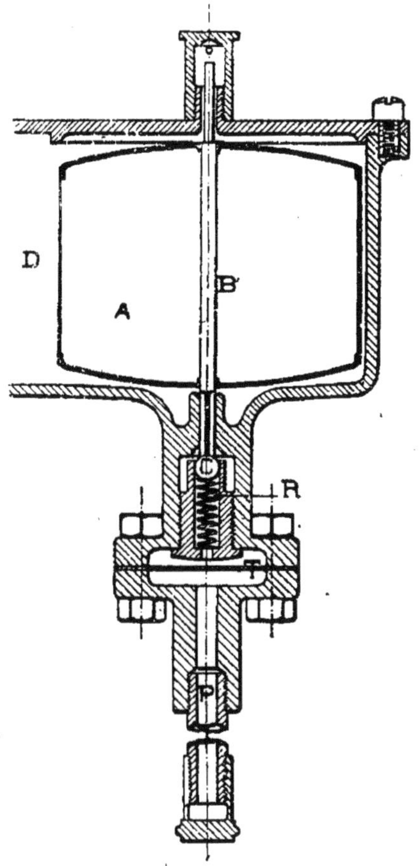

Fig. 3o. — Niveau constant du carburateur Centaure.

Légende. — **A**, flotteur; **B**, tige solidaire du flotteur agissant sur la bille **C**, réglant
l'arrivée d'essence; **D**, vase à niveau constant; **R**, ressort agissant sur la bille
pour maintenir fermée l'arrivée d'essence; **T**, toile métallique filtrant l'essence;
P, tuyau de purge.

reliés par une bande souple Q de caoutchouc avec les
parois d'une sorte de lanterne O, de façon à créer ainsi
un joint étanche, sans introduire de frottements.

Cette lanterne est fermée par un couvercle muni à sa

partie supérieure d'un petit orifice S, qui est destiné à laisser la pression atmosphérique agir sur la face supérieure du piston, la face inférieure étant soumise à la

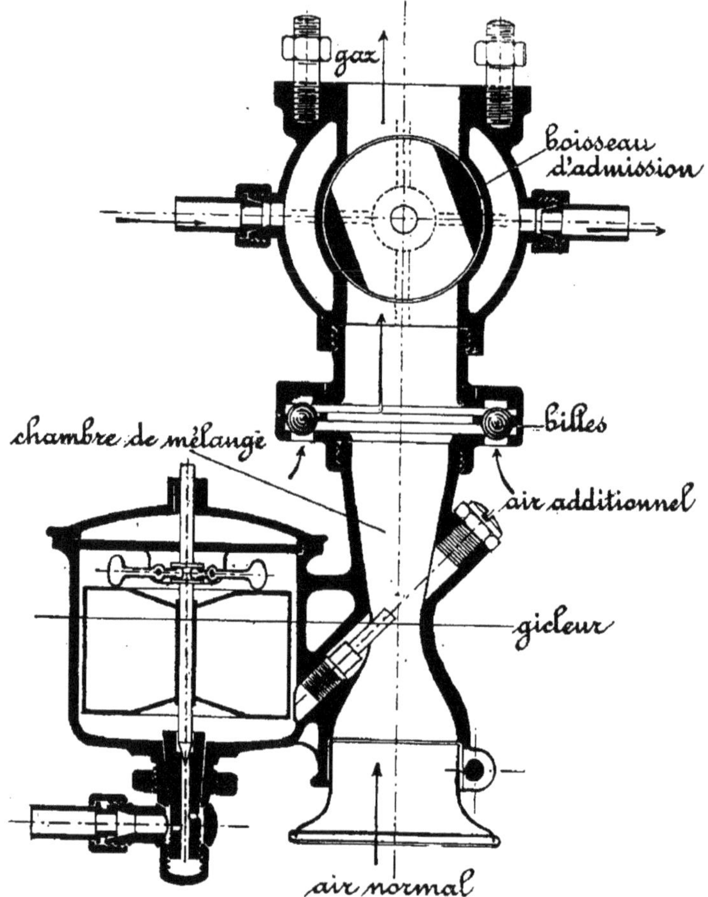

Fig. 31. — Coupe du carburateur dosair ralentisseur Grouvelle-Arquembourg.

dépression du moteur. La petitesse de ce trou empêche les mouvements brusques du piston et amortit progressivement ses oscillations. Le piston est normalement repoussé vers le haut par l'effet du ressort R.

L'ouverture du mélange des gaz est faite au moyen

d'un tiroir horizontal G dont l'ouverture est commandée à volonté par le conducteur, et limitée par un régulateur à boules ou à eau.

Une autre disposition originale, due à MM. **Grouvelle** et **Arquembourg,** consiste à munir le carburateur d'orifices d'air additionnel ronds, de dimensions croissantes, mais bien calculées, et fermés chacun par une bille B de poids approprié (fig. 31).

Pour éviter les inconvénients possibles de ressorts, de la perforation d'une membrane de caoutchouc, du frottement anormal d'un tiroir et du retard à l'ouverture par suite de l'inertie d'une bille qui peut adhérer plus ou moins à son siège, au lieu de laisser au moteur lui-même le soin d'ouvrir l'orifice d'air additionnel, un grand nombre de constructeurs actuels réunissent par une liaison mécanique l'ouverture d'admission des gaz et l'ouverture d'air. Ces deux ouvertures sont, en général, percées dans un même boisseau qui peut tourner autour de son axe à la volonté du conducteur. On peut obtenir ainsi une correspondance rigoureuse entre l'ouverture d'air additionnel et celle du mélange gazeux (comme dans le carburateur Claudel décrit plus loin [fig. 36]).

Malheureusement, ce dispositif présente un inconvénient au moment de la mise en route ou lorsque le moteur ralentit, dans une côte, par exemple. Il faut obtenir dans ce cas-là des cylindrées plus complètes et les plus riches possible en essence ; pour cela on ouvre en grand l'admission des gaz, mais alors on ouvre en même temps en grand, par suite des connexions mécaniques, l'ouverture de l'air additionnel, ce qui appauvrit le mélange de gaz admis.

Pour empêcher l'arrivée, nuisible dans ce cas, de l'air additionnel, il faut disposer d'une manette spéciale, permettant de fermer cette ouverture momentanément.

Au contraire, avec la soupape additionnelle commandée automatiquement par la dépression du moteur, celle-ci, étant faible par suite de la faible vitesse, est insuffisante pour provoquer l'ouverture de l'air additionnel.

Aussi, pour pallier ce défaut, on admet dans certains carburateurs l'air additionnel partie par l'ouverture à commande mécanique, partie par une soupape avec ressort réglable, dont le mouvement est ou non freiné par un dash-pot à air (carburateurs **Clément, Pipe**). En outre, grâce à cette dernière ouverture, on peut effectuer sur le carburateur les réglages nécessités par les changements de température, de pression atmosphérique, etc.

Sur les carburateurs à commande mécanique, non munis de cette deuxième entrée d'air complémentaire, ce réglage s'effectue sur la section unique de l'entrée d'air additionnel.

Les carburateurs type Krebs ne comportent pas, en général, d'organe de réglage de ce genre.

Dans les carburateurs précédents, l'air primaire arrive, en général, sur le gicleur **perpendiculairement à son axe.**

Dans d'autres carburateurs, le courant d'air est **parallèle** à l'axe du gicleur. Au lieu d'avoir plusieurs ouvertures d'air extérieures, on peut n'en avoir qu'une seule à l'extérieur du carburateur et faire varier la section réelle par où passe l'air pour entrer dans le carburateur.

2° S_e *Section d'entrée d'essence.* — Le gicleur peut être remplacé par un champignon à fines rainures forçant l'essence à jaillir en éventail et offrant une résistance croissante au passage de l'essence quand la vitesse tend à croître par suite de l'augmentation de la dépression (carburateur **Longuemare**) (fig. 32).

Au lieu de ces fines rainures, on peut, pour freiner

l'essence, remplacer le gicleur par un tube demi-obturé,

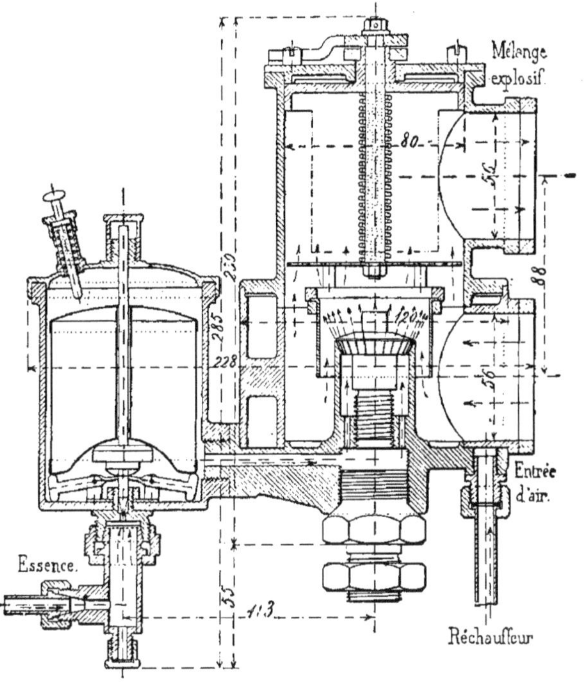

Fig. 32. — Carburateur avec diffuseur conique Longuemare

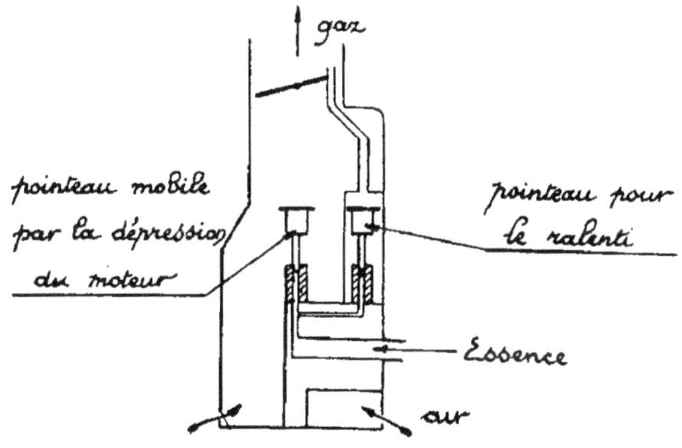

Fig. 33. — Schéma du carburateur Aris.

par un petit champignon conique dont la distance à la

pointe du gicleur est réglable automatiquement ou non
(carburateurs **Aris**, **Sthénos**) (fig. 33 et 37).

Comme carburateur à réglage variable du débit d'essence, on peut citer le carburateur **Gobron-Brillé**, dans

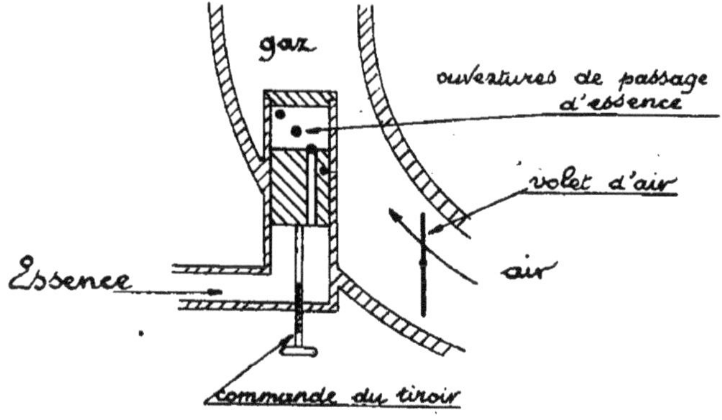

Fig. 34. — Schéma de l'injecteur Peugeot.

lequel le **gicleur** est coiffé d'un chapeau dont la distance
à l'extrémité du gicleur peut être commandée par un
levier; le carburateur **Peugeot** (fig. 34), dans lequel l'essence arrive par un tube percé de petits trous disposés

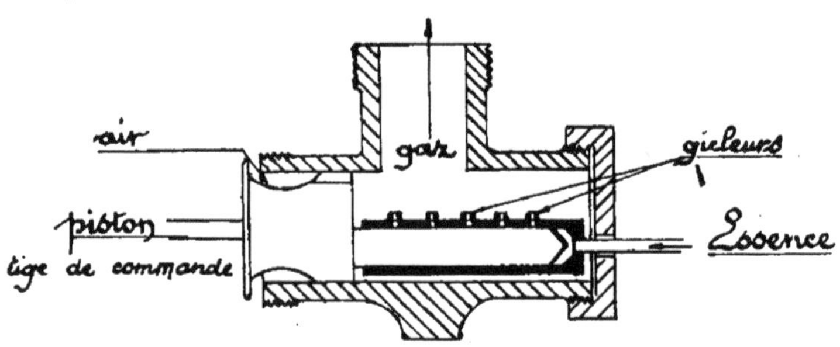

Fig. 35. — Schéma de l'injecteur Jaugey.

suivant une hélice et dont un tiroir mobile découvre un
plus ou moins grand nombre; le carburateur **Jaugey**, à
six gicleurs de diamètre croissant et qui sont successi-

vement découverts (fig. 35) en même temps que croît la section d'entrée d'air.

3º *Action sur* S_a H—*h et* H—*x*. — Dans ces carburateurs, on agit à la fois sur la section d'entrée d'air, la

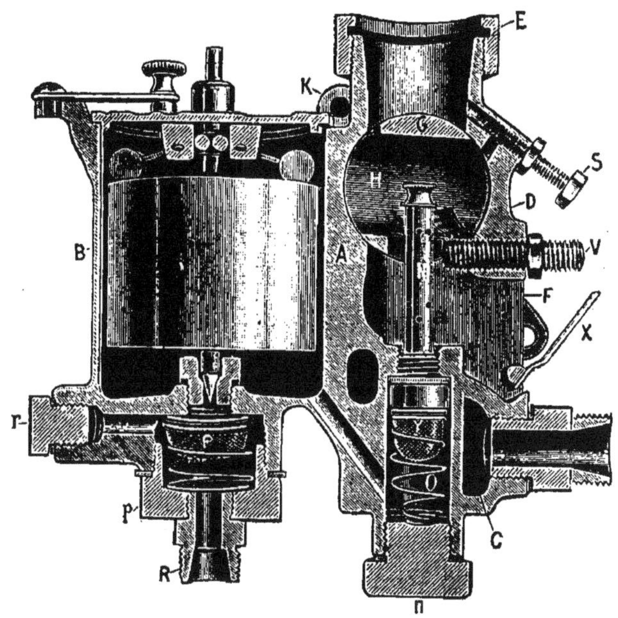

Fig. 36. — Carburateur Claudel.

Légende. — A, corps principal; B, chambre à flotteur du niveau constant; C, enveloppe pour le réchauffage; D, boisseau de distribution; E, raccord de tubulure d'admission; F, prise d'air unique; *a*, entrée d'air; *b*, sortie de l'air et de l'essence; G, obturateur tournant; H, chambre de carburation; K, manette de commande de l'obturateur G; N, gicleur automatique à injection d'air; O, chambre de chauffe; R, raccord d'arrivée d'essence au flotteur; S, vis de réglage des gaz au ralenti; V, vis de réglage d'air; X, volet pour fermer l'arrivée d'air à la mise en route; Y, filtre.

dépression qui commande l'aspiration de l'air, et celle qui agit sur l'essence.

Nous citerons le carburateur **Claudel** et le carburateur **Sthénos.**

Dans le Claudel (fig. 36), on a une prise d'air unique extérieure F, de section constante.

Un boisseau G, analogue à celui que nous avons visé plus haut, mobile autour d'un axe horizontal commandé par le conducteur, entoure la partie supérieure du gicleur dont la tête occupe son milieu; il est percé à sa partie inférieure d'une ouverture destinée à régler la quantité d'air admise, à sa partie supérieure d'une autre ouverture destinée à régler la quantité de gaz admise au moteur. Son intérieur, creux, H forme chambre de mélange. Les sections libres inférieure et supérieure ont à chaque instant des formes relatives très précises qui font varier, suivant une loi bien déterminée, la dépression intérieure dans la chambre de mélange et, par suite, la quantité d'air nécessaire à la bonne carburation.

Le gicleur ordinaire est isolé en quelque sorte de la chambre de dépression par un lanterneau qui l'entoure et qui est percé de petits trous a à la partie inférieure et b à la partie supérieure; par les trous inférieurs (a), l'air pénètre pour former une colonne ascendante qui détermine le jaillissement du liquide; ce liquide mélangé d'air sort par les trous supérieurs (b) dans la chambre de mélange. Il s'établit ainsi, par les ouvertures b, un écoulement d'air et d'essence en proportions variables avec la dépression du moteur et le rapport entre les sections d'admission des gaz et de l'air; le débit de l'essence varie dans le sens inverse de celui de l'air, de sorte que l'on obtient un véritable freinage automatique de l'essence.

Le boisseau porte une ouverture spéciale réglable au moyen de la vis S permettant l'admission des gaz pour la marche ralentie du moteur.

L'ouverture d'entrée d'air dans la chambre de mélange est réglable grâce au déplacement d'une barrette filetée V, de façon à pouvoir tenir compte des variations des conditions atmosphériques.

Ce carburateur fonctionne parfaitement.

Dans le carburateur **Sthénos** (fig. 37), la section d'ad-

mission de l'air est déterminée par la loi de contraction
d'une veine gazeuse (1) dans un tube en forme de tronc

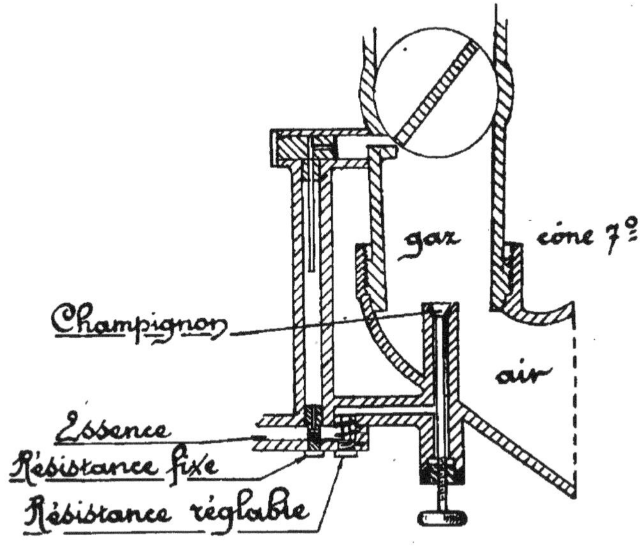

Fig. 37. — Schéma du carburateur Sthénos.

de cône dont la petite base est à l'entrée de la veine
(fig. 38); la dépression qui entraîne l'essence est la dépression créée autour de la partie ainsi rétrécie de la veine

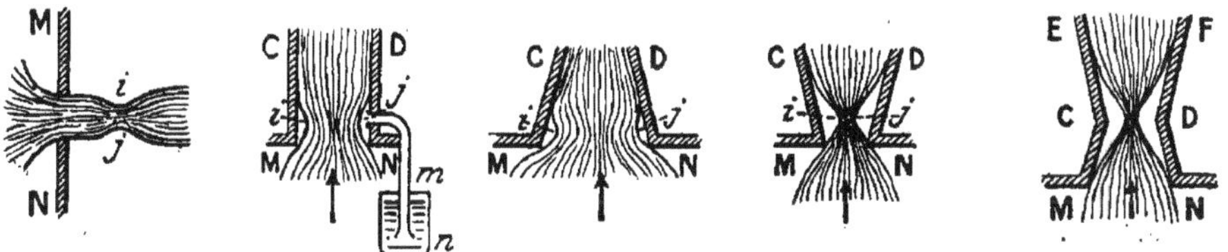

Fig. 38. — Schéma d'écoulement d'un fluide à travers des ajutages coniques.

gazeuse. La valeur de cette contraction varie avec l'angle
au sommet du cône, et est maximum pour un angle de

____

(1) Cette loi, découverte par M. Moisson, est appliquée dans la plupart
des carburateurs actuels pour régulariser la carburation.

7 degrés; on peut enfin trouver un endroit où la zone de dépression est suffisamment proportionnelle à la vitesse d'écoulement de l'air, pour qu'on puisse y disposer l'orifice de sortie de l'essence de façon à obtenir un certain freinage de l'essence: cet endroit se trouve à une distance de la petite base du tronc de cône égale au tiers du diamètre de cette petite base. Grâce à la grande vitesse de l'air autour du gicleur, on obtient une pulvérisation immédiate et complète de l'essence et un brassage assez énergique pour permettre de réduire au minimum la tuyauterie et par suite la résistance à l'aspiration.

En réalité, le dispositif de freinage de l'essence doit, pour être suffisant, être complété par l'effet de la résistance croissante avec la vitesse d'écoulement qu'éprouve l'essence en passant à travers un conduit hélicoïdal (résistance variable) intercalé entre le niveau constant et le gicleur.

$4°$ *Action sur* $S_a — S_e$, $H—h$ *et* $H—x$. — Dans les carburateurs modernes, on cherche à obtenir non seulement la constance de la carburation par les moyens les plus simples, mais la plus grande souplesse, la plus grande facilité et rapidité possible des reprises du moteur, la marche à la vitesse la plus ralentie possible et l'économie d'essence au ralenti. A cet effet, on emploie, outre les moyens précédemment indiqués, plusieurs gicleurs, deux en général.

Carburateur Zénith. — Des expériences de M. Rummel sur l'écoulement de l'eau à travers un conduit très étroit, reprises en employant de l'essence par M. Lauret (Comptes rendus de l'Académie des Sciences du 22 juin 1908), il résulte que la loi de Bernoulli simplifiée, admissible pour l'air et supposée exacte pour l'essence dans la théorie élémentaire exposée plus haut, doit être complétée par un terme correctif. On avait admis, en effet, que la vitesse d'écoulement v de l'essence était liée à la dépression réelle H en centimètres d'eau diminuée des résistances h provenant des frottements (h est la dépression la plus faible sous laquelle jaillit l'essence) par la relation :

$$V_e^2 = 2\,g\,(H - h).$$

Comme le débit q_e en centimètres cubes par minute à travers une section s_e donnée est proportionnel à V_e

$$q_e = V_e s_e,$$

cette relation peut être remplacée par la suivante :

$$C_1 q_e^2 = H - h,$$

où C_1 est un coefficient constant.

En réalité, la loi d'écoulement de l'essence est donnée par la relation :

$$C_1 q_e^2 + C_2 q_e = H - h,$$

C_1 et C_2 étant des coefficients constants.

Le débit q_a de l'air peut être représenté par la relation

$$C_3 q_a^2 = H - x,$$

x étant beaucoup plus faible que h.

Les débits d'air et d'essence sont représentés sur la figure 39 par les courbes I et II. La courbe III donne la valeur du rapport $\dfrac{\text{air}}{\text{essence}}$, courbe qui a une allure hyperbolique.

Pour établir la constance du mélange, le commandant Krebs introduit des quantités d'air supplémentaires représentées par la courbe IV. M. Baverey, dans le carburateur **Zénith**, emploie un deuxième moyen qui consiste à agir sur l'essence en adjoignant au premier

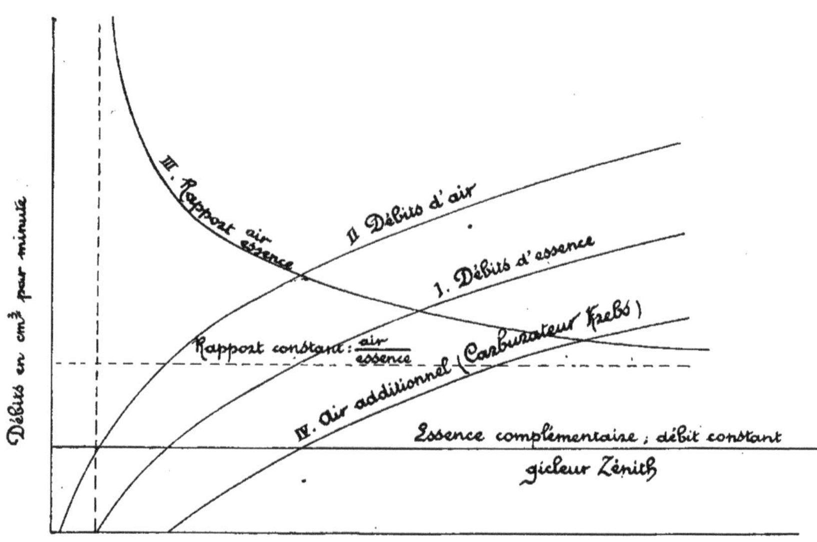

Fig. 39. — Courbes donnant l'écoulement de l'essence et de l'air dans un carburateur.

gicleur, qui a un débit trop faible sous les faibles dépressions et un débit trop fort sous les fortes dépressions, un deuxième gicleur dont le débit soit relativement plus fort aux faibles qu'aux grandes vitesses. Pour cela (schéma de la fig. 40), à un gicleur ordinaire G est adjoint un gicleur compensateur H. Celui-ci est alimenté par une pipe J, ouverte à l'air libre, où l'essence provenant du niveau constant débouche, par un orifice calibré I, théoriquement à l'air libre. Le débit de I est donc seulement fonction de la hauteur de la colonne

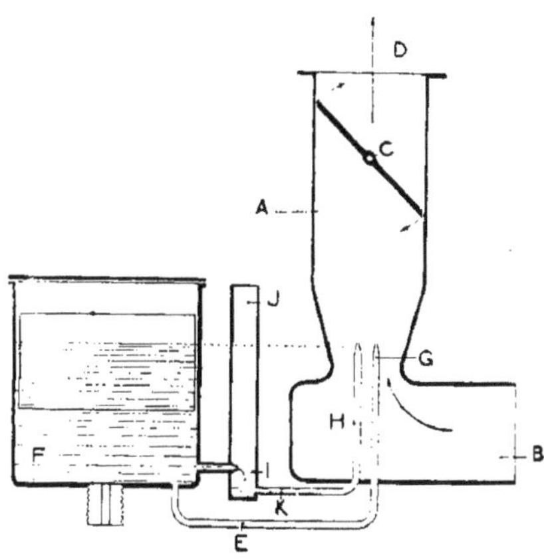

Fig. 40. — Schéma d'un carburateur Zénith.

Légende. — A, diffuseur; B, arrivée d'air; C, volet d'admission des gaz; D, admission des gaz; E, alimentation du gicleur principal; F, niveau constant; G, gicleur principal; H, gicleur compensateur; I, orifice calibré alimentant le puits J; K, tube d'alimentation du gicleur H.

d'essence en charge sur lui, hauteur qui est constante par suite du principe même du vase F à niveau constant.

La section du gicleur H étant très faible par rapport à la section du puits J, les variations de pression dans le carburateur sont sans influence sensible sur le débit de l'orifice I. Celui-ci ayant un débit constant, la quantité d'essence qu'il fournit à chaque cylindrée va donc en décroissant au fur et à mesure que la vitesse augmente, de telle sorte que le débit total des deux gicleurs

permet au rapport $\dfrac{\text{air}}{\text{essence}}$ d'avoir une valeur sensiblement constante.

En réalité (fig. 41), les deux jets d'essence, principal
et compensateur, sont disposés concentriquement, le jet

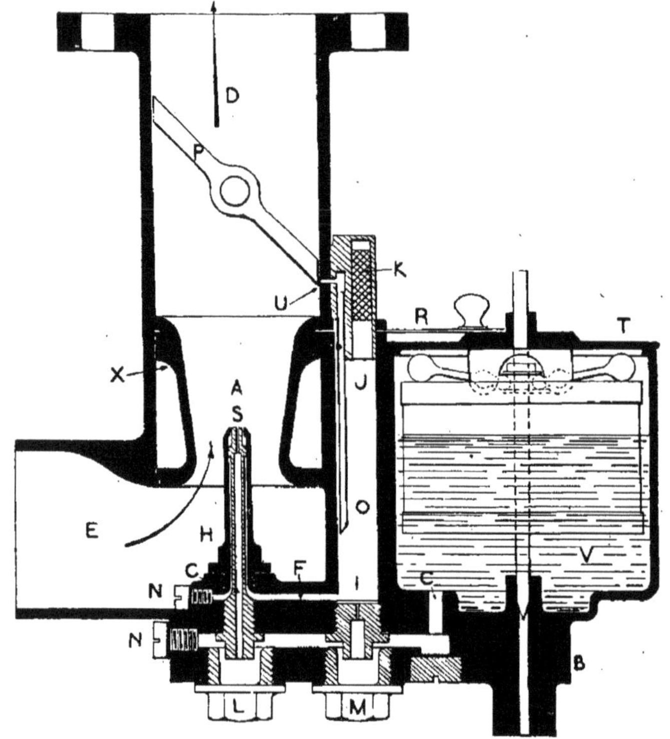

Fig. 41. — Coupe d'un carburateur Zénith.

Légende. — A, diffuseur; B, arrivée d'essence; C, départ d'essence du niveau
constant V; D, admission des gaz; E, arrivée d'air; F-H, alimentation du gicleur
auxiliaire; G, jet principal; I, alimentation du puits J; K, filtre d'air; L-M-N,
écrous; O, alimentation du gicleur U pour le ralenti; R, lame de fixation du couvercle T du niveau constant V; P, valve d'admission des gaz; S, débouchés des
gicleurs; X, gaine de réchauffage d'air chaud.

principal au centre, le compensateur sous forme annulaire, et débouchent en *s* dans un diffuseur A en tronc
de cône analogue à celui du carburateur Sthénos.

Lorsque le moteur marche au ralenti, la dépression

est faible, les deux gicleurs débitent peu, l'essence monte
dans le puits J. Lorsqu'on ouvre en grand l'admission
des gaz, la reprise du moteur est très rapide parce que
le gicleur annulaire déverse immédiatement toute l'essence en réserve dans le puits.

La vitesse du moteur s'accélérant, le débit du gicleur
annulaire va en diminuant parce que le niveau du puits
baisse d'autant plus vite que l'aspiration est plus forte,
tandis que le gicleur central voit, au contraire, son débit
augmenter.

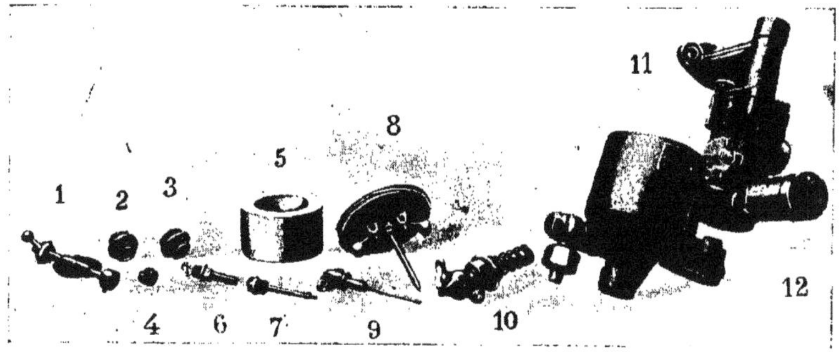

Fig. 42. — Carburateur type Zénith démonté.

Légende. — 1, papillon d'étranglement des gaz ; 2-3, bouchons des gicleurs ;
4, gicleur compensateur ; 5, flotteur ; 6, gicleur intérieur ; 7, gicleur annulaire ;
8, couvercle avec pointeau et bascules ; 9, pipe de marche ralentie ; 10, robinet de
vidange et tamis ; 11, 12, corps du carburateur.

Pour la marche à l'extrême ralenti, où la dépression
est trop faible pour amener l'éjection de l'essence par les
gicleurs précédents, un troisième gicleur U, débouchant
au voisinage de la tranche du papillon où la vitesse de
passage des gaz est très grande et dont le tube d'alimentation O débouche vers le fond du puits, fournit l'essence nécessaire.

Par suite de la très grande vitesse de passage des gaz,
le carburateur doit être énergiquement réchauffé par de
l'air chaud. La figure 42 donne les éléments d'un carburateur type « Zénith » muni de son filtre à essence,

adopté par la maison de Dion-Bouton. La figure 43
donne une vue d'ensemble extérieure.

Dans le nouveau carburateur **Longuemare** (fig. 44),
la colonne des gicleurs porte une tête tronconique sur-
montée par un chapeau vissé, muni d'ouvertures rayonnantes *g* formant gicleur et alimentant le moteur en
marche normale. Ces ouvertures débouchent dans une

Fig. 43. — Vue extérieure d'un carburateur Zénith.

zone étranglée N constituée par deux troncs de cône,
assurant une grande vitesse d'écoulement d'air.

Le dosage de l'air et de l'admission des gaz se fait par
un boisseau analogue au Claudel.

Pour la marche au ralenti, l'essence est amenée à la
chambre du mélange uniquement par une petite ouverture verticale, creusée dans l'axe du chapeau. On voit
que, dans la position de la clef *o*, la dépression agit seu-

lement par les ouvertures *o* et *n;* le canal *n* débouche
en regard du canal spécial *k* d'arrivée d'air.

Le freinage de l'essence, quand la vitesse augmente,
est produit grâce à un entraînement d'air dans la cana-

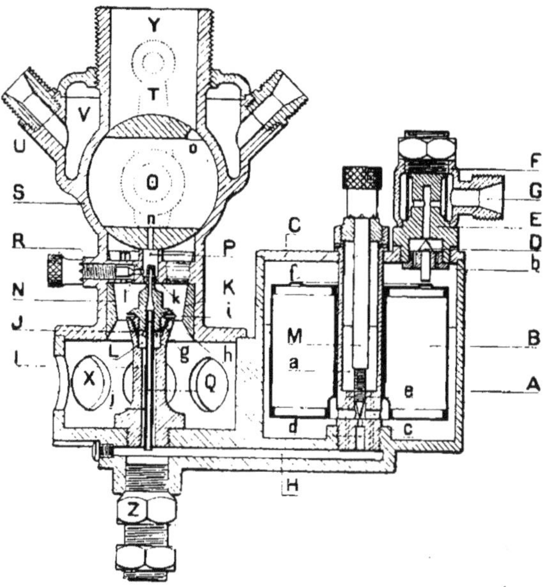

Fig. 44. — Coupe du nouveau carburateur Longuemare.

Légende. — A, corps du niveau constant; B, flotteur; C, couvercle du niveau constant; D, pointeau d'arrivée de liquide; E, siège du pointeau; F, filtre; G, raccord
conique d'arrivée de liquide; H, canal; I, pulvérisateur; J, tête du pulvérisateur;
K, bouchon du pulvérisateur; L, chambre du pulvérisateur; M, pointeau de
réglage de liquide; N, tube d'étranglement; O, clef de dosage de mélange;
P, chambre du carburateur auxiliaire; Q, tube d'alimentation du carburateur
auxiliaire; R, pointeau de réglage d'air du carburateur auxiliaire; S, corps de
carburation; T, manette de la clef de dosage; U, raccord du réchauffeur;
V, réchauffeur; X, entrées d'air; Y, sortie de mélange; Z, bouchon-support;
a, colonne; b, guide du pointeau; c-d, conduits de liquide; e, conduits d'alimentation de la réserve; f, orifices d'air de la colonne; g, conduits diffuseurs;
h, rainure; i, gorge; j, conduit central du pulvérisateur; k, entrée d'air primaire
au carburateur auxiliaire; l-m, orifices d'admission d'air additionnel au carburateur auxiliaire; n, orifice de passage de mélange au ralenti; o, échancrure de
passage de mélange au ralenti.

lisation même du gicleur; à cet effet, sur cette canalisation est branché, par de petites ouvertures *f, e,* un puits
analogue à celui du carburateur Zénith.

La réserve d'essence accumulée dans le puits pendant

la marche au ralenti, permet un afflux d'essence pour les reprises rapides du moteur.

Le carburateur **Solex** (fig. 45) comprend schématiquement un carburateur ordinaire avec niveau constant AF, un gicleur c, un diffuseur en tronc de cône k, genre Sthénos, auquel est adjoint un petit carburateur automatique composé d'un gicleur auxiliaire g, branché sur la canalisation du premier, et d'une prise d'air additionnel par billes (R), comme dans le carburateur Grouvelle, débouchant par le canal u au delà du volet d'admission A.

En réalité (fig. 46), le tuyau d'admission des gaz de

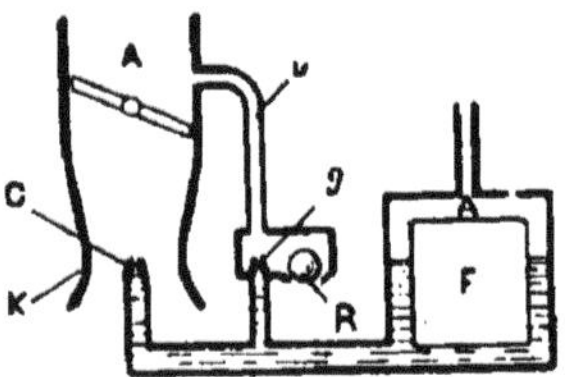

Fig. 45. — Schéma du carburateur Solex.

Légende. — A, admission des gaz ; C, gicleur ; F, flotteur ; g, gicleur auxiliaire ; K, diffuseur ; R, bille pour l'admission d'air supplémentaire ; u, alimentation pour le ralenti.

ce carburateur auxiliaire débouche par le canal x, y, u, entre les deux lames de la vanne double V d'admission générale du carburateur. Les lames de cette vanne double laissent libre, à la position de fermeture pour le ralenti et la mise en route, un léger vide entre leurs bords et leur logement, de telle sorte qu'on a entre elles une dépression suffisante pour faire débiter au gicleur auxiliaire juste la quantité d'essence nécessaire pour la marche à vide, et qu'au contraire on a au-dessous de la vanne, sur le gicleur principal, une dépression à peu près nulle.

Au moment des reprises ou en côte, quand le moteur ralentit, et que par suite la dépression diminue, l'ouverture d'air additionnel se ferme, le débit du petit gicleur

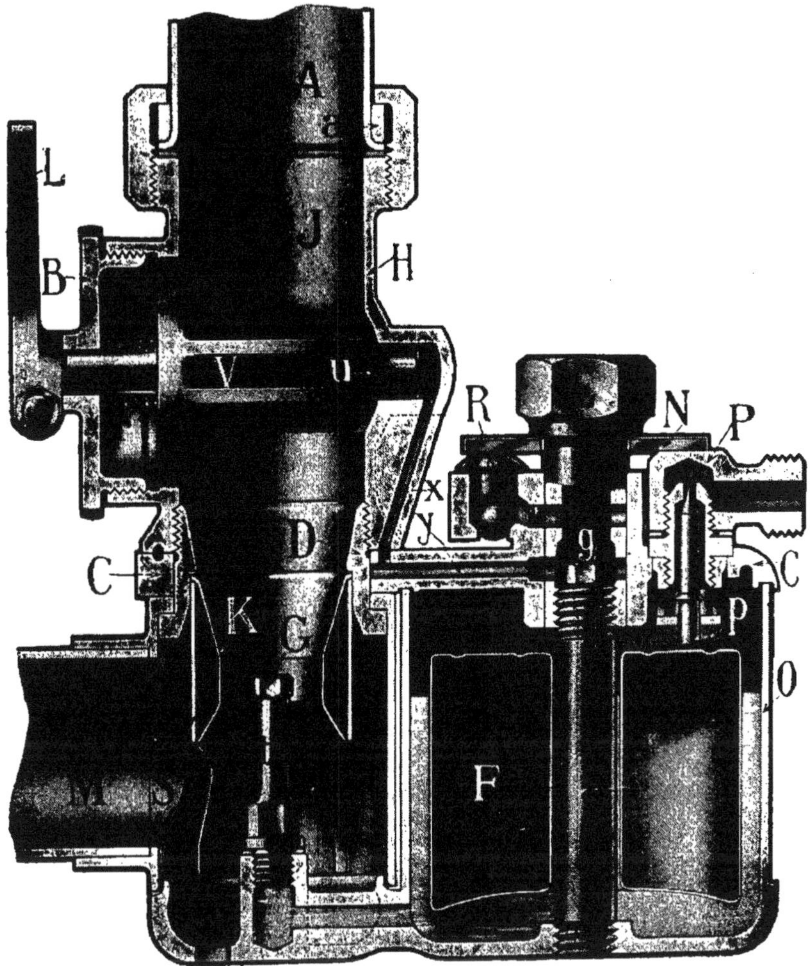

Fig. 46. — Coupe du carburateur Solex.

Légende. — E, écrou permettant le démontage complet ; G, gicleur principal ; *g,* gicleur auxiliaire ; K, butte amovible ; R, bille réglant la dépression sur le gicleur auxiliaire ; *x-y,* communications du gicleur auxiliaire ; *p,* pointeau ; F, flotteur ; B, bouchon moletté réglant le ralenti ; H, corps du boisseau orientable ; M, entrée d'air orientable ; O, cuve orientable ; D, écrou d'orientation ; P, arrivée d'essence orientable ; L, levier orientable.

s'ajoute à celui du grand pour réaliser un mélange suffisamment riche.

Quand la vitesse de rotation du moteur croît, l'entrée d'air additionnel autour du gicleur auxiliaire, par suite du soulèvement de la bille R, modère le débit du gicleur auxiliaire.

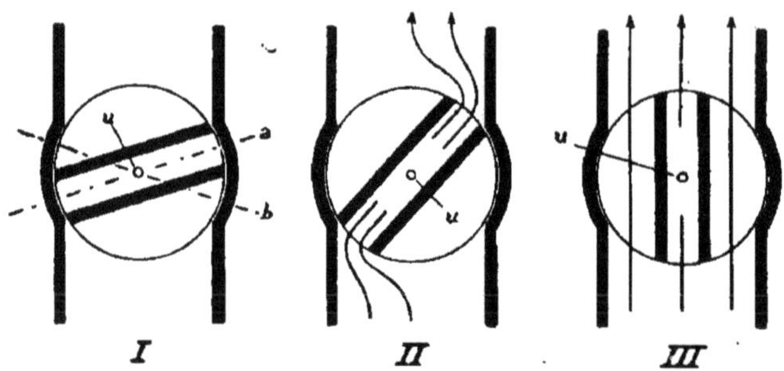

Fig. 47. — Action de la vanne double du carburateur Solex.

Légende. — I, ralenti ; II, reprise ; III, pleine admission (l'air forcé de passer entre les deux lames prend une grande vitesse et par suite crée une dépression suffisante pour augmenter le débit du gicleur auxiliaire.

Le carburateur **Vapor** (fig. 48) contient une dérivation débouchant au-dessus de la valve d'admission pour la marche au ralenti, un puits analogue à celui

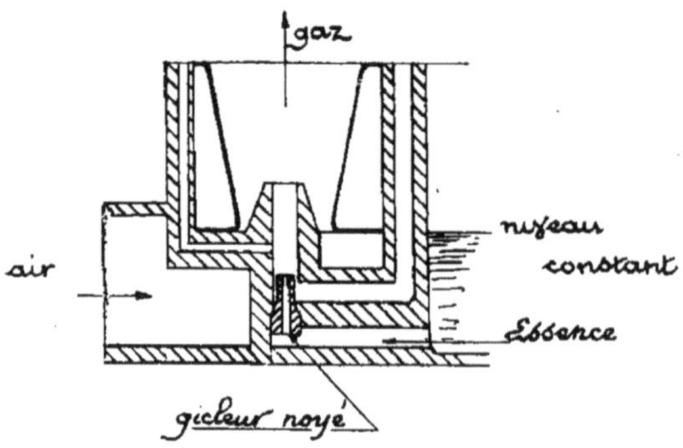

Fig. 48. — Coupe schématique du carburateur Vapor.
(Dérivation pour le ralenti à gauche, puits à droite.)

du carburateur Longuemare, un cône diffuseur; son principe nouveau consiste dans l'emploi d'un gicleur noyé placé plus bas que le niveau d'essence dans le vase à niveau constant; de sorte que le débit de celui-ci est fonction à la fois de la dépression et de cette charge. On cherche ainsi à obtenir, avec cet unique gicleur, l'effet produit par les deux gicleurs du Zénith.

5º *Carburateurs sans niveau constant.* — Ces carburateurs sont appelés quelquefois aussi injecteurs. On peut citer, dans cette catégorie, le carburateur Gnome, qui se compose d'un seul gicleur et d'ouvertures d'air et de gaz réglables. La plupart des injecteurs, comme le Jaugey, le JM (fig. 49), comportent plusieurs gicleurs

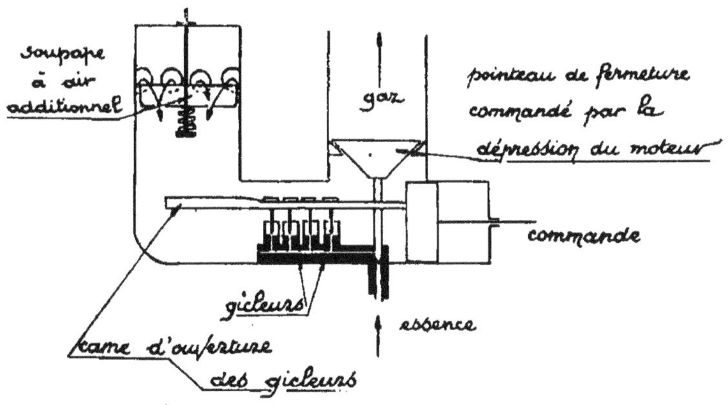

Fig. 49. — Schéma du carburateur JM.

de diamètre croissant qui sont ouverts successivement; il est essentiel avec ces carburateurs de disposer de filtres très fins pour éviter l'obturation des ouvertures capillaires des gicleurs. Ils nécessitent l'adjonction d'un pointeau de fermeture d'essence quand on arrête le moteur (1). D'autres, comme l'Aris, obtiennent le freinage de l'essence par un pointeau mobile dont le déplacement au-dessus de l'ouverture du gicleur est provoqué automatiquement par la dépression du moteur (fig. 33).

____

(1) Ce pointeau, dans le carburateur JM, est commandé automatiquement par la dépression du moteur.

6° *Carburateurs mécaniques.* — Pour éviter les inconvénients des variations de la dépression dans l'aspiration des éléments du mélange gazeux, on peut songer à rendre le débit d'essence indépendant de cette dépression, en réglant mécaniquement ce débit par le mouvement du moteur lui-même.

Le dispositif peut consister, comme dans le carburateur **Antoinette,** en une pompe aspirante et foulante mue par le moteur lui-même, et injectant dans la canalisation, au moment de l'aspiration, la quantité d'essence nécessaire. Le liquide jaillit au travers d'orifices très petits qui le laminent et le pulvérisent.

L'inconvénient de ces carburateurs est la difficulté dans le réglage du débit d'essence, tant comme quantité que comme périodes d'émission.

Le débit minimum qu'on puisse pratiquement obtenir ne permet pas, en général, la marche du moteur au ralenti.

De l'automaticité des carburateurs. — En résumé, les variations de dépression produites par le piston d'un moteur, variables avec la vitesse angulaire de celui-ci, entraînent des variations dans les proportions d'air et d'essence qui constituent le mélange carburé.

L'automaticité des carburateurs s'efforce de remédier à ces défauts de constance dans la composition du mélange tonnant; mais la réalisation de cette automaticité n'est, le plus souvent, que le résultat d'un compromis satisfaisant aux conditions d'emploi les plus normales du moteur.

Pour des moteurs où les variations de puissance seront faibles, comme dans les voitures de course où le moteur travaille presque toujours à son maximum, les conditions de marche à ce maximum de puissance sont les seules intéressantes; aussi peut-on négliger partiellement l'automaticité et consentir à avoir une marche irrégulière aux allures lentes.

Les moteurs à grande puissance massique, comme les moteurs d'aviation, sont généralement étudiés pour donner toute leur puissance à des vitesses angulaires assez élevées et constantes, et alors on n'a pas grand avantage à rechercher l'automaticité de la carburation. Cette automaticité est d'ailleurs d'autant plus difficile que ces moteurs contiennent généralement un grand nombre de cylindres et que les variations de la résistance qu'éprouvent les fluides, suivant leur vitesse, à s'écouler à travers des canalisations souvent longues et un peu compliquées, sont encore une cause de trouble.

En outre, les variations souvent brusques de la résistance rencontrées dans l'air par les hélices, en cas de remous, imposent au moteur des changements d'allure si brusques que l'automaticité des carburateurs, qui a toujours une certaine inertie, joue avec des retards nuisibles.

Enfin, pour avoir une bonne carburation malgré les variations rapides d'altitude, de pression atmosphérique, de température, d'humidité de l'air, il faut que le carburateur dispose de moyens de réglage d'amplitude assez grande. Ceux-ci réduisent encore de beaucoup le rôle et l'utilité de l'automaticité, qui, nous l'avons vu, n'est qu'une solution moyenne.

Cette solution moyenne ne permet que des résultats moyens qu'un très bon conducteur peut améliorer.

Alimentation du carburateur. — Le plus simple des procédés pour alimenter le carburateur d'une façon continue en combustible, est de placer le réservoir de liquide en charge sur le carburateur de façon à avoir un écoulement de liquide par gravité. Dans le calcul de la section de la canalisation il faut tenir compte de la résistance des coudes et des sinuosités.

La précaution à prendre est de placer le réservoir assez près du carburateur et à un niveau suffisant pour que, à toutes les inclinaisons que peut prendre pratiquement le châssis du moteur, le fond du réservoir se trouve à un niveau encore légèrement plus élevé que le sommet du gicleur. Le réservoir doit être muni à sa partie supérieure d'un petit orifice de communication avec l'extérieur, de façon à maintenir la pression atmosphérique au-dessus de l'essence.

Si le réservoir à essence ne peut, par suite des dispositions locales, être mis en charge sur le carburateur, il faut mettre l'essence sous pression au moyen d'une pompe à air, qui peut être soit à main, soit mue mécaniquement par le moteur.

On utilise quelquefois le gaz d'échappement pour actionner un dispositif de mise en pression; il faut cependant prévoir pour le départ une pompe à air.

En tout cas, la canalisation d'arrivée d'essence doit être munie d'un filtre, car, étant donné le faible diamètre du gicleur, la moindre impureté suffit à empêcher l'arrivée d'essence en bonnes proportions.

Réglage des carburateurs. — Dans les carburateurs automatiques, les ouvertures de passage de l'air chargé d'entraîner l'essence, et de l'air additionnel chargé de parfaire le mélange, ont des sections variables, mais dont les variations sont liées entre elles par une commande mécanique. Le réglage se fait en agissant sur le calage de l'organe de liaison, et sur les sections de passage.

Le réglage des carburateurs non-automatiques est obtenu, pour chaque valeur de l'admission des gaz, en agissant sur l'arrivée d'essence et surtout sur l'arrivée d'air. Chaque moteur demande un réglage particulier préalable. Ce réglage se fait dans des conditions extérieures moyennes pour la marche à puissance normale du moteur (température, pression atmosphérique, état hygrométrique).

Lorsque la température s'élève, que la pression atmophérique décroît, la densité de l'air diminuant d'une façon beaucoup plus sensible que l'essence, il faut, pour maintenir les proportions en poids du mélange gazeux, augmenter l'arrivée d'air; lorsque la température baisse, que la pression atmosphérique monte, on est amené, au contraire, à diminuer l'arrivée d'air.

Lorsque l'air devient plus humide, la présence de la vapeur d'eau dilue en quelque sorte le mélange gazeux, et le rend moins explosible. Pour conserver, dans ce cas, sa valeur au couple moteur, il faut augmenter la proportion d'essence ou diminuer l'arrivée d'air.

Pour ralentir, il faut diminuer à la fois les gaz, l'air et l'essence.

Ces réglages concomitants doivent être faits avec beaucoup de doigté et déterminés expérimentalement pour chaque moteur.

ALLUMAGE

Conditions générales de l'allumage. — Le deuxième temps, la compression, a pour but de porter le mélange gazeux à une pression et à une température élevée, assez voisine de celle qu'il faudrait pour exploser.

L'explosion du mélange tonnant est due à une réaction exothermique, c'est-à-dire à une réaction dans laquelle de nouveaux corps sont formés, parce que les atomes de carbone et d'hydrogène des carbures composant l'essence prise comme combustible ont plus d'affinité pour l'oxygène de l'air, qu'ils n'en ont l'un pour l'autre. La réaction comprend ainsi à la fois une décomposition des corps du mélange et des combinaisons nouvelles.

Pendant la réaction, c'est la chaleur dégagée par la combinaison qui fournit l'énergie nécessaire à cette décomposition. Mais il faut au début qu'une source d'énergie étrangère amorce la réaction en séparant les atomes de quelques parcelles du mélange. Pour l'amorçage de la réaction, il faut, comme l'expérience le prouve, une quantité d'énergie supérieure à un certain minimum. Cette quantité d'énergie peut se présenter sous forme de chaleur ou de choc (mieux sous forme de chaleur et de choc réunis).

Une élévation de température suffisante décompose un certain nombre de corps; un choc est capable de séparer mécaniquement les atomes de certains autres. Certains explosifs, comme la mélinite, exigent à la fois la chaleur et le choc obtenus simultanément par l'emploi de l'amorce de 1,5 g de fulminate de mercure.

L'étincelle électrique est supérieure à la flamme du brûleur pour produire l'explosion du gaz tonnant, parce qu'elle apporte à la fois la chaleur et le choc.

La combustion du gaz commence au moment et au

point où jaillit l'étincelle et se propage de proche en proche avec une vitesse relativement faible, de quelques mètres par seconde dans des gaz froids, sous la pression atmosphérique (exemple du bec Bunsen). La durée de l'explosion est très appréciable et sa rapidité a une grande importance dans le bon fonctionnement du moteur. En effet, la combustion du mélange, qui n'est pas instantanée, n'est pas terminée au début de la course motrice; elle continue pendant la course de détente. Au début de la course, la compression est forte et le mélange brûle vite, mais peu à peu le piston accélère sa vitesse, les gaz se détendent dans un volume qui croît rapidement et se refroidissent au contact d'une surface de parois plus grande, la combustion ralentit. Ce ralentissement nuit au rendement, car les gaz qui brûlent vers la fin de la course produisent un effet utile très faible ou même nul.

En outre, les maxima de pression et de température se produisent en retard par rapport au point mort; l'aire du diagramme est diminuée d'autant plus que les maxima sont inférieurs à ceux que l'on aurait obtenus si l'explosion réelle avait lieu au moment du point mort haut du cylindre, c'est-à-dire à volume sensiblement constant et avec le minimum de surface de parois refroidissantes.

Enfin ces maxima de pression et de température intéressent alors une partie du cylindre distincte de la chambre d'explosion, et qui n'a pas été prévue spécialement comme cette dernière pour résister aux hautes pressions et aux hautes températures.

On est donc obligé, pour que la combustion soit complète lorsque le piston est à fond de course, de produire un allumage anticipé, c'est-à-dire de donner de l'avance à l'allumage.

Cette avance dépend de la rapidité de l'explosion et de la vitesse du moteur.

Mais de cette avance résulte un effort retardateur,

le commencement de la combustion élevant la température des gaz et augmentant la compression.

Il y a donc intérêt à rendre cette avance minima, ce que l'on obtiendra en augmentant la vitesse de la combustion.

Vitesse de l'explosion. — Or, quels sont les facteurs qui interviennent dans la vitesse de l'explosion :

1° La *nature du gaz* détonant. La vitesse croît avec la volatilité du mélange;

2° L'*homogénéité du gaz,* d'où avantage d'un bon brassage du mélange;

3° La *composition du mélange gazeux.* — Les proportions de comburant et de combustible jouent un grand rôle. La façon dont s'opère l'explosion et la durée de cette explosion ne sont pas les mêmes suivant qu'on est en présence d'un gaz pauvre ou d'un gaz riche en combustible.

D'une façon générale, l'explosion est d'autant plus rapide que le mélange se rapproche davantage des proportions d'une réaction chimique complète. Dans ce cas, la température est maximum.

Le défaut ou l'excès d'air diminuent la vitesse.

L'augmentation de la proportion d'air est destinée à réduire la température et à fournir une combustion complète, en évitant toute perte dans l'échappement.

Lorsqu'on a un excès d'air trop grand, le mélange gazeux fuse, reste encore enflammé à la fin de l'échappement et à l'ouverture de l'admission, de telle sorte qu'il peut enflammer les gaz frais (on peut avoir alors des retours au carburateur); on a une flamme bleue à l'échappement.

Lorsqu'on a, au contraire, un excès d'essence, une partie de celle-ci s'enflamme dans le pot d'échappement en donnant une flamme noirâtre;

4º *Chaleur d'allumage et température.* — Le commencement de la combustion est d'autant plus facile que la source de chaleur auxiliaire est plus puissante. Pour que la combustion se propage, il faut que la quantité de chaleur dégagée par la combustion du gaz inflammable soit assez considérable pour que la fraction qui est transmise aux couches voisines puisse les élever à la température d'inflammation.

D'après M. Witz, le temps nécessaire pour que la pression explosible atteigne son maximum dépend de la surface des parois de l'enceinte dans laquelle l'explosion se produit et auxquelles la chaleur est cédée, et, par suite, de la rapidité de la détente, c'est-à-dire du mouvement du piston;

5º *Compression préalable.* — La compression favorise l'explosion; théoriquement, le rendement maximum correspond à la compression maximum; mais on est limité par l'auto-allumage qui se produit vers une pression de 9 kg environ pour un mélange d'essence et d'air. (Le moteur Diesel est une intéressante application de ce résultat.) L'allumage par bougie devient d'ailleurs difficile quand la compression croît, car la résistance au passage de l'étincelle dans un gaz comprimé croît rapidement avec la pression, et la bougie elle-même risque de se rompre;

6º La *masse du gaz.* — La durée de combustion croît avec la masse gazeuse à enflammer; cette durée est, en effet, fonction de la distance du point d'inflammation au point le plus éloigné de la masse; de là, l'avantage, quand cela n'entraîne pas trop de complications, d'avoir deux inflammateurs par cylindre. Mais cet avantage est très faible avec les puissances inférieures à 100 chevaux;

7º *Position des inflammateurs.* — Si on dispose d'un seul inflammateur, celui-ci devrait être normalement au centre de la chambre d'explosion; mais il faut surtout qu'il se trouve près du conduit d'admission. Dans quelques moteurs on place les pointes de la bougie dans une petite chambre communiquant avec la chambre d'explosion par une ouverture de quelques millimètres de diamètre à travers laquelle une gerbe de flammes est projetée dans la masse gazeuse;

8° La *présence des gaz d'échappement.* — L'influence de la présence de ces gaz a été étudiée par M. Grower, à Leeds, qui a exprimé les lois suivantes :

a) On obtient la pression d'explosion la plus grande quand l'air mélangé dépasse faiblement le volume strictement nécessaire pour la combustion complète, qui a été déterminé plus haut;

b) On réalise un accroissement notable de pression et on réduit la durée de l'explosion quand les gaz brûlés prennent la place de l'air en excès;

c) On a encore un mélange explosif lorsque les gaz brûlés occupent la moitié environ du volume de la cylindrée.

On voit, par ces dernières considérations, qu'il y a intérêt, pour obtenir de fortes pressions et de rapides combustions, à employer des mélanges peu favorables à une inflammation facile. Pour cela, il faut pouvoir disposer d'une source d'allumage très énergique, d'où, comme on le verra plus loin, l'avantage de la magnéto, qui donne une étincelle très chaude, de grande surface, accompagnée d'un transport de particules métalliques qui créent des foyers incandescents d'explosion;

9° Le *nombre des inflammateurs.* — De récentes expériences faites en Allemagne et en Angleterre, il résulte que l'emploi, par cylindre, de deux bougies, aussi éloignées que possible l'une de l'autre, donne, sans avance, le même rendement que l'allumage produit par une seule étincelle avec l'avance la plus favorable; si on donne une avance bien déterminée, mais faible avec deux bougies, on peut arriver à augmenter la vitesse et la puissance du moteur de 10 p. 100 environ. La maison Bosch a établi une magnéto spéciale comprenant deux distributeurs, en dérivation sur le secondaire de l'induit et alimentant chacun une série de bougies. L'installation étant plus chère et plus compliquée est encore peu employée en France, sauf sur quelques moteurs (Chenu).

Avance à l'allumage. — On a vu que pour avoir la puissance maxima d'explosion et, par conséquent, le maximum de rendement du moteur, il faut produire un allumage anticipé. Le moment de cet allumage doit être précis et l'avance constante pendant la marche du moteur à un régime donné. L'avance doit être proportionnée à la vitesse du moteur : si la déflagration a lieu trop tôt, elle produit une contre-pression trop considérable sur le piston; si l'avance est exagérée, cette contre-pression non seulement diminue la puissance du moteur, mais encore fatigue les bielles et les coussinets en produisant de véritables chocs : on dit alors que le moteur cogne; à la mise en marche, on a à craindre un retour de manivelle toujours dangereux.

Si l'avance se produit trop tard après le passage au point mort, le combustible est mal utilisé, la pression maxima et par suite le couple-moteur sont très diminués.

Une augmentation de l'avance produit une accélération du moteur; en effet, dès que le piston a terminé la compression, il se trouve projeté en avant avec une poussée de plus en plus violente.

Une diminution de l'avance diminue la vitesse; le piston, au lieu d'être chassé juste au début de sa course, attend quelque peu avant de recevoir le coup moteur. De sorte que **Baudry de Saulnier** a pu dire que « l'avance à l'allumage donne au conducteur des guides pour ralentir sa bête et un fouet pour la stimuler ». Mais ces guides et ce fouet doivent être manœuvrés en temps utile, en tenant compte de la puissance du moteur et des résistances extérieures, qui provoquent des ralentissements ou des accélérations.

L'avance à l'allumage produit ainsi une augmentation de puissance du moteur. D'après M. **Arnoux**, cela résulte de ce que le commencement de combustion pendant la période de compression augmente cette compression et, par suite, la pression maxima d'explosion. Mais, en même temps que l'avance à l'allumage, l'énergie calorifique de l'étincelle joue, elle aussi, un rôle très appréciable sur la puissance d'un moteur, étant donné que dans le cas normal, au lieu d'avoir des mélanges explosifs parfaits, on a des mélanges plus ou moins imparfaits d'une composition plus ou moins régulière. Au fur et à mesure que l'avance augmente, l'étincelle jaillit dans un milieu de moins en moins comprimé, par suite de moins en moins explosif; il en résulte que, si on ne dispose pas d'une source calorifère assez puissante, on ne pourra atteindre l'avance maximum correspondante à la puissance maximum du moteur.

Les expériences faites à l'Automobile-Club de France par M. **Lumet** permettent d'énoncer les résultats suivants :

1° Lorsque dans le mélange carburé il y a un excès d'air, la puissance croît avec l'avance à l'allumage, et l'on peut donner toute l'avance sans craindre une perte de puissance; malgré l'avance maximum, l'explosion n'a lieu qu'après le passage au point mort. Ce maximum d'avance ne peut être atteint, avec des accumulateurs, qu'en prenant trois éléments donnant une force électromotrice totale de 6 volts. Avec deux éléments donnant 4 volts, on ne peut obtenir le maximum d'avance;

2° Lorsque dans le mélange carburé il y a un excès

d'essence, la puissance diminue avec l'avance, mais est accrue par l'emploi d'une somme d'énergie électrique à plus haut potentiel.

La durée de propagation de l'explosion dans la masse gazeuse d'une cylindrée moyenne est de l'ordre de grandeur du millième de seconde.

Dans un moteur tournant à 1200 tours à la minute, la manivelle se déplace de 8° environ pendant $1/1000^e$ de seconde. Il semblerait donc qu'il suffise d'une avance à l'allumage de 8° sur le point mort. Mais cette avance doit être augmentée pour tenir compte de la durée du phénomène électrique, retard des trembleurs, retard de l'étincelle à franchir les pointes de la bougie. De sorte qu'en pratique, cette avance atteint 25° à 30° environ.

Cet angle doit varier, comme on a vu plus haut, avec la vitesse du moteur et être sensiblement nul pour la mise en route. Cependant, dans la pratique, pour simplifier et grâce à la propriété de la magnéto d'avoir une avance automatique variable, on admet dans les moteurs, jusqu'à 25 chevaux environ, l'avance fixe, et on règle la vitesse du moteur en agissant uniquement sur l'admission des gaz.

Enfin, la précision et la constance dans le moment de l'allumage ont une grande influence sur le rendement, en ce sens que de ces qualités dépend la régularité de l'effort moteur produit par chaque cylindrée.

Procédés d'allumage. — Nous parlerons seulement des procédés d'allumage électrique les plus employés aujourd'hui; car, seuls, ils nous permettent de donner de la souplesse au moteur par suite de la précision du moment de l'inflammation.

L'allumage électrique se produit en faisant éclater une étincelle entre deux pointes dans le mélange gazeux.

La tension nécessaire à un courant électrique pour franchir, en donnant une étincelle, l'intervalle compris entre les pointes croît avec la pression du fluide qui sépare les deux pointes. De là résulte la nécessité d'un courant à très haut voltage 10000 à 20000 volts pour les compressions admises dans les moteurs actuels. Il résulte de là, également, qu'une source électrique pourra être encore suffisante pour donner une étincelle aux pointes d'une bougie à l'air libre ou dans le moteur au ralenti et insuffisante quand il tournera à pleine charge.

La quantité d'énergie électrique à mettre en jeu pour l'allumage est extrêmement faible, et n'est utilisée que par intermittences. Pour la réaliser, il suffira d'employer une source produisant un courant sous faible tension, piles, accumulateur, dynamo, magnéto etc., et d'élever la tension de ce courant au moment utile jusqu'à la valeur indiquée ci-dessus, soit par un transformateur, *on a alors l'étincelle d'induction,* soit en utilisant l'*extra-courant de rupture.*

Allumage par bobine d'induction

Bobine de Ruhmkorff. — L'étincelle d'induction est produite au moyen d'une bobine de Ruhmkorff.

La bobine de Ruhmkorff employée se compose essentiellement (fig. 50) :

1º D'un enroulement en fil gros A et de faible développement, par suite de faible résistance électrique : c'est le circuit primaire dont les deux bornes sont reliées à la source d'électricité et qui contient sur son parcours un interrupteur C;

2º Au-dessus de cet enroulement, un fil fin *f* à fort isolement d'un très grand nombre de tours et, par suite, d'une très grande résistance électrique : c'est l'enroulement secondaire dont les extrémités sont reliées aux pointes isolées et peu éloignées *a* et *b* de la bougie;

3º Un barreau de fer doux NS, c'est-à-dire aussi pur que

possible, de façon à s'aimanter et à se désaimanter très rapidement sans conserver de magnétisme remanent, composé, en général, de lames minces isolées de façon à diminuer le plus possible les courants parasites de Foucault qui absorbent inutilement l'énergie en produisant une élévation de température nuisible.

Lorsqu'on fait varier l'intensité du courant à faible

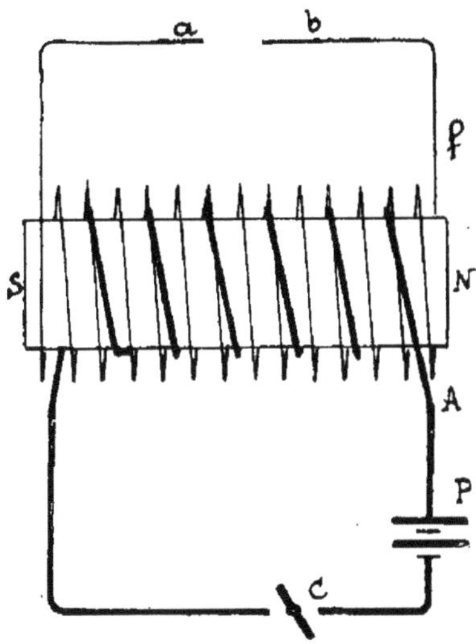

Fig. 5o. — Schéma d'une bobine de Ruhmkorff.

Légende. — NS, barreau de fer doux ; P, pile ; C, interrupteur ; A, circuit primaire ; *f, a, b,* circuit secondaire.

tension dans le circuit primaire, ces variations d'intensité produisent des variations dans le champ magnétique dans lequel est placé le circuit secondaire; les variations d'aimantation du noyau de fer doux augmentent, d'une façon beaucoup plus importante encore, les variations de ce même champ magnétique. De ce fait, le circuit secondaire se trouve parcouru par un courant dit courant d'induction qui donne une étincelle entre les deux pointes *a* et *b* de la bougie, si celles-ci sont à une distance convenable.

Ce courant d'induction jouit des propriétés suivantes :

a) Son intensité est beaucoup plus faible que celle du courant primaire, mais sa force électromotrice est beaucoup plus forte, et cela sensiblement dans le rapport du nombre des spires et de la résistance des deux enroulements.

Par exemple, si ce rapport du nombre des spires est de 1 à 5.000, le courant primaire de 1 ampère et 4 volts sera transformé sensiblement en un courant de 1/5000ᵉ d'ampère et de 20000 volts de tension, si on ne tient pas compte des pertes d'énergie ; celles-ci sont inférieures à 15 p. 100 dans la bobine ;

b) Sa durée est égale à celle de la variation de l'intensité du courant primaire ou inducteur ;

c) L'intensité et la force électromotrice du courant induit sont d'autant plus grandes que la variation d'intensité du courant inducteur dure un temps plus court ;

d) La quantité d'électricité mise en mouvement par l'induction dans le circuit secondaire dépend uniquement de la grandeur de la variation de l'intensité du courant inducteur et non pas de la grandeur de cette intensité. La quantité d'électricité correspondante au courant induit est le produit de l'intensité moyenne de ce courant par sa durée ;

e) Le sens du courant induit est tel (loi de Lenz) qu'il s'oppose à la cause qui le produit, d'après les lois de l'action d'un courant sur un courant.

Ainsi, un accroissement d'intensité du courant inducteur donne naissance à un courant induit inverse ; une diminution d'intensité du courant inducteur donne naissance à un courant induit direct, c'est-à-dire du même sens que le courant inducteur.

Lorsqu'on ferme le circuit du courant primaire, on donne naissance à un courant induit de sens inverse au courant inducteur; au contraire, lorsqu'on rompt le circuit inducteur, on obtient un courant induit de sens direct, c'est-à-dire de même sens que le courant inducteur;

f) Les courants d'induction produits au moment de la fermeture sont moins intenses que ceux produits au moment de l'ouverture du circuit primaire. Aussi, on utilise l'étincelle plus longue du courant d'induction produit au moment de l'ouverture.

Le sens de ce courant d'induction maximum détermine la polarité de la bobine.

Courant de self-induction. — Les variations d'intensité du courant primaire produisent des courants d'induction non seulement dans les conducteurs voisins, mais dans le conducteur primaire lui-même. Ces derniers courants sont appelés *courants de self-induction*, obéissant eux aussi à la loi de Lenz.

En particulier, au moment où on coupe le circuit primaire, si les extrémités de la clef de contact sont à faible distance, le courant de self-induction peut être assez fort pour faire jaillir une étincelle entre ses deux extrémités.

L'effet de la self-induction tend à prolonger en quelque sorte le courant primaire, à accroître le temps pendant lequel se fait la variation et, par suite, à diminuer le courant induit dans le secondaire.

L'intensité et la force électromotrice du courant de self-induction croissent avec le nombre de spires du circuit primaire et la masse de fer doux contenue à l'intérieur de la bobine; ils sont plus grands au moment de l'ouverture qu'à celui de la fermeture du circuit.

Le moyen de produire une variation brusque d'intensité dans le courant inducteur est de rompre brusquement le circuit primaire; pour éviter la production de l'étincelle de l'extra-courant de rupture, qui constitue une perte d'énergie inutile et diminue la vitesse de variation de l'intensité du courant, on met les deux armatures d'un condensateur en dérivation sur le circuit primaire. La plus grande partie du courant de self-induction charge le condensateur, la partie restante ne suffit pas à donner une étincelle à l'interrupteur. Le condensateur se décharge ensuite dans la bobine primaire en donnant un courant dont l'action s'ajoute, au moment de la fermeture, à celle du courant primaire et diminue l'influence retardatrice du courant de self-induction de fermeture.

I. Allumage par piles ou accumulateurs

a) **Interrupteurs.** — Pour rompre brusquement le circuit primaire, on emploie des interrupteurs. Ceux-ci, pour jouer leur rôle, doivent être commandés de telle sorte que le moment de leur fonctionnement puisse être réglé au gré du conducteur, afin de permettre de donner l'avance à l'allumage; ils doivent être autant que possible indéréglables. Enfin, ils doivent pouvoir donner, pendant le temps très court que dure l'allumage, un grand nombre d'interruptions correspondant chacune à la formation d'une étincelle à la bougie.

Les interrupteurs sont constitués, en général, par des trembleurs formés par une lame mince et flexible en acier, encastrée à une extrémité dans une mâchoire, et dont l'autre extrémité s'applique normalement sur une pointe. Le courant arrive à la mâchoire et est, soit transmis à la pointe par l'intermédiaire du ressort quand celui-ci est appliqué sur la pointe, soit interrompu quand le ressort n'est plus en contact avec la pointe.

Pour obtenir un grand nombre d'interruptions dans un temps très court, il suffit de provoquer la vibration rapide de la lame souple. Cette vibration est provoquée soit magnétiquement (fig. 51) (trembleur des sonnettes électriques), en munissant la lame d'une masse de fer doux qui peut être attirée par le noyau de fer doux d'une bobine, soit mécaniquement (fig. 52). Dans ce dernier cas, par exemple, la lame porte une touche que peut soulever une came munie d'une encoche; la chute de la came au fond de l'encoche s'accompagne d'oscillations

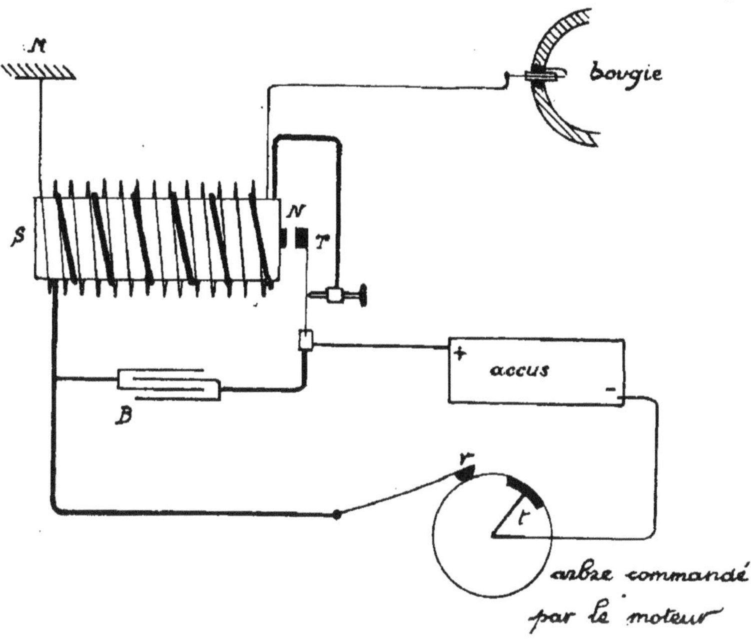

Fig. 51. — Schéma d'allumage par trembleur magnétique.

Légende. — NS, barreau de fer doux ; B, condensateur ; T, trembleur ; r, t, contact tournant ; M, masse.

de la lame, qui produisent des ruptures brusques de courant (trembleur de Dion-Bouton).

La came est montée sur un arbre commandé par l'arbre moteur et tournant à demi-vitesse. En modifiant le calage de cette came, on peut faire varier le moment de l'allumage.

Dans le cas du trembleur magnétique, ce trembleur fonctionne pendant toute la durée du contact d'une touche *t*, montée comme la came précédente avec un balai frotteur qui conduit le courant à la bobine; le calage variable de ce balai permet comme ci-dessus de donner l'avance à l'allumage.

b) **Distributeur.** — Lorsqu'on a à allumer un moteur polycylindrique, il faut disposer d'un distributeur de courant. Ce distributeur commandé par l'arbre moteur

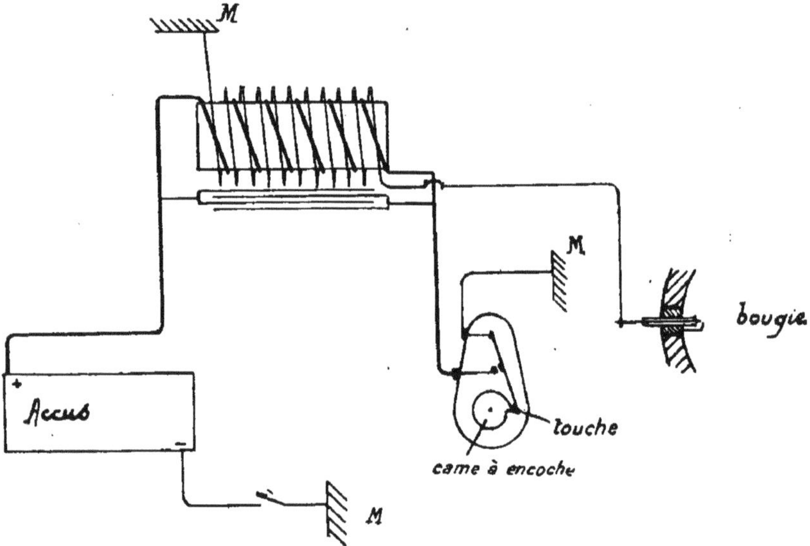

Fig. 52. — Schéma d'allumage par trembleur mécanique type de Dion-Bouton.

peut être monté soit sur le courant primaire, soit sur le courant secondaire.

Dans le premier cas, un des pôles des accumulateurs est réuni au centre du distributeur; on peut adopter deux dispositifs :

a) L'allumage de chaque cylindre est absolument indépendant et comprend une bobine avec trembleur commandée par un fil aboutissant à une des touches du distributeur (fig. 53).

b) L'allumage de chaque cylindre comprend une partie commune avec tous les autres, savoir : un trembleur magnétique avec condensateur, et une partie spéciale constituée par une bobine sans trembleur ni condensateur (fig. 54).

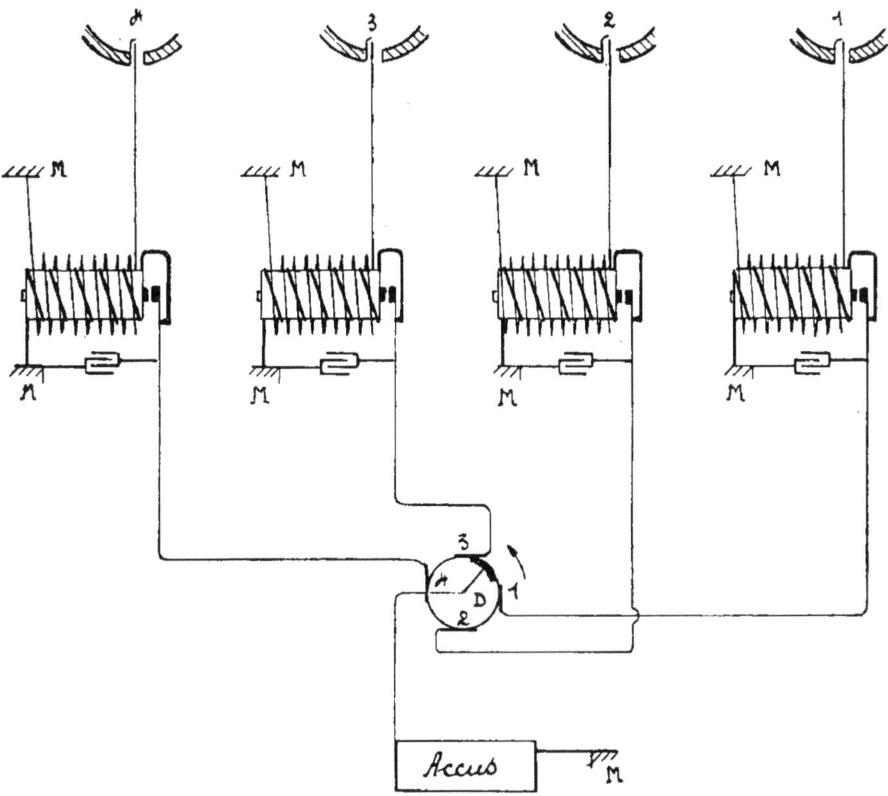

Fig. 53. — Schéma d'allumage d'un moteur à 4 cylindres avec distributeur sur le courant primaire et 4 bobines à trembleurs.

Dans le deuxième cas (fig. 55), le courant secondaire d'une bobine unique arrive au centre du distributeur D. Il faut alors ajouter un interrupteur spécial, ou deuxième distributeur D′ commandé par le moteur, et qui envoie le courant des accumulateurs dans le primaire de la bobine unique, au moment de l'allumage de chaque cylindre.

L'avantage de ce dispositif est de ne plus employer qu'une bobine, quel que soit le nombre des cylindres.

L'inconvénient des trembleurs magnétiques ou méca-

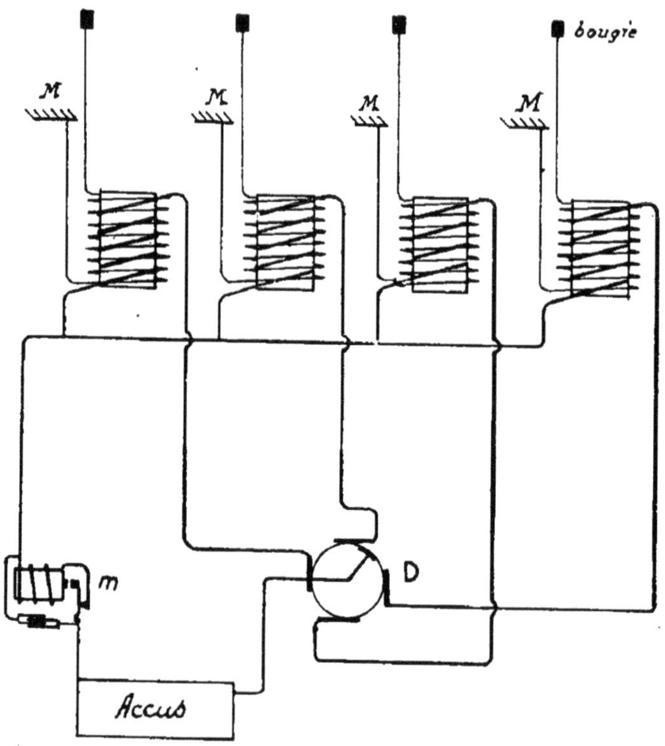

Fig. 54. — Schéma d'allumage d'un moteur à 4 cylindres avec un seul trembleur magnétique et 4 bobines

niques est d'avoir un nombre de vibrations à la seconde relativement faible (étant données les grandes vitesses de rotation des moteurs), et, en même temps, susceptible de variations d'un instant à l'autre.

Considérons un moteur tournant à une vitesse angulaire de 1200 tours à la minute; le pignon qui commande la came de contact tourne à 600 tours; le temps pendant lequel le contact est établi correspond à environ $1/10^e$ de tour du pignon, c'est-à-dire à $1/100^e$ de seconde. Pour avoir au minimum deux interruptions, il faut donc

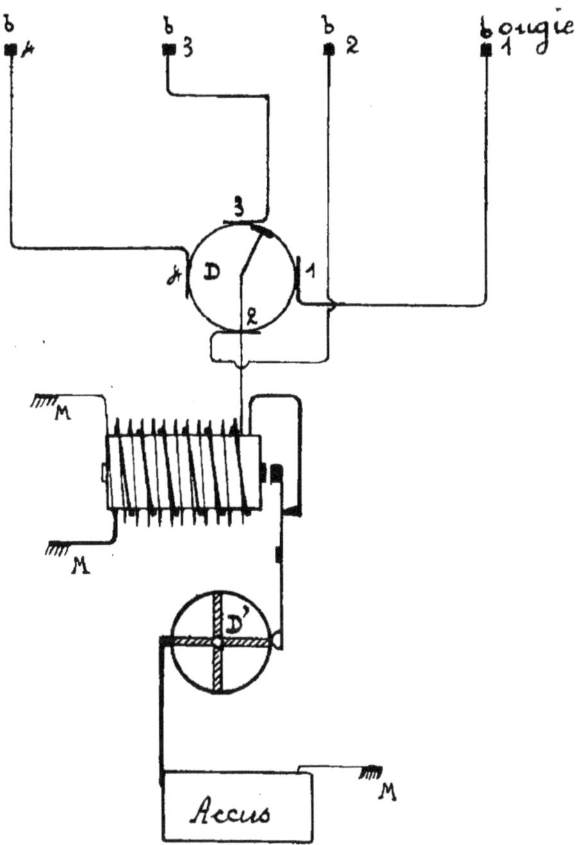

Fig. 55. — Schéma d'allumage d'un moteur à 4 cylindres avec une seule bobine à trembleur et 2 distributeurs.

employer des trembleurs tout à fait spéciaux, dont la période de vibrations totale (2 vibrations simples) soit inférieure à $1/100^e$ de seconde.

On voit l'importance du réglage très soigné des trembleurs, surtout dans les moteurs polycylindriques. Si on ne prend pas cette précaution, on n'a pas pour tous les cylindres un point d'allumage identique, et, par suite, la marche du moteur devient boiteuse.

A ce point de vue, l'emploi d'un distributeur sur le secondaire, avec un seul trembleur, est plus avantageux.

c) **Sources d'électricité.** — La source d'électricité employée doit pouvoir fournir un débit suffisant sous un potentiel suffisamment constant et compris entre 4 et 6 volts.

Les **piles** employées sont, en général, du type Leclanché, avec un **dispositif** pour empêcher les projections de liquide. On prend quatre éléments en tension. L'avantage de la pile est de fournir sous un voltage constant un courant d'une intensité maximum relativement faible (dépendant uniquement de la dimension des éléments employés), par suite de la résistance intérieure assez grande qu'elle possède. Cette propriété l'empêche de se décharger en un instant par un court-circuit. Par contre, elle se polarise facilement et donne un courant dont l'intensité peut aller en diminuant assez rapidement.

Les **accumulateurs** (type Planté à électrodes en plomb massif, type Faure avec électrodes composées de pastilles d'oxyde de plomb maintenues par un grillage en plomb, employant comme liquide excitateur de l'acide sulfurique marquant 18° à 24° Baumé), présentent l'avantage de fournir un courant d'une intensité constante pendant toute la durée de la décharge, cette intensité dépendant presque uniquement de la résistance du circuit extérieur. Leur résistance intérieure étant pratiquement extrêmement faible, ils présentent l'inconvénient de pouvoir se décharger en quelques instants par un court-circuit.

Un accumulateur d'allumage se compose, en général,

de deux éléments réunis en tension, dont le voltage varie de 5 volts à la fin de la charge à 3,6 volts à la fin de la décharge utilisable. On doit arrêter la décharge lorsque la force électromotrice de chaque élément n'est plus que de 1,8 volt; sans cela, on risque de rendre le rechargement impossible.

Les accumulateurs ne se polarisent pas. La capacité utilisable des éléments est inscrite, en général, sur la boîte qui les contient et exprimée en ampères-heure.

Cette capacité correspond à une décharge normale à arrêter dès que la force électromotrice d'un élément devient égale à 1,8 volt.

Pour un même accumulateur, la capacité utilisable dépend de la durée de la décharge; elle est d'autant plus faible que cette durée est plus courte et, par suite, que le régime est plus élevé (elle dépend de la surface des plaques et de l'épaisseur de la couche active). Le régime de décharge doit être au maximum de 1,5 ampère par kilog de plaques.

Un bon accumulateur d'allumage doit évidemment avoir un bon rendement, une grande capacité utilisable par kilog de plaque, pouvoir se prêter à des charges et des décharges assez rapides, mais surtout pouvoir être manié sans danger et sans crainte de projections d'acide, résister aux trépidations, et conserver longtemps sa charge lorsqu'il n'est pas en service.

II. Allumage par magnéto

La magnéto est une machine génératrice électrique, dans laquelle l'inducteur est constitué par un aimant permanent, généralement en forme de fer à cheval, et dont l'induit (fig. 56), formé par un circuit enroulé autour d'un noyau de fer doux, peut tourner dans le champ magnétique créé par les deux pôles des aimants inducteurs (fig. 57).

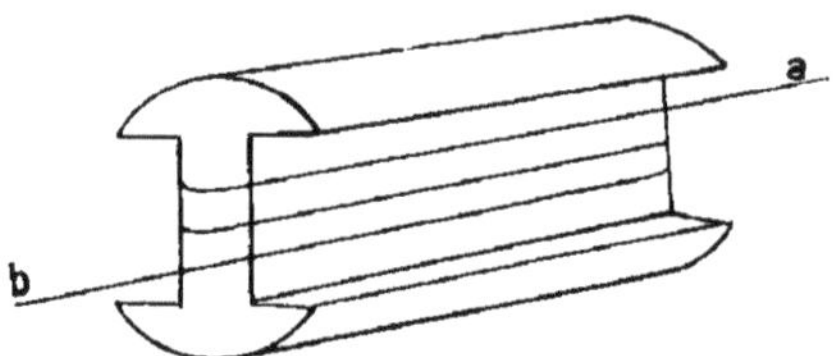

Fig. 56. — Schéma de l'induit d'une magnéto.

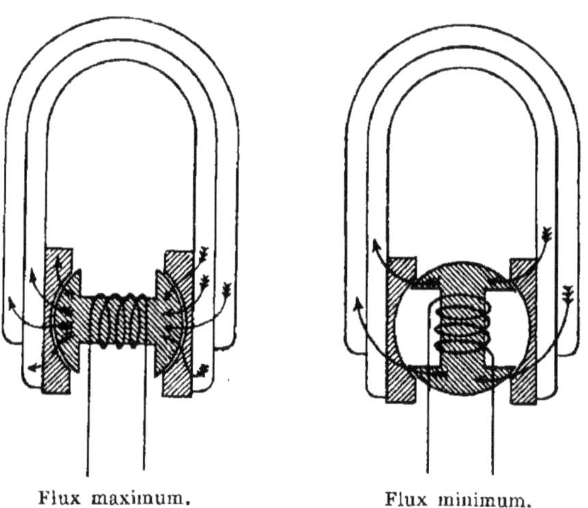

Fig. 57. — Distribution du flux magnétique dans l'induit.

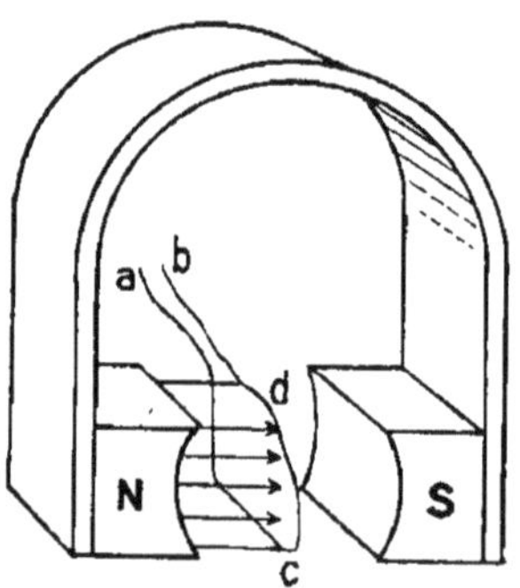

Fig. 58. — Maximum de flux embrassé par une spire d'induit.

On sait que le champ magnétique peut être représenté

par un faisceau plus ou moins dense de lignes de force
allant du pôle nord au pôle sud de l'aimant. On peut
définir le flux de force embrassé par un circuit, par le
nombre de lignes de force qui le rencontrent.

Le mouvement de l'induit dans ce champ fait varier

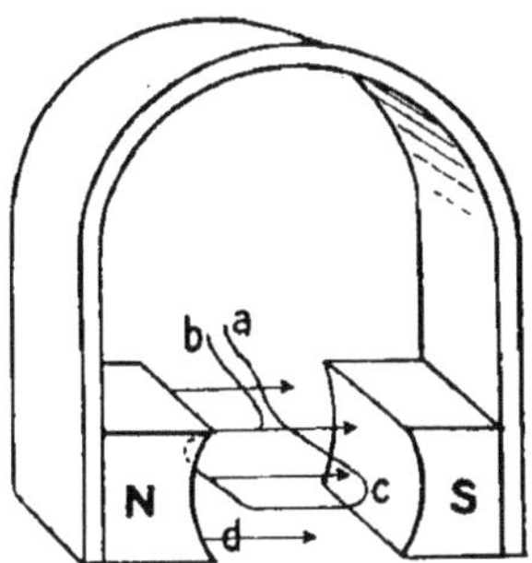

Fig. 59. — Minimum de flux embrassé par une spire d'induit.

le flux de force qu'il rencontre d'où il résulte dans son
circuit un courant dit courant d'induction. La durée de
ce courant est égale à celle de la variation du flux de
force, et sa force électromotrice est d'autant plus grande
que la variation est plus rapide.

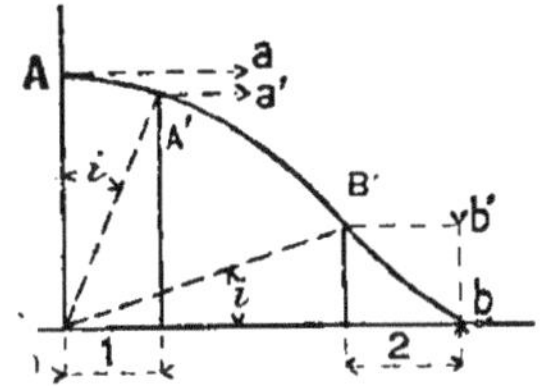

Fig. 60. — Variations du flux embrassé par une spire d'induit.

Si on suppose l'induit constitué par une seule spire a,
b, c, d, on voit que, lorsque ce circuit a, b, c, d a une
position verticale, normale aux lignes de force (fig. 58),
il embrasse le maximum de celles-ci; lorsqu'il tourne
vers la droite, par exemple, le nombre de lignes de force

embrassées décroît et devient nul lorsque le circuit est
horizontal (fig. 59); la variation du nombre de lignes
de force embrassées suit la loi du sinus. Si l'on suppose que l'induit tourne avec une vitesse angulaire
constante, on voit tout de suite que, pour un même

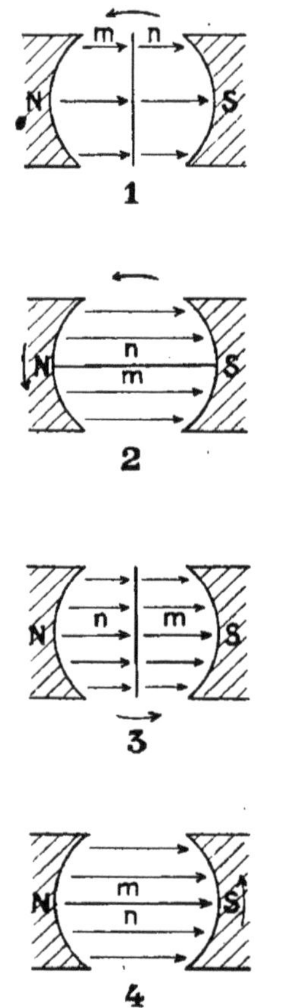

Fig. 61. — Sens du courant induit.

angle parcouru i, c'est-à-dire pendant le même temps,
la diminution du nombre de lignes de force aa' embrassées est très faible quand le circuit approche de la
verticale, très grand au contraire, relativement (bb')
quand le circuit est proche de l'horizontale (fig. 60).

Les quantités aa' et bb' sont proportionnelles à l'inclinaison des droites AA′ et B′b. A la limite, si on considère des temps de plus en plus courts, on voit qu'à chaque instant, pendant un temps infiniment court, la variation du nombre de lignes de force est proportionnelle à celle de l'inclinaison de la tangente à la sinusoïde au point

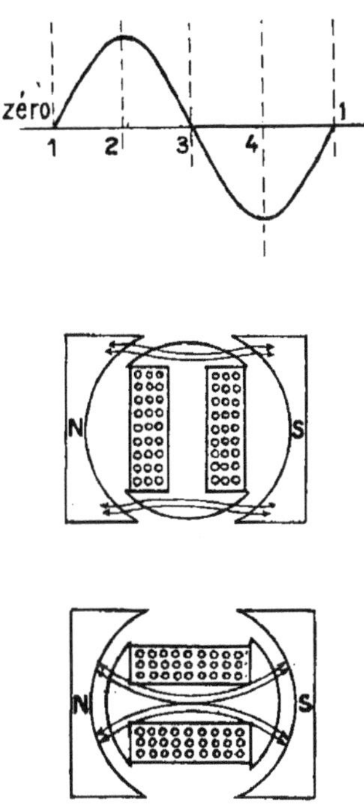

Fig. 62. — Courbe des variations du courant induit.
Minimum et maximum de flux (positions 2 et 3 de la fig. 61).

correspondant à l'instant considéré. On voit sur la figure qu'au point A, correspondant au maximum de flux embrassé, cette tangente est horizontale, ce qui correspond à un courant induit nul; au point b, qui correspond à un flux embrassé nul, le circuit est parallèle aux lignes de forces, la tangente présente l'inclinaison maximum, le courant induit est maximum.

Sens du courant induit. — Le sens du courant induit
dépend du sens de la variation du flux de force et de la
face présentée par le circuit aux lignes de force (fig. 61).

Soient m et n les deux faces du circuit; de 1 à 2 la
face m reçoit le flux de force; en 2, c'est la face n qui va
le recevoir, d'où changement de sens du courant; mais
en même temps, le flux qui décroissait de 1 à 2, va croître
de 2 à 3; de ce changement dans le sens de la variation

Fig. 63. — Constitution de l'induit Lavalette.

du flux résulte un nouveau changement de sens dans le
courant induit, qui le ramène ainsi dans le sens primitif.
On voit sur la courbe (fig. 62) que l'inclinaison de la
tangente garde le même sens. Au contraire, après le
passage de (3), le flux qui avait cru jusqu'à (3) décroît
de (3) à (4) et, la face d'entrée du flux restant la même,
il en résulte que le courant induit change de sens.

L'inclinaison de la tangente à la courbe sinusoïdale
change aussi de sens comme on le voit sur la figure 62.

Donc, à chaque demi-révolution du circuit, le courant change de sens : on a ce qu'on appelle un courant alternatif.

Valeur et variations du courant induit. — La valeur maximum de la force électromotrice du courant induit dépend de la vitesse de variation du flux de force embrassé, de la valeur du flux maximum, et de la vitesse de rotation de l'induit. Elle dépend encore du nombre

Fig. 64. — Ensemble d'une magnéto Lavalette pour un moteur à 4 cylindres.

de spires de l'induit. Chacune d'elles, en effet, agit comme si elle était seule, et il naît, entre ses deux extrémités, une certaine différence de potentiel; les spires étant placées en série, ces différences de potentiel s'ajoutent. Il est donc nécessaire d'isoler les spires les unes des autres d'une façon d'autant plus sérieuse qu'il y a entre elles une longueur de fil plus considérable. Cet isolement est pratiquement constitué aujourd'hui par un vernis spécial et du papier laqué.

Les variations du courant induit suivent la loi sinusoïdale représentée par la courbe de la figure 62.

Constitution de la magnéto (fig. 63 et 64). — Les deux extrémités du circuit induit sont reliées à deux bornes; l'une de ces bornes est l'axe du noyau de fer de l'induit qui est mis à la masse par le contact aux paliers et par un frotteur avec contact spécial; l'autre borne est, en

Fig. 65. — Magnéto à transformateur séparé (Lavalette).

général, placée à l'extrémité de ce même axe dont elle est isolée; le fil de liaison de l'induit et de cette borne traverse l'axe dans sa longueur.

Pour augmenter la densité des lignes de force dans la surface embrassée par les spires, on fait ce bobinage sur un anneau de fer doux qui est 20000 fois plus perméable aux lignes de force d'un champ magnétique que l'air.

Pour l'allumage d'un moteur à explosion, on n'a besoin

d'une source d'énergie électrique qu'à des intervalles réguliers et pendant un temps extrêmement court.

Il est donc avantageux de n'utiliser que les maxima du courant alternatif produit par la magnéto, et de réaliser des maxima de force électromotrice les plus grands possible sans paliers. Pour cela, on a donné à l'armature de l'induit une forme spéciale en double T qui canalise parfaitement les lignes de force, tantôt dans son âme, de façon à avoir le flux embrassé maximum, tantôt dans ses ailes, pour avoir le flux embrassé minimum (fig. 58 et 62).

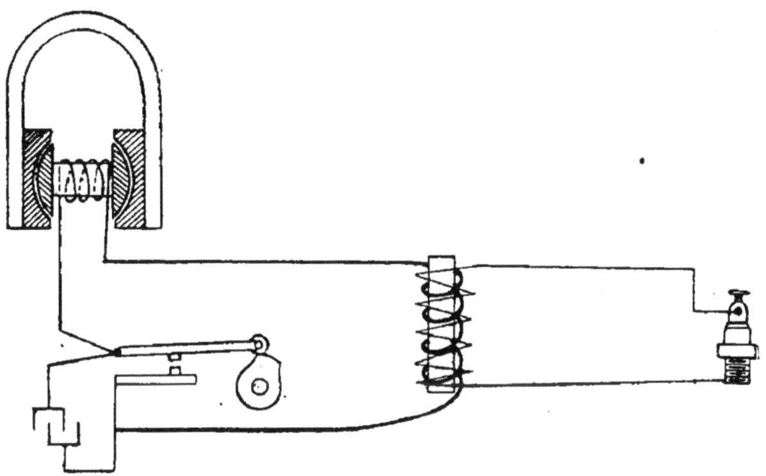

Fig. 66. — Schéma d'allumage par magnéto avec transformateur séparé.

Transformation en courant à haute tension. — La force électromotrice du courant qui naît dans un enroulement simple de magnéto est insuffisante pour produire l'étincelle à la bougie. Il faut donc transformer ce courant en un courant à haute tension.

Cette transformation se fait soit dans un transformateur séparé, analogue à celui que nous avons décrit en traitant de l'allumage par accumulateurs, soit dans un transformateur constitué par l'induit lui-même de la magnéto que l'on munit d'un second enroulement en fil fin, ou enroulement secondaire. Dans le premier cas, on a la magnéto à basse tension ou à transformateur séparé; dans le second, on a la magnéto à haute tension à double enroulement.

1° *Magnéto à transformateur séparé* (fig. 65). — Un des premiers dispositifs adopté rappelle l'allumage par accu-

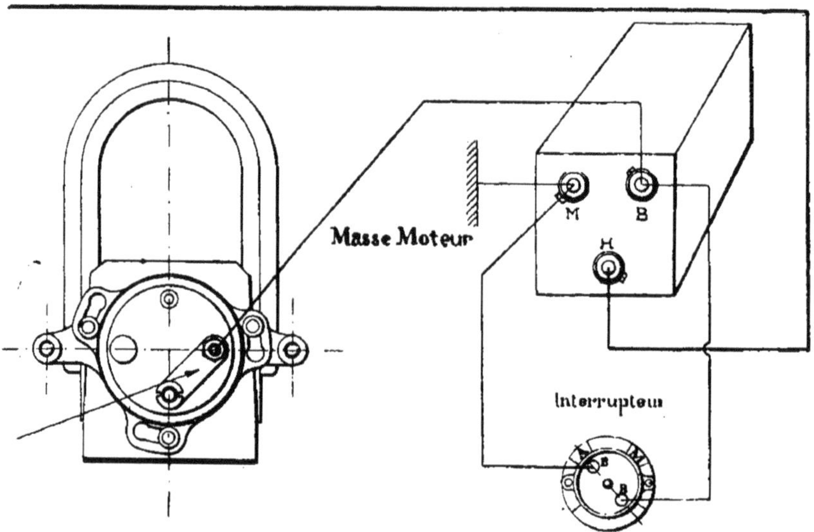

Fig. 67. — Connexions dans le cas d'allumage par magnéto avec transformateur séparé et interrupteur pour 1 cylindre (magnéto Lavalette). .

Légende. — B, première extrémité de l'enroulement primaire de la bobine; H, première extrémité de l'enroulement secondaire de la bobine; M, deuxième extrémité commune des enroulements.

mulateurs. L'accumulateur est remplacé par la magnéto, le trembleur par un rupteur mécanique qui interrompt le courant de l'induit au moment où celui-ci passe par son maximum. Ce rupteur est constitué par deux vis platinées, en contact normal, qu'une came écarte au moment voulu. La self-induction du circuit augmente encore ce maximum au moment de la rupture.

La figure 66 indique un schéma d'allumage par magnéto avec transformateur séparé. Le courant de la magnéto (supposé avec deux prises de courant distinctes) passe dans le fil primaire de la bobine et peut être interrompu par un rupteur que commande une came liée à l'axe de l'induit. A chaque rupture du primaire naît dans le secondaire un courant de haute tension qui donne une étincelle à la bougie. La figure 67 donne le schéma des connexions.

Si on a un moteur à plusieurs cylindres, le courant

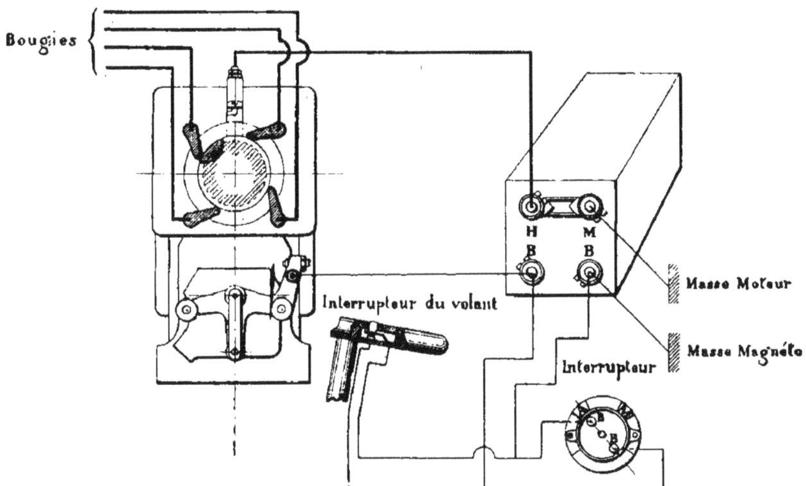

Fig. 68. — Connexions dans le cas d'allumage avec transformateur séparé pour 4 cylindres (magnéto Lavalette).

secondaire de la bobine est conduit à un distributeur indépendant au point de vue électrique de la magnéto.

Ce distributeur comporte, en général, soit un doigt mobile qui passe successivement sur des plots réunis aux fils de bougies, soit un disque mobile muni d'une touche qui vient successivement frotter les doigts réunis aux fils de bougie. Ce distributeur tourne à la demi-vitesse du moteur (dans le cas d'un moteur à 4 cylindres) (fig. 68 et 72).

Au moment de la rupture du courant, une étincelle tend à jaillir entre les pointes du rupteur, comme elle tendait à jaillir entre les pointes du trembleur. Or, cette étincelle présente, comme plus haut, l'inconvénient d'être de l'énergie perdue, de dégrader rapidement les rupteurs, enfin d'augmenter la durée de la rupture du courant et, par suite, la durée de la variation de ce courant.

On installe, pour absorber l'énergie correspondante à cette étincelle, un condensateur en dérivation. Mais ce

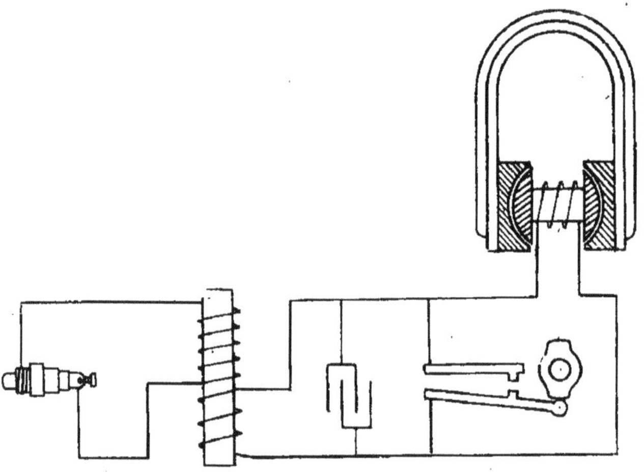

Fig. 69. — Schéma du dispositif de rupture dans la magnéto Lavalette.

condensateur aussitôt chargé, rend l'énergie qu'il a ainsi emmagasinée, et son courant s'écoule dans le même sens que le courant primaire primitivement coupé, empêchant ainsi la rupture d'être instantanée.

D'autre part, on a vu que le courant induit dans le secondaire dépend à la fois de la quantité de courant qui passe dans le circuit primaire en un temps donné, et de la rapidité de la variation du flux. Pour que le maximum de courant ait le temps de s'établir, étant donné l'effet retardateur de la self-induction, il faut que le circuit soit fermé un temps suffisant, que, par suite, l'interrupteur fonctionne au moment voulu et d'une façon parfaite.

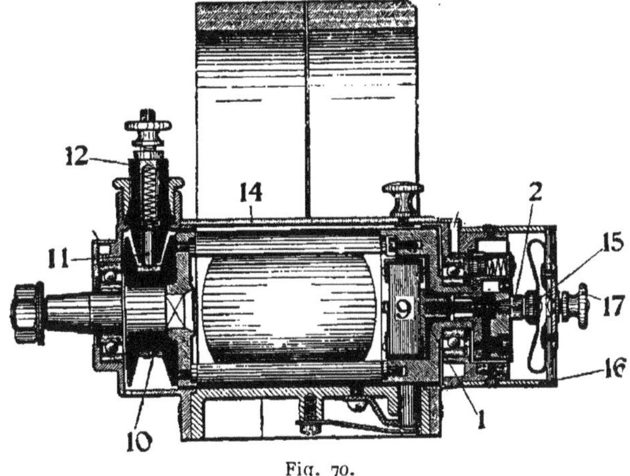

Fig. 70.

Coupe longitudinale d'une magnéto Bosch à haute tension, 1 cylindre.

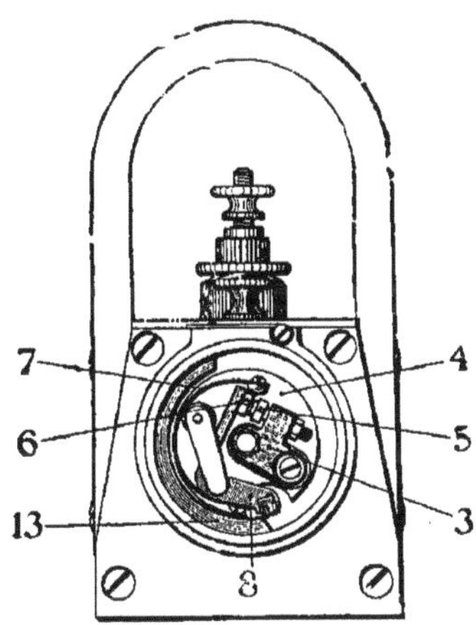

Fig. 71. — Vue avant d'une magnéto Bosch à haute tension, 1 cylindre.

Légende. — 1, plaque isolée en laiton ; 2, vis de serrage du dispositif de rupture ; 3, contact isolé ; 4, disque de rupture ; 5, vis platinée longue ; 6, vis platinée courte ; 7, ressort de rupture ; 8, levier de rupture ; 9, condensateur ; 10, bague collectrice ; 11, balai en charbon ; 12, porte balai ; 13, came en acier ; 14, couvercle ; 15, pastille de charbon ; 16, couvercle en laiton ; 17, écrou pour fil d'interrupteur.

Pour éviter tout inconvénient et tout aléa de ce genre, la maison Lavalette-Eiseman a adopté le dispositif suivant : afin d'être sûr que le courant s'établira, le circuit de l'induit est toujours fermé et comprend constamment le primaire du transformateur; l'interrupteur est monté en dérivation (fig. 69). Lorsque celui-ci est fermé, le courant, ayant deux chemins à suivre, passe presque en totalité par l'interrupteur dont la résistance est à peu près nulle comparée à celle du primaire du transformateur. Au moment où le courant de la magnéto est maximum, une came, montée sur l'arbre de la magnéto, écarte les contacts de l'interrupteur; tout le courant est envoyé brusquement dans le primaire du transformateur et produit par son renforcement brusque une sorte de coup de bélier.

Le courant ainsi obtenu dans le primaire est supérieur au courant maximum produit par la magnéto.

L'étincelle qui tend à se produire au moment de la rupture de l'interrupteur est absorbée par le condensateur de la bobine monté en dérivation. Celui-ci, comme on a vu plus haut, se décharge en produisant un courant de même sens que le courant primaire qui l'a chargé, et vient encore renforcer celui-ci en devenant un adjuvant.

Pour éviter la détérioration de l'induit par un courant de trop haute tension, dans le cas où une bougie présenterait une résistance anormale au passage de l'étincelle, le bobinage secondaire porte en dérivation un paratonnerre.

Celui-ci est constitué par deux pointes entre les bornes H et M de la bobine (fig. 68) dont les extrémités sont à 10 mm environ de distance, épaisseur d'air dont la résistance est un peu supérieure à celle d'une lame de mélange tonnant comprimé à 4 ou 5 kg, de 1 mm environ d'épaisseur, situées entre les pointes de la bougie. L'écartement des pointes du parafoudre est déterminé par la distance entre les pointes de la bougie, la tension maximum que peut supporter le secondaire et les résistances respectives de l'air atmosphérique et du mélange

tonnant comprimé. On compte sur une tension de
1000 volts environ par millimètre d'épaisseur de couche
d'air traversé.

Le système précédent a l'avantage de séparer nette-
ment les organes relatifs au courant à basse tension,
nécessitant des isolements faibles, de ceux relatifs aux
courants à très haute tension qui demandent un isolement particulièrement soigné et sont, par suite, plus
encombrants. On peut augmenter la tension dans le

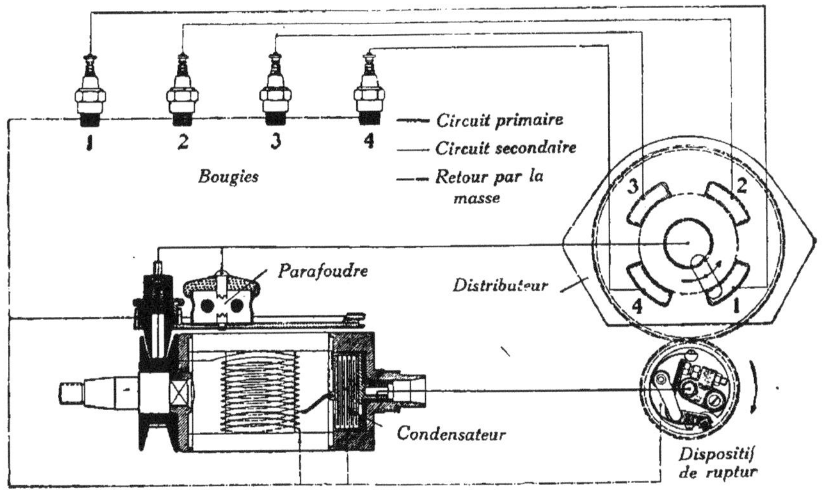

Fig. 72. — Schéma des connexions de l'allumage par magnéto à haute tension Bosch
4 cylindres.

secondaire autant qu'on le désire, le placer loin des
causes de détérioration (huile, eau, essence, chaleur, etc.).

En revanche, la canalisation électrique est plus longue
et plus compliquée qu'en utilisant tout autre genre
d'allumage.

Magnéto haute tension (fig. 70 et 71). — Dans cette
magnéto, le transformateur est constitué par l'induit
rotatif lui-même qui porte, en outre de l'enroulement
primaire précédent, un enroulement secondaire en fil

très long et très fin. Les extrémités du primaire sont

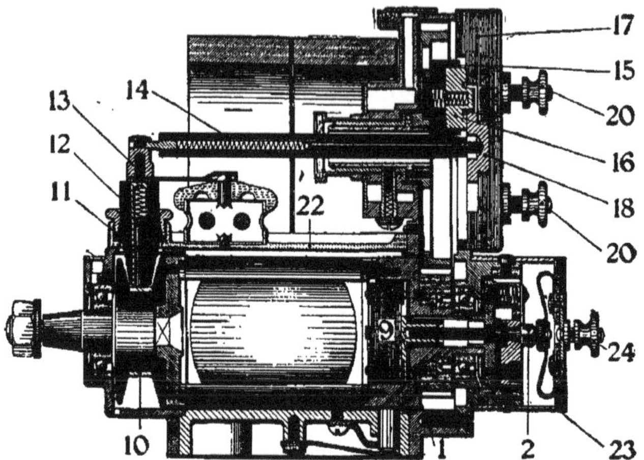

Fig. 73. — Coupe longitudinale d'une magnéto à haute tension Bosch
pour 4 cylindres.

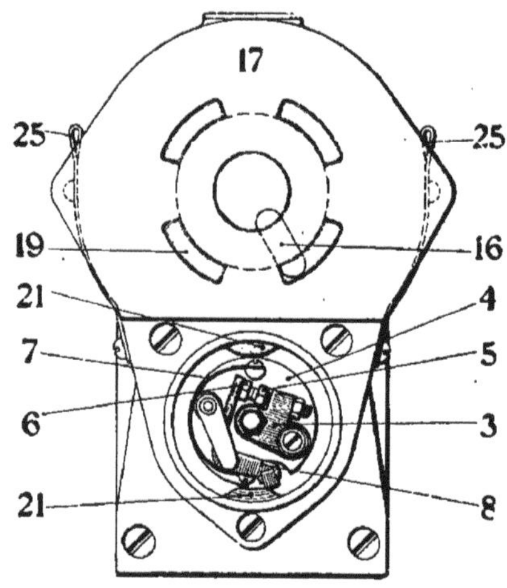

Fig. 74. — Vue avant d'une magnéto à haute tension Bosch pour 4 cylindres.

Légende. — 1, plaque isolée ; 2, vis de serrage du dispositif ; 3, contact isolé ;
4, disque de rupture ; 5, vis platinée longue ; 6, vis platinée courte ; 7, ressort
de rupture ; 8, levier de rupture ; 9, condensateur ; 10, bague collectrice ; 11, balai
en charbon ; 12, porte-balai ; 13, écrou du porte-balai ; 14, conducteur isolé ;
15, porte-balai rotatif ; 16, balai rotatif en charbon ; 17, distributeur ; 18, plot
central du distributeur ; 19, segments du distributeur ; 20, bornes de prise de
courant ; 21, cames en acier ; 22, couvercle ; 24, écrou pour fil d'interrupteur ;
25, ressorts maintenant le distributeur.

reliées à la masse, l'une directement, l'autre par l'intermédiaire d'un interrupteur. Cet interrupteur est constitué par deux vis platinées qui peuvent être écartées par une came au moment où le courant induit est maximum.

Étant donnée la faible résistance de l'enroulement primaire par rapport à l'enroulement secondaire (quelques centaines de mètres de fil à 7/10e de millimètre, contre plusieurs kilomètres en fil de 0,5 à 1/10e), une des extrémités du fil secondaire est reliée à la masse

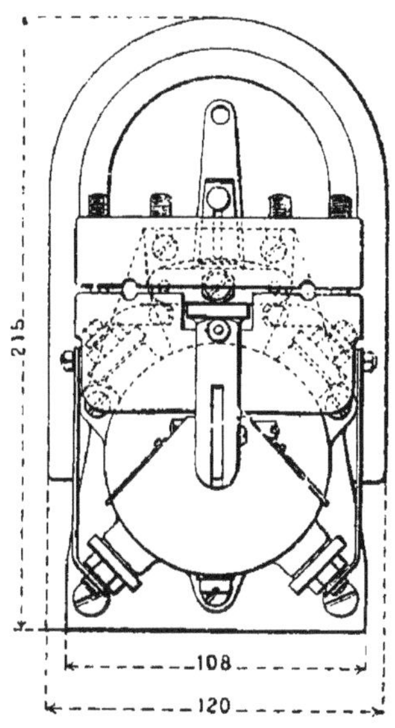

Fig. 75. — Vue arrière d'une magnéto à haute tension Bosch pour 4 cylindres.

par l'intermédiaire du fil primaire sur lequel le secondaire est tout simplement soudé. L'autre extrémité du secondaire est conduite, soit à la bougie, si on a un seul cylindre, soit au centre du distributeur dans le cas d'un moteur polycylindrique. Le condensateur, constitué par des bandes d'étain isolées par des feuilles de mica, est monté à une des extrémités de l'induit et tourne avec lui. Chaque borne du distributeur est reliée à la bougie du cylindre correspondant. Par mesure de précaution, sur le secondaire est branché en dérivation un parafoudre, à pointes écartées de 10 mm au maximum. Le peu de place dont on dispose pour l'isolement et le poids réduit imposé empêchent de dépasser dans le bobinage du secondaire une tension supérieure à 10000 volts.

Les canalisations électriques sont ainsi réduites au minimum, car elles comprennent seulement les fils allant de la magnéto à chaque bougie.

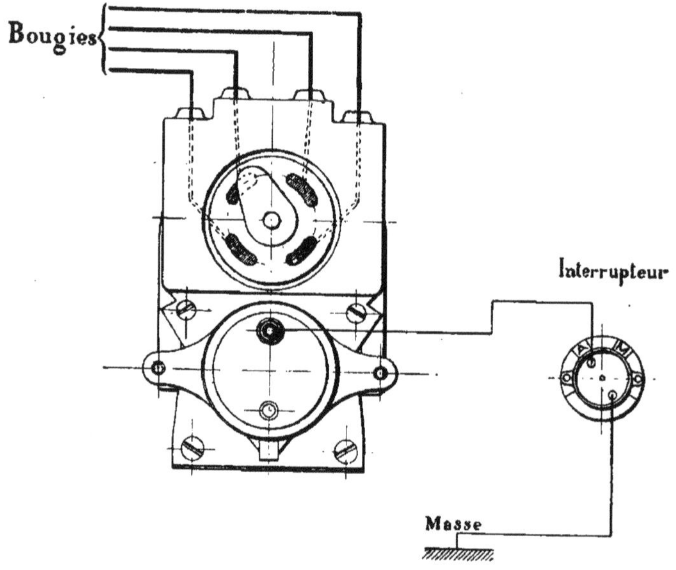

Fig. 76. — Schéma des canalisations pour l'allumage par magnéto à haute tension d'un moteur à 4 cylindres (Lavalette).

Avance à l'allumage dans la magnéto. — La magnéto possède la précieuse qualité de se donner à elle-même, sensiblement, l'avance à l'allumage qui convient à l'allure du moteur. Cela tient à ce que la tension de courant engendré dans le bobinage est proportionnelle à la vitesse angulaire de la magnéto, alors que l'intensité reste à peu près constante à partir d'une certaine vitesse. Si la chaleur de l'étincelle n'augmente guère avec la vitesse, la tension du courant augmente de telle façon que l'étincelle jaillit à la bougie dès le début du mouvement de l'interrupteur.

Une magnéto calée de façon à donner une étincelle au point mort provoque l'allumage de plus en plus tôt lorsque la vitesse du moteur augmente, et pour des vitesses de 1200 à 1500 tours, l'avance à l'éclatement de l'étincelle atteint 10 à 20° environ; si on la cale avec 10° d'avance, on obtient ainsi 20°, ce qui est proche de l'avance normale de l'allumage à cette vitesse.

Aussi beaucoup de constructeurs suppriment-ils tout dispositif de commande d'avance : c'est le système dit

Fig. 77. — Magnéto Lavalette-Eisemann à avance automatique.

à avance fixe. Certains autres cependant les maintiennent comme il est indiqué ci-après ou complètent la magnéto par une commande mécanique et automatique de l'avance (ordinairement action de la force centrifuge sur deux masses reliées à une rampe hélicoïdale); exemple : magnéto Eiseman (fig. 77), magnéto Bosch.

La magnéto présente à ce point de vue une souplesse bien supérieure aux accumulateurs et aux piles, où le courant a toujours la même valeur, et où les phénomènes d'induction mettent toujours le même temps à s'établir quelle que soit la vitesse du moteur.

Désaimantation de la magnéto. — La durée d'une

Fig. 78.

Magnéto Lavalette à commande d'avance par pivotement des inducteurs.

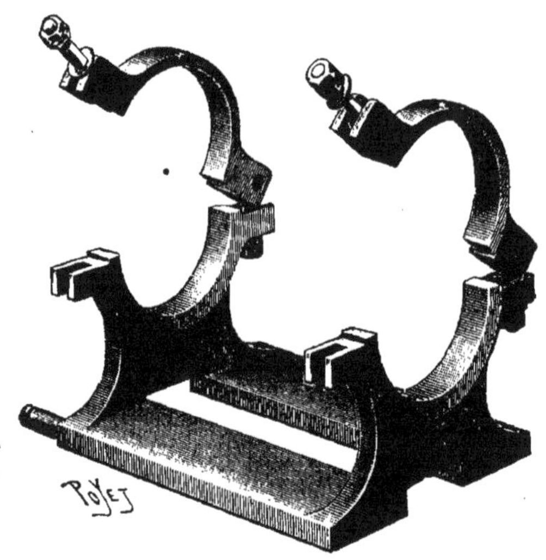

Fig. 79. — Collier-support de pivotement de la magnéto précédente.

magnéto est à peu près indéfinie, au point de vue des

phénomènes d'induction, bien entendu. Le mouvement même de l'induit a pour résultat, par suite de l'éloignement et du rapprochement brusque des cornes de son double T, d'augmenter, ou tout au moins d'entretenir au même niveau, l'état de saturation magnétique de l'acier des aimants, à condition que l'acier soit bien choisi comme qualité, et que l'on tienne compte des observations ci-après :

Pour que l'aimantation persiste, il faut que le circuit magnétique de la magnéto soit constamment fermé, soit à travers ses masses polaires et son induit, soit par une plaque de fer doux si l'on retire l'induit ; en tout cas, on ne doit jamais séparer les inducteurs de leurs masses polaires.

On ne doit pas non plus envoyer sans précaution dans la bobine de l'induit du courant provenant d'une autre source, pile ou accumulateur. Ce courant aurait tendance, en vertu de la réversibilité des magnétos et des dynamos, à faire tourner l'induit sur lui-même, c'est-à-dire à transformer la magnéto en moteur électrique, et produirait une désaimantation sensible et assez rapide des inducteurs.

Aussi, comme nous le verrons un peu plus loin dans l'installation des allumages de secours par accumulateurs et bobine, on doit prendre soin d'isoler l'induit par rapport aux courants provenant des accumulateurs, et de mettre celui-ci en court-circuit afin qu'il ne tourne pas sans débiter de courant.

Les trépidations et les chocs n'ont aucune action sur le magnétisme tant que la magnéto débite du courant et ont, au contraire, un effet de désaimantation réel lorsque la magnéto ne tourne pas. Un choc brutal risque de casser les aimants qui sont trempés secs et, par suite, fragiles.

La chaleur a la propriété de dissiper le fluide magnétique, mais il faut pour cela atteindre des températures voisines de 700° degrés qui ne se rencontrent jamais sur une voiture, de telle sorte que, pratiquement, la température critique est celle de fusion ou de destruction des isolants qui dépasse toujours 100°. Une élévation de température amène quelquefois des ratés, parce que la résistance de l'air diminuant rapidement, la couche interposée entre les pointes du parafoudre, dont l'épaisseur est déterminée pour de l'air froid, arrive à présenter

Fig. 85. — Vue d'une magnéto Nilmelior (Dispositif de rupture).

une résistance moindre que les gaz comprimés entre les pointes de la bougie, et l'étincelle jaillit au parafoudre.

Dispositions de détail. — Les magnétos des diverses marques, à haute tension, diffèrent seulement par quelques dispositions de détails, en particulier, le dispositif de rupture, d'avance, de graissage, de distribution.

Dans les unes, **Lavalette-Eisemann,** les deux vis platinées de l'interrupteur sont fixées sur le bâti de la magnéto, l'une étant fixe et l'autre mobile au moyen d'un levier. Le soulèvement de ce levier est produit par une came calée à demeure sur l'axe de l'induit.

Pour donner de l'avance, on décale l'induit tout entier par rapport au pignon d'entraînement dont le mouvement est lié invariablement à l'arbre moteur, au moyen d'une commande par vis hélicoïdale, ou bien on fait osciller l'armature complète des inducteurs autour de l'induit. Dans les deux cas, le moment où se produit

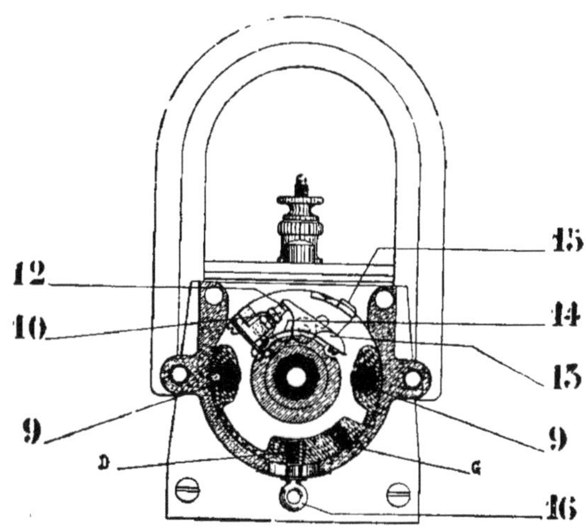

Fig. 81. — Vue avant d'une magnéto Gibaud à haute tension.

Légende. — 9, bossage fibre; 11, piston mobile du primaire; 12, vis platinée réglable; 13, levier de rupture; 14, ressort du levier; 15, taquet.

la rupture de l'interrupteur est toujours celui qui correspond au maximum de courant.

Dans d'autres, comme les **Bosch, Grouvelle-Arquembourg, Gibaud**, etc., les deux vis platinées formant l'interrupteur tournent avec l'induit; leur écartement est provoqué par une came fixe qui fait corps avec un volet fixé sur le bâti de la magnéto. L'avance est obtenue en déplaçant ce volet. L'inconvénient de ce système est que la rupture de l'interrupteur ne se produit au moment du maximum de courant induit que pour une position déterminée du volet, qui correspond normalement au maximum d'avance compatible avec la bonne marche du moteur. Pour toutes les autres positions, ce résultat n'est pas atteint et on.n'a pas l'étincelle la plus chaude. Heureusement, la courbe figurant la force électromotrice du courant secondaire présente, vers son maximum, un

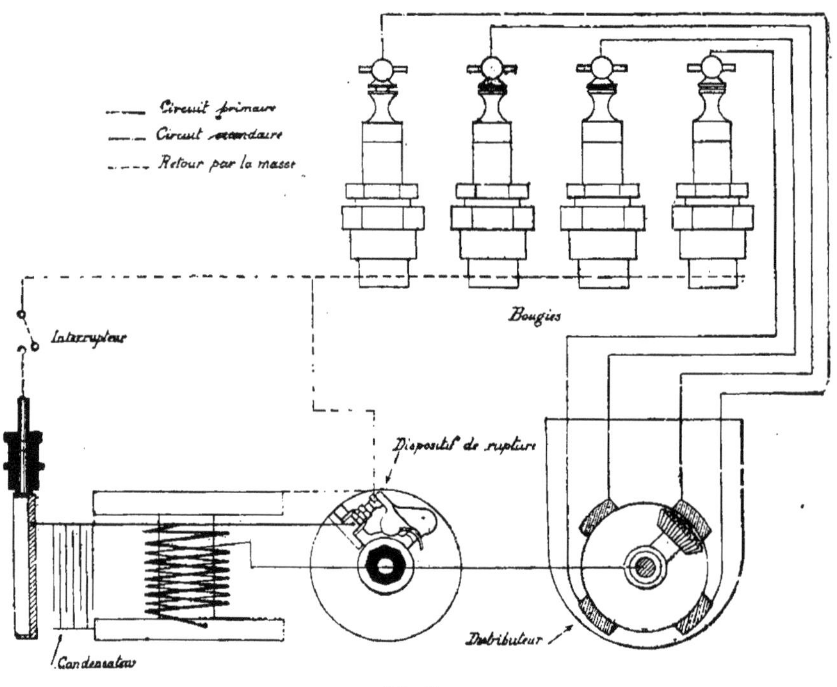

Fig. 82.

Schéma des connexions d'allumage par magnéto Gibaud à haute tension 4 cylindres.

court palier qui permet une légère erreur sur le point de rupture.

Dans certaines, comme les **Méa**, les **Nilmelior**, afin d'éviter les effets de la force centrifuge sur les vis platinées, celles-ci sont placées dans l'axe de l'induit, s'écartant le long de cet axe, grâce à une came, mobile sur rampe hélicoïdale fixée au bâti. Dans la magnéto **Gibaud**, le dispositif de rupture par vis platinées forme un ensemble excentrique par rapport à l'induit et facilement démontable.

Dans toutes, les contacts tournants sont réalisés par de petits balais ou frotteurs en charbon, dont la pression est donnée au moyen de ressorts à boudin, et des disques en cuivre rouge. Il y a intérêt à ne pas avoir de contact tournant sur le circuit primaire à faible potentiel où la moindre résistance interposée peut présenter un

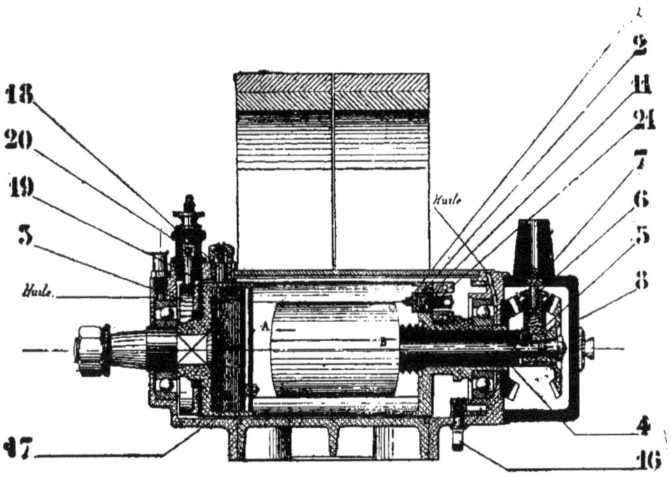

Fig. 83. — Coupe longitudinale de la magnéto Gibaud 4 cylindres.

Légende. — 1, borne ; 2, canon ébonite ; 3, collecteur ; 4, pignon conique fixe ; 5, satellite ; 6, frotteur-charbon ; 7, segment du distributeur ; 8, distributeur haute tension ; 10, vis platinée fixe ; 16, levier d'avance ; 17, vis fixant le condensateur ; 18, balai charbon ; 19, balai charbon ; 20, borne isolée.

grave inconvénient. A ce point de vue, les magnétos où les vis platinées tournent avec l'induit constituent une solution avantageuse. Au point de vue de la distribution du courant secondaire, la magnéto Gibaud présente un dispositif différentiel ingénieux : le charbon distributeur constitue l'axe d'un satellite conique entraîné sur un engrenage conique fixe par un engrenage conique solidaire de l'induit ; l'encombrement et le poids sont ainsi réduits au minimum (fig. 82, 83).

L'aspect extérieur est ainsi différent de celui des magnétos ordinaires (fig. 84).

Fig. 84. — Vue extérieure de la magnéto Gibaud 4 cylindres.

Les isolants, en dehors des fils, sont en ébonite ou en fibre; cette dernière matière est à surveiller, car elle se dilate sensiblement sous l'influence de l'humidité.

Fig. 85. — Vue extérieure de la magnéto Lavalette à haute tension 4 cylindres.

Les roulements sont quelquefois lisses, mais le plus souvent à billes, avec graisseurs spéciaux à godets et à mèche.

Le voltage du courant primaire est de 12 volts environ.

Avec les accumulateurs qui donnent un courant assez rapidement décroissant, on prévoit un transformateur capable d'élever la force électromotrice à 15000 volts au moins. Avec les magnétos dont le courant a une parfaite régularité et croît quand la vitesse de rotation augmente, il n'est pas utile de prévoir au secondaire un aussi haut voltage; on l'abaisse jusque vers 8000 ou 10000 volts. D'ailleurs la résistance des isolants de l'induit, étant données les dimensions très réduites de celui-ci, ne permet pas, en général, de résister longtemps à des tensions beaucoup plus élevées.

La vitesse minimum de la magnéto, pour obtenir des étincelles suffisantes, est de 200 ou 300 tours à la minute; elle peut tourner jusqu'à 2000 tours sans craindre de destruction d'isolants, grâce au rôle modérateur automatique que constitue la self-induction.

Vitesse de rotation. — La rotation de l'induit donnant deux maxima de courant par tour, on peut avoir deux étincelles par révolution complète.

Avec un moteur à un cylindre demandant une étincelle seulement tous les deux tours, on pourrait ne faire marcher la magnéto qu'au quart de la vitesse du moteur. Mais on serait entraîné à des vitesses de rotation trop faibles pour l'induit; on n'utilise en pratique qu'une étincelle par tour, de sorte que la magnéto tourne à la demi-vitesse du moteur.

Avec un moteur à deux cylindres parallèles, on utilise les deux étincelles de chaque tour, la magnéto tourne alors à la demi-vitesse du moteur.

Avec un moteur de N cylindres parallèles, exigeant par suite N étincelles tous les deux tours, la magnéto devra tourner à une vitesse qui sera celle du moteur dans un rapport égal à $\frac{N}{4}$.

Magnéto à induit fixe et à volet tournant (fig. 86). — Dans les magnétos précédentes, l'induit, qui présente une assez grande inertie, doit tourner en même temps que les contacts à des vitesses considérables, dès que le nombre des cylindres devient supérieur à quatre. Pour éviter cet inconvénient, la maison **Simms-Bosch** a réalisé la magnéto à induit et inducteur fixes, où la variation du flux magnétique qui traverse l'induit est produite par la rotation, dans l'entrefer, d'un volet mobile constitué par deux secteurs en fer doux diamétralement opposés et ayant chacun un développement égal au quart de la circonférence de l'induit.

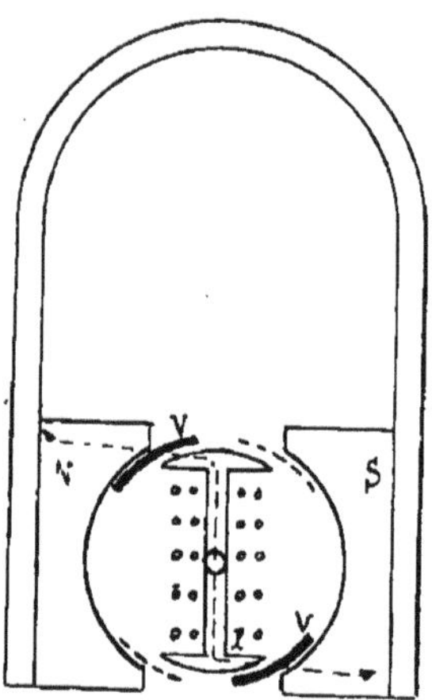

Fig. 86. — Schéma d'une magnéto à volet tournant.

On obtient par ce procédé quatre étincelles par tour, comme cela résulte des considérations ci-dessous; la vitesse de la magnéto pouvant ainsi être réduite de moitié, on pourra alimenter un huit cylindres avec une magnéto tournant à la vitesse du moteur, par exemple, au lieu de la vitesse double qu'entraînerait l'emploi d'une magnéto ordinaire à induit tournant.

On a vu plus haut, en effet, qu'on a un maximum de courant induit lorsque le flux embrassé est minimum, un courant induit nul lorsque ce flux est maximum.

Si on considère le mouvement du volet, on constate que, grâce à la propriété du fer doux de présenter une perméabilité bien plus grande que l'air au passage du flux magnétique, de pouvoir s'aimanter et de se désaimanter en changeant de polarité, et cela très rapidement et très facilement, on a, par tour du volet, quatre minima de flux et, par suite, quatre maxima de courant induit, d'où la possibilité d'obtenir quatre étincelles.

En effet, lorsque les volets se trouvent à 45° par rapport à la verticale de la figure, les lignes de force passent en diagonale à travers l'âme de l'induit, ce qui correspond à un courant nul, et, quand ces volets se trouvent sur la verticale ou l'horizontale, le flux total passe par les ailes du fer à I de l'induit et par ces volets, ce qui correspond à un courant maximum. Or, pour un tour complet du volet, on a quatre positions pour lesquelles ces dernières conditions sont réalisées; on a donc quatre maxima de courant induit, donc quatre étincelles.

Magnéto à grande avance. — Pour pouvoir faire varier dans de grandes limites le moment de la rupture du cou-

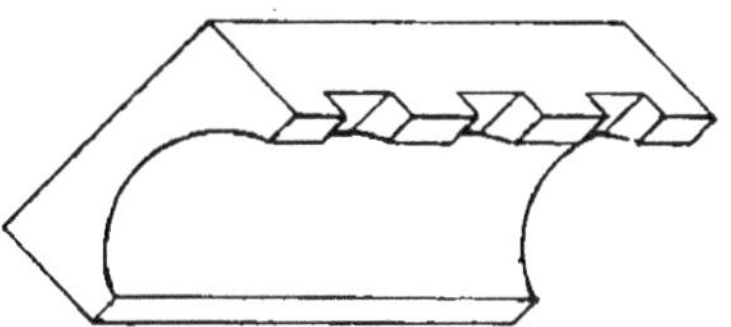

Fig. 87. — Schéma de masses polaires avec dentures.

rant, par rapport au point de son maximum absolu (qui correspond au moment de l'arrachement où les cornes du fer à I viennent quitter les bords de l'entrefer), on donne à la masse polaire une forme spéciale, présentant une denture. De la sorte, il se produit, en quelque sorte, deux maxima, correspondants l'un au fond des dents, l'autre à leur bord extrême (fig. 87) (1).

---

(1) Ce dispositif est employé pour certains moteurs dont les cylindres en **V** forment un angle aigu inférieur à 45°.

Alternateur Nilmelior. — Afin de supprimer tous les contacts tournants, la maison **Nilmelior** construit un alternateur représenté schématiquement (fig. 88). L'induit I est fixe et sa masse de fer doux intérieure est reliée électriquement avec les masses polaires N et S. Les variations de flux sont produites par la rotation à l'intérieur des masses polaires d'un double volet en fer doux V V. On n'a que deux minima de flux par tour, lorsque l'axe des volets se trouve sur la verticale (ses lignes de force passent en majeure partie à ce moment-là

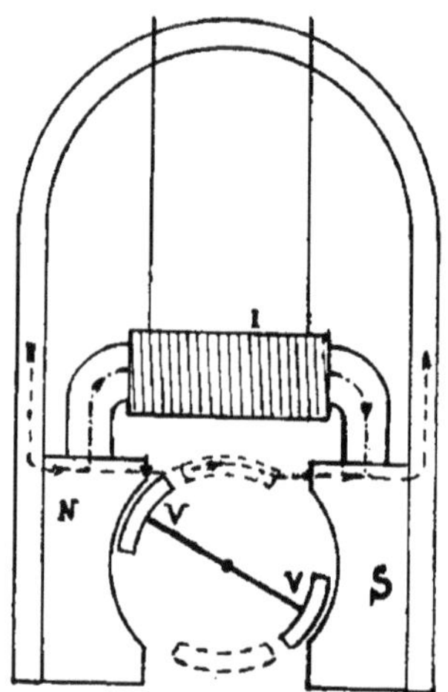

Fig. 88. — Schéma de l'alternateur Nilmelior.

à travers ces volets), et par suite seulement deux étincelles par tour.

La machine est robuste, simple, mais un peu plus lourde que les magnétos ordinaires.

Les bougies (fig. 89). — La pièce à l'extrémité de laquelle se produit l'étincelle qui allume le mélange de gaz explosif est la bougie. Celle-ci se compose essentiellement de deux pointes isolées; la pointe centrale est reliée à l'extrémité du circuit secondaire, la pointe latérale est reliée à l'autre extrémité de ce circuit par l'intermédiaire de la masse métallique du moteur. Il est nécessaire, bien entendu, que la partie métallique du cylindre soit en liaison électrique avec la partie métallique qui est au contact de l'autre extrémité du secondaire.

La pointe latérale fait, en général, partie d'une douille métallique vissée sur le moteur. A l'intérieur de cette douille se trouve un cylindre isolant en porcelaine ou en mica, traversé, suivant son axe, par le fil qui est terminé par la pointe centrale.

Pour que la bougie fonctionne bien, il faut que ses

Fig. 89. — Bougie de l'alternateur Nilmelior.

pointes soient bien isolées l'une de l'autre et à une bonne distance (1/2 mm environ) et que le fil central soit complètement isolé de la douille métallique vissée dans le moteur. Les ennemis de la bougie sont la chaleur, qui par suite des différences de dilatation du métal et de la porcelaine peut amener la rupture de celle-ci, les chocs ou le serrage trop énergique, le plus souvent l'encrassement.

La moindre fêlure dans l'isolant permet à l'étincelle de jaillir à l'intérieur de la bougie même et non aux pointes, ce qui amène des ratés.

Les étincelles ne jaillissent plus lorsque la bougie est

encrassée, c'est-à-dire quand une couche d'huile ininter-
rompue se dépose sur la surface de l'isolant qui sépare
les pointes ; cette couche d'huile se recouvre peu à peu
d'une poussière métallique conductrice, provenant de
l'arrachement de parcelles de métal, le courant passe
en totalité ou en partie par cette pellicule conductrice.
Au lieu d'une étincelle on a une sorte de traînée incandescente trop faible pour produire l'inflammation.

Disrupture. — Le courant primaire à faible voltage
exige des contacts parfaits (bornes très propres, serrages
énergiques) entre les diverses parties du circuit qu'il
traverse. Le courant secondaire, au contraire, à très
haut potentiel, traverse facilement les minces couches
d'isolants. Par suite des propriétés spéciales des courants alternatifs à très grande fréquence, dont la production de l'étincelle provoque la naissance, le circuit
secondaire peut présenter une seconde interruption de
continuité en dehors des pointes de la bougie ; une première étincelle jaillit dans cet intervalle, une autre aux
pointes de la bougie ; si celle-ci est encrassée l'étincelle
jaillit quand même aux pointes. Cette dernière étincelle,
de disrupture, est plus pâle et plus grêle que l'étincelle
directe ; elle allume cependant le mélange, grâce au choc
qui l'accompagne. Mais l'étincelle qui jaillit ainsi à l'extérieur du moteur peut être une cause d'incendie et, en
outre, le réglage du bon intervalle à réaliser est très délicat.

Allumage par extra-courant de rupture. — Dans
l'ordre chronologique, l'allumage par extra-courant de
rupture a suivi l'allumage par accumulateurs, en constituant la première application de la magnéto qui per-
mit ensuite l'allumage par bougie.

L'allumage par piles ou accumulateurs et bobine d'induction présente de réels inconvénients :

1° La source d'électricité s'épuise rapidement ;

2° La bobine est un organe délicat, craignant la chaleur et la pluie, produisant un courant secondaire de haute tension qui exige un isolement très soigné pour le fil relié à la bougie. Cette tension est élevée parce qu'il s'agit de faire jaillir une étincelle entre deux pointes qui ne se touchent pas et qui sont séparées l'une de l'autre par un milieu très résistant constitué par des gaz comprimés à 4 ou 6 atmosphères.

Aussi, on a cherché à produire une étincelle électrique dans la chambre de combustion du moteur, sans employer de courant à haute tension. On y est parvenu en utilisant les propriétés de l'extra-courant de rupture.

Le circuit comprend une source d'électricité et deux pièces métalliques placées dans le cylindre et susceptibles d'être brusquement écartées l'une de l'autre par un moyen mécanique. L'étincelle, qui jaillit au moment de l'éloignement subit des deux pièces, allume le mélange gazeux. Le courant qui la produit n'a pas besoin d'avoir une tension très élevée. L'étincelle commence toujours, en effet, à se produire, quelle que soit la compression du mélange, et se rompt pour un écartement donné des deux pièces.

Une force électromotrice de 50 à 100 volts est ainsi suffisante pour la source du courant. On augmente la tension de l'extra-courant de rupture et, par suite, la chaleur de l'étincelle, en augmentant la self-induction du circuit par l'emploi d'une bobine de magnéto comprenant un grand nombre de tours de fil et une grande masse de fer doux, et en accroissant la vitesse de variation de l'intensité du courant principal qui joue le rôle de courant inducteur.

On y arrive en produisant une rupture brusque.

En pratique, l'étincelle jaillit entre un tampon fixe, ou inflammateur, et un levier mobile, ou rupteur C, dont les mouvements sont commandés par une tige que soulève une came D mue elle-même à demi-vitesse, par l'arbre moteur (fig. 90).

La canalisation électrique est réduite à un seul conducteur principal courant le long du moteur et à un fil pour chaque cylindre branché sur ce conducteur.

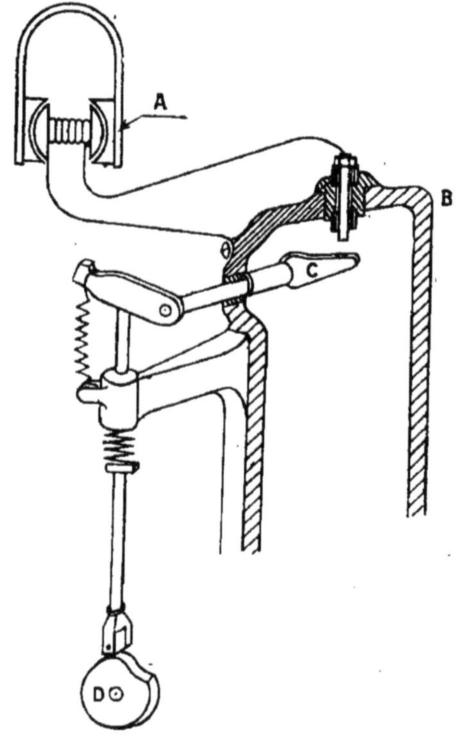

Fig. 90. — Schéma d'allumage par étincelle d'extra-courant de rupture.

Par contre, l'inflammation mécanique est plus compliquée; l'étanchéité du joint autour du levier oscillant, qui doit s'écarter au moment voulu du tampon, est difficile à obtenir.

Comparaison des divers procédés d'allumage. — L'étincelle de rupture ou d'extra-courant de rupture donne

rapidement de la chaleur au mélange tonnant, grâce
à la haute température de l'arc électrique produit.

L'étincelle d'induction a l'avantage d'agir à la fois
par la chaleur et par le choc, car elle dégage tout d'un
coup l'énergie qu'elle contient, et en se précipitant d'une
pointe à l'autre, elle déchire pour ainsi dire les gaz; elle
passe avec une rapidité beaucoup plus grande que l'arc
précédent.

La quantité d'énergie nécessaire pour produire la
combustion rapide du mélange explosif doit, pour donner
son maximum d'effet, être produite en une seule fois.

En effet, quand il jaillit une série d'étincelles, ce qui
est le cas dans l'emploi d'accumulateurs et d'une bobine
à trembleur, c'est surtout la première étincelle, quelle
que soit son intensité, qui déterminera l'allumage en
amorçant la réaction; les suivantes n'ont plus d'effet utile
et sont, en partie, gaspillées si la combustion est rapide
et continue, car alors elles jaillissent dans un gaz brûlé.

La magnéto à rupteur, qui donne une seule étincelle
très forte, est donc supérieure à ce point de vue à l'allumage par accumulateurs.

Le rupteur commandé mécaniquement par le moteur
présente encore l'avantage de permettre le maximum
de précision dans la détermination exacte du moment
de l'allumage.

Avec le trembleur, au contraire, il faut, pour que le
courant passe, qu'au moment où le distributeur ferme
le circuit, la lame du trembleur soit en contact avec la
vis platinée. Cette coïncidence n'a pas lieu, en général, parce que la lame, qui vibre encore depuis qu'elle
a produit l'allumage précédent, doit d'abord achever sa
vibration avant de produire le contact. Le temps ainsi
perdu peut être égal à la durée d'une vibration soit
$1/500^e$ de seconde, correspondant à un dixième de la
course du piston, et n'est, par suite, pas négligeable,
comme on l'a vu. L'allumage pourra ainsi avoir lieu

plus tôt ou plus tard, d'où des avances à l'allumage inégales pour les cylindres, dangers de retour de manivelle à la mise en marche.

Enfin, la magnéto constitue une source d'énergie inépuisable, transformant l'énergie mécanique fournie par le moteur en énergie électrique, en donnant un courant constant, une étincelle très chaude qui augmente le rendement du moteur.

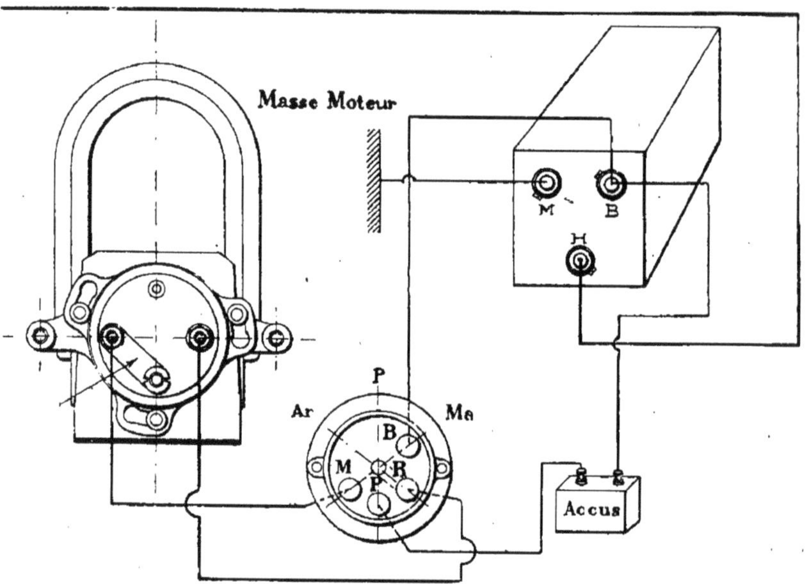

Fig. 91. — Schéma de connexions pour allumage de secours par accumulateurs avec la magnéto Lavalette 1 cylindre.

Allumage de secours, de départ au contact. — Si la magnéto est supérieure à l'accumulateur pour la marche normale, ce dernier reprend l'avantage pour la mise en route, car il a toujours de l'énergie immédiatement disponible; la magnéto, au contraire, exige une certaine vitesse de rotation pour produire un courant ayant une tension suffisante. De sorte que l'on groupe souvent pour les moteurs les deux allumages, en utilisant le plus d'organes possible de la magnéto.

L'utilisation la plus complète des organes de la magnéto consiste à se servir des accumulateurs pour remplacer le courant induit de celle-ci qui est faible aux allures lentes.

Mais il faut prendre des précautions pour éviter la désaimantation des aimants inducteurs. Si on emploie l'induit à double enroulement comme transformateur, il est indispensable d'établir un inverseur de courant qui permet de changer automatiquement à chaque demi-tour de l'induit la polarité du courant des accumulateurs envoyé dans la bobine (dispositif Nieuport).

Pour éviter tous dangers possibles de désaimantation, on n'utilise, en général, dans la magnéto, que le rupteur et le distributeur, en ayant soin d'isoler le bobinage du courant produit par les accumulateurs et de mettre en court circuit le primaire de la magnéto, ce qui entraîne quelques modifications dans celle-ci. A titre d'exemple, nous indiquerons le principe de deux dispositifs souvent employés pour le double allumage :

1° Avec la magnéto basse tension et transformateur séparé type Lavalette Eisemann (fig. 91, 92), le système d'allumage mixte utilise le mécanisme de rupture (vis platinée) du courant à basse tension de la magnéto, pour ouvrir ou fermer le circuit des accumulateurs (le rupteur, ainsi constitué par les deux vis platinées, remplace le trembleur), le distributeur du courant à haute tension de la magnéto et le transformateur ; une des vis platinées (celle qui est mobile) reste reliée à la masse, l'autre vis fixe qui communique avec l'extrémité du primaire est elle-même isolée dans ce cas. Grâce à un commutateur spécial à trois directions, on peut envoyer à cette vis platinée, soit le courant primaire de la magnéto, soit le courant des accumulateurs ; quand le courant des accumulateurs est envoyé au rupteur après passage dans le primaire du transformateur, l'induit de la magnéto se trouve mis automatiquement en court circuit et, par suite, complètement isolé du courant des accumulateurs. Quand la manette du commutateur est, au contraire, sur magnéto, le courant des accumulateurs est coupé.

Remarquons que l'allumage par accumulateurs ainsi organisé ne fonctionne que si le moteur est en mouve-

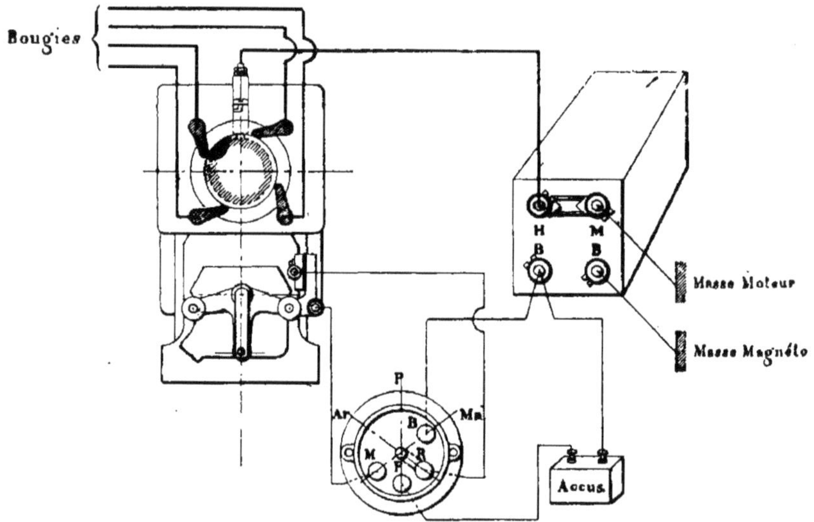

Fig. 92. — Schéma de connexions pour allumage de secours par accumulateurs avec la magnéto Lavalette 4 cylindres.

ment. Si l'on désire pouvoir partir au contact, c'est-à-dire le moteur arrêté, il faut adjoindre à l'installation un distributeur spécial à basse tension, et des bobines à trembleur magnétique.

2° Le dispositif suivant **Bosch**, variante **Lavalette**, réalise à la fois, *a*) l'allumage de secours et, *b*) le départ au contact, c'est-à-dire le moteur arrêté.

a) La magnéto haute tension Bosch doit, pour permettre l'allumage de secours, tout d'abord se voir adjoindre un transformateur spécial ou bobine (fig. 93, 94)

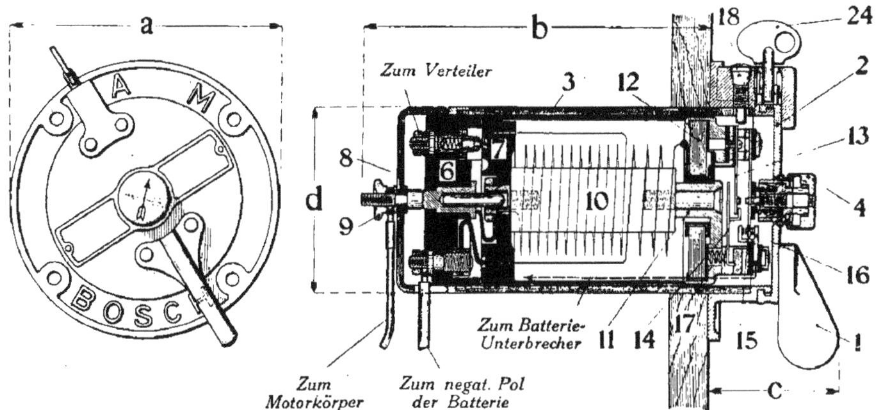

Fig. 93. — Coupe longitudinale de la bobine Bosch pour départ au contact.

Légende. — 1, levier de commutation ; 2, couvercle pouvant tourner ; 3, enveloppe de la bobine ; 4, bouton de mise en marche ; 6, disque de connexions fixe ; 7, plateau de commutation pouvant tourner ; 8, capuchon protecteur pour les attaches des câbles ; 9, écrou moleté ; 10, noyau en fer ; 11, plaque portant le dispositif de mise en marche et le condensateur ; 12, condensateur ; 13, ressort de contact ; 14, trembleur ; 15, 16, rupteur auxiliaire ; 17, ressort de trembleur ; 18, vis d'arrêt limitant le mouvement de commutation ; 24, clé de sûreté ; *zum Verteiler,* au distributeur ; *zum Motorkörper,* à la masse du moteur ; *zum negat. Pol der Batterie,* au pôle négatif des accumulateurs ; *zum Batterie-Unterbrecher,* à l'allumeur de la magnéto.

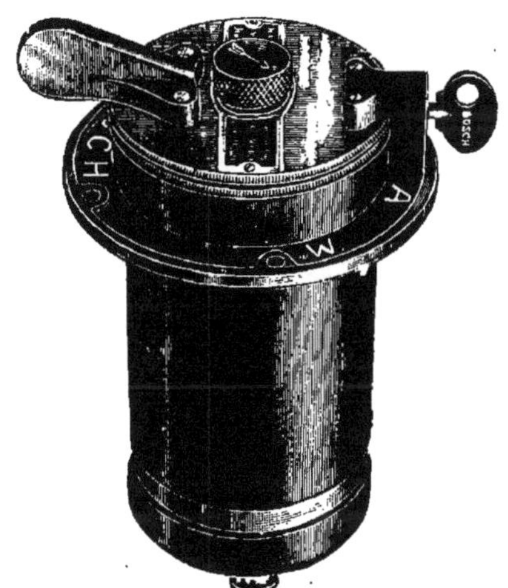

Fig. 94. — Vue extérieure de la bobine Bosch pour départ au contact.

comprenant en même temps un **commutateur** ; elle doit ensuite être complétée par un second rupteur dit

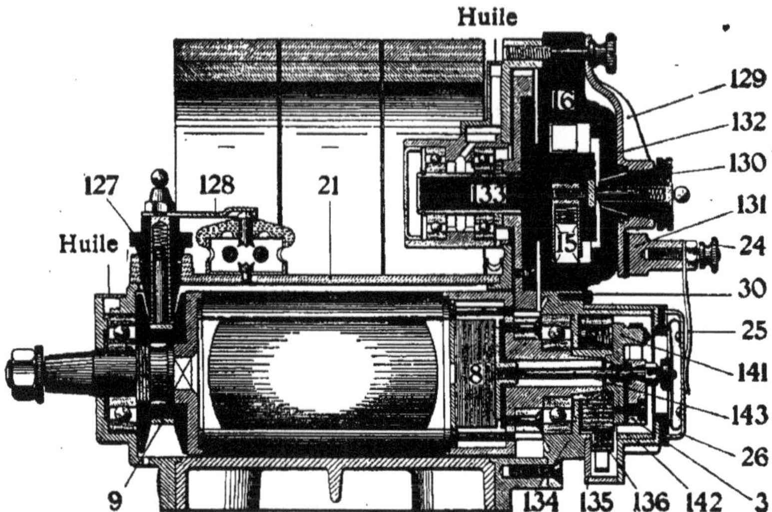

Fig. 95. — Coupe longitudinale de la magnéto Bosch pour départ au contact.

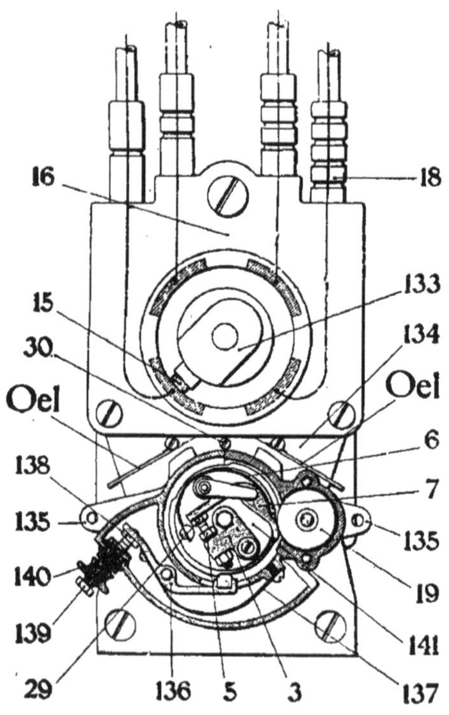

Fig. 96. — Vue avant de la magnéto Bosch pour départ au contact.

Légende. — 19, cames en acier faisant dévier le levier 8 ; 21, couvercle ; 128, ressort du parafoudre ; 133, porte balai rotatif du distributeur ; 134, palier arrière ; 25, ressort maintenant le couvercle 26 ; 135, levier d'avance avec allumeur ; 136, levier de rupture de l'allumeur ; 137, ressort de rupture de l'allumeur ; 138, vis platinée courte de l'allumeur ; 139, vis platinée longue de l'allumeur ; 140, borne écrou de l'allumeur ; 3, dispositif de rupture rotatif de la magnéto, avec came 7 de l'allumeur ; *Oel*, huile.

allumeur (136), placé au-dessous du premier, commandé par l'arbre de l'induit et absolument indépendant du premier (fig. 95, 96). Ce rupteur, comme dans le dispositif ci-dessus, remplace le trembleur habituel. Afin de pouvoir isoler le secondaire de la magnéto (fig. 97), l'extrémité de celui-ci, au lieu d'être reliée directement

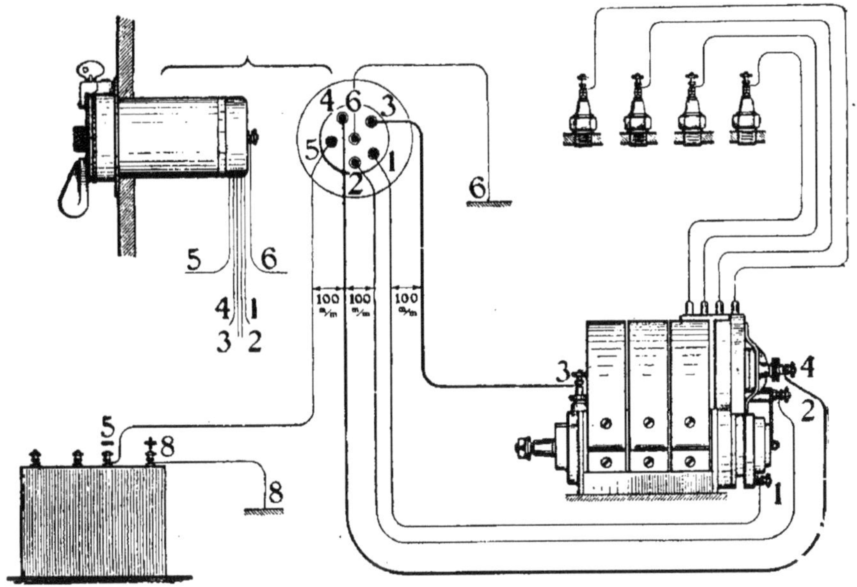

Fig. 97. — Schéma des connexions pour le départ au contact avec la bobine Bosch.

Légende. — Câbles doubles de la magnéto : Basse tension, 1, câble à faible isolement allant au rupteur de la batterie ; 2, câble à faible isolement allant à la borne primaire de la magnéto ; haute tension, 3, gros câble allant au porte-balai de prise de courant ; 4, gros câble allant au porte-balai du distributeur.

Câbles séparés : Basse tension, 5, câble allant à la borne négative (—) 5 de la batterie ; 6, fil de masse de la bobine ; 8, fil de masse de la batterie (borne +).

au centre du distributeur, ne l'est que par l'intermédiaire du commutateur (fil 3,3) qui permet d'envoyer au distributeur par le fil 4,4, soit le courant secondaire de la magnéto, soit le courant secondaire produit dans le transformateur par le courant des accumulateurs. Un fil relie l'extrémité isolée du primaire de la magnéto (fil 2,2) au commutateur, de façon à pouvoir mettre ce primaire en court circuit par la masse, pendant qu'on fait usage des accumulateurs.

L'installation est complétée par l'adjonction d'un fil joignant le pôle des accumulateurs à une extrémité du primaire du transformateur (fil 5,5) dont l'autre extrémité est reliée à une des bornes de l'allumeur (fil 1,1). L'autre pôle des accumulateurs et l'autre borne de l'allumeur sont à la masse; il en est de même d'une des extrémités du secondaire du transformateur.

b) Afin de permettre en même temps le départ du moteur arrêté, la bobine comprend en outre un trembleur magnétique (14) et un trembleur mécanique (16), qu'on peut mettre en action au moyen d'un bouton de pression manœuvré à la main (fig. 93).

Lorsqu'un moteur à quatre cylindres verticaux s'arrête et qu'il n'y a pas de frottement anormal ni de fuites, le plan des coudes du vilebrequin se met horizontal, dans une position d'équilibre stable de sa course.

Le contenu de chaque cylindre conserve longtemps sa teneur en vapeur d'essence. Si on provoque l'arrêt du moteur par coupure du courant d'allumage en laissant le gaz à pleine admission, comme le moteur fait encore plusieurs tours avant l'arrêt complet, tous les cylindres contiennent du mélange tonnant capable d'exploser sous l'effet d'une étincelle. Mais pour que le moteur se mette en route, et dans le bon sens, il faut produire une étincelle dans le cylindre qui est à mi-détente avec ses deux soupapes fermées (en effet, dans le cylindre qui est à l'échappement, une soupape est encore ouverte; il en est de même pour celui qui est à l'admission; l'explosion de la cylindrée de celui qui est à la compression provoquerait le départ en sens contraire); pour que l'étincelle jaillisse dans ce cylindre à mi-détente, on donne à l'allumage un retard suffisant; les vis platinées de l'allumeur sont donc à ce moment à leur position écartée et le courant des accumulateurs est par suite interrompu.

Pour produire l'explosion, il suffit d'appuyer à fond sur le bouton 4; par cette manœuvre, la lame 13 venant appuyer sur le plot 16, le circuit primaire de la bobine se trouve fermé, le ressort 13 étant repoussé libère le trembleur magnétique (14) qui peut vibrer et produit une série d'étincelles à la bougie.

Si par hasard les coudes du vilebrequin s'arrêtent dans une autre position telle que les vis platinées de l'allumeur soient en contact, le circuit primaire étant fermé est parcouru en permanence par un courant; mais le trembleur magnétique 14 maintenu par le ressort 13 ne peut vibrer, une pression brusque et rapide sur le bouton met en vibration le trembleur mécanique ou rupteur auxiliaire 13 entre les plots 15 et 16. Si le moteur est arrêté depuis trop longtemps, il suffit, avant d'appuyer sur le bouton, de lui faire faire quelques tours à la manivelle, afin de remplir les cylindres d'un mélange explosif. Cette manœuvre est, en général, facilitée par un décompresseur. On met le feu soit en procédant comme dans le cas nornal ci-dessus, soit en appuyant brusquement sur le même bouton 4, ce qui met en action le rupteur mécanique (136), et donne une étincelle d'extra-courant de rupture.

ÉCHAPPEMENT

La cylindrée admise dans un moteur contient en proportions, comme on l'a vu, 1 g d'essence et 20 g d'air. Un mélange de 21 g des deux corps peut s'analyser ainsi :

Carbone.	0,84 g	
Hydrogène.	0,16	21 g
Oxygène.	4,60	
Azote	15,40	

Comme l'alimentation et l'explosion ne se font jamais d'une façon parfaite, les produits brûlés, au lieu de contenir seulement :

Acide carbonique.	3,08 g	
Oxygène.	1,08	21 g
Eau.	1,44	
Azote	15,40	

contiennent un excès plus grand d'oxygène et, en outre, de l'oxyde de carbone remplaçant partiellement de l'acide carbonique, des hydrocarbures et même des particules d'essence et des vapeurs d'huile. (Remarquons en passant que l'on doit éviter de respirer les gaz d'échappement d'un moteur.)

Les **gaz** brûlés, au moment d'être expulsés sont très chauds, à une température de 400 ou 500°, et à une tension qui atteint 4 à 5 atmosphères. L'expérience a montré, en effet, que l'on ne pouvait utiliser toute la détente des gaz, ce qui exigerait des courses trop longues et réduirait la vitesse du moteur.

L'expulsion des gaz se fait par des orifices relativement réduits de la soupape d'échappement qui s'ouvre brusquement. Ceux-ci s'échappent tant à cause de leur tension qu'à cause du refoulement que leur fait subir le piston en remontant dans le cylindre avec une grande vitesse, et, par suite, avec une énergie cinétique élevée.

Il en résulte un choc sur la couche d'air qui avoisine l'orifice de sortie et qui se met à vibrer violemment en produisant le bruit d'un coup de pistolet.

Pour atténuer le plus possible ce bruit désagréable, on emploie un silencieux ou pot d'échappement.

Ce silencieux a pour rôle d'absorber le plus possible l'énergie cinétique des gaz brûlés, par le frottement et la détente. Pour cela, on fait suivre aux gaz des trajets sinueux qui les font passer dans des chambres successives de volume progressivement croissant, par des ouvertures également croissantes, de façon à les détendre pro-

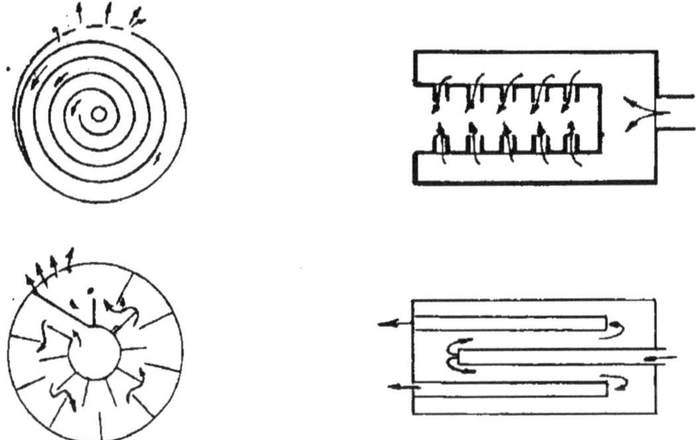

'Fig. 98. — Schémas de pots d'échappement.

gressivement jusqu'à les amener sensiblement à la pression atmosphérique.

Un silencieux (fig. 98) est ainsi une capacité métallique d'un volume représentant de cinq à huit fois le volume d'une cylindrée, munie de chicanes à son intérieur, de parois assez épaisses pour ne pas vibrer, mais assez minces, pour emmagasiner le moins possible de chaleur.

Mais, pour être acceptable, un silencieux ne doit pas présenter à l'écoulement des gaz des résistances telles qu'elles deviennent un obstacle à leur évacuation, en créant de la sorte une contre-pression nuisible qui laisse à l'intérieur du cylindre une partie trop considérable des gaz brûlés. Les cylindrées seraient alors diminuées, ce qui amènerait une réduction de puissance du moteur pouvant atteindre 10 p. 100 de celle obtenue avec échappement libre.

On évite cet inconvénient, tout en atténuant suffisamment le bruit, en déterminant de façon convenable, suivant le type, la puissance, le nombre de cylindrées, etc. du moteur, les orifices et les chambres d'évacuation, et aussi en refroidissant le silencieux. Le refroidissement diminue, en effet, le volume de la masse gazeuse qui s'écoule et, par suite, la vitesse d'écoulement, c'est-à-dire l'énergie cinétique. On peut même, comme l'ont démontré les expériences de M. Lumet à l'Automobile Club de France, obtenir, avec un échappement refroidi dans des conditions déterminées, une puissance supérieure de 1 à 2 p. 100 à celle correspondante à l'échappement libre.

Dans le cas de l'échappement libre, en effet, les gaz éprouvent de la part de l'air une contre-pression qui provoque une diminution de puissance du moteur.

Si le refroidissement est produit par le passage à travers des tuyauteries, il ne doit pas être poussé trop loin ni nécessiter des tuyauteries trop longues qui provoqueraient des résistances trop considérables; il doit être réalisé sur les gaz, aussitôt leur sortie du moteur, au moment où leur température est la plus élevée et, par suite, où les échanges de chaleur avec l'extérieur sont les plus rapides, et être arrêté bien avant d'avoir réalisé l'égalité de température avec le milieu ambiant.

Un pot d'échappement doit pouvoir être démonté facilement de façon à pouvoir être débarrassé des dépôts de condensation de l'huile et des gaz brûlés.

Dans un moteur polycylindrique, si les tuyauteries ne sont pas distinctes sur une certaine longueur, il faut éviter de faire échapper deux cylindres à explosions successives dans le même tuyau. En effet, par suite de l'avance à l'échappement, un des cylindres envoie dans la tuyauterie du gaz à 2 ou 3 kg de pression, alors que l'autre a encore sa soupape d'échappement ouverte; il peut en résulter pour ce dernier une contre-pression nuisible non négligeable. Donc, avec les quatre cylindres, par exemple, on emploiera deux tubulures; l'ordre des explosions étant 1, 3, 4, 2, on aura une tubulure pour les cylindres 1 et 4, une autre pour 2 et 3.

REFROIDISSEMENT

La combustion intérieure développe dans les cylindres une température de 1500° à 1800°. Or, les meilleures huiles de graissage se décomposent vers 350°. Pour éviter les grippages, il est donc indispensable de refroidir les parois des cylindres.

Le total des pertes de chaleur par le refroidissement et par l'échappement étant très sensiblement constant et égal à 80 p. 100 environ de la chaleur développée, 20 p. 100 seulement environ sont transformés en travail.

Un moteur à essence consommant en moyenne, par cheval-heure, 300 g d'essence qui produisent, en brûlant, 3150 calories dont 635 sont transformées en travail et sur les 2515 restant, les gaz d'échappement en emportant à peu près la moitié, il en reste 1250 environ à absorber par les agents extérieurs.

Ces agents sont jusqu'à présent soit l'air seul, soit l'eau et l'air.

Non seulement la nécessité d'assurer le graissage limite les températures maxima que peut atteindre le cylindre, mais encore les dilatations très grandes et inégales que l'on pourrait craindre dans le piston et le cylindre et qui gêneraient le jeu du moteur, les déformations et l'attaque du métal des soupapes d'échappement.

Influence des parois. — Mais ce refroidissement par les parois ne doit pas être non plus trop énergique, car on diminue alors le rendement du moteur.

Au point de vue théorique, il faudrait éviter le refroidissement des gaz, ce qui donne l'avantage aux moteurs à allure rapide où l'échange de la température avec les parois a moins le temps de se faire.

Mais, au point de vue pratique, de légers écarts de température pour les parois influent très peu sur le rendement. Ainsi le rapport de la surface des parois au volume de la cylindrée décroît lorsque les diamètres et les pressions croissent; il diminue de moitié, quand on passe d'un moteur de 20 chevaux à un moteur de 100 chevaux : or, en pratique, le rendement thermique est à peu près le même à égalité de pression et de compression.

La perte de chaleur par les parois est proportionnelle aux écarts de température, et cependant la température de l'eau de refroidissement influe très peu sur le rendement.

Cela tient à ce que la chaleur totale perdue est sensiblement la même, et qu'il n'y a de changé que la proportion perdue par le refroidissement et par l'échappement.

Ce qui intervient, aux différentes températures de marche, ce sont des questions mécaniques d'ajustage, de dilatation. Ainsi, par exemple, avec un piston trop grand et, par suite, trop juste, la marche chaude dilatant le cylindre plus que le piston diminue les frottements et améliore le rendement; au contraire, avec un piston trop petit, c'est la marche froide qui est préférable.

On peut se représenter, d'après M. **Letombe**, que les échanges de température se font de la façon suivante, en supposant le refroidissement réalisé avec de l'eau :

A l'explosion, la paroi est portée très brusquement à une température élevée, mais l'équilibre n'a pas le temps de se faire et, pendant la détente, la paroi recède de la chaleur qui rentre dans le cycle.

Dans les gros moteurs où l'influence de la paroi est moins sensible, l'échappement se fait à plus haute température que dans les petits, d'où la nécessité de refroidir plus énergiquement les soupapes d'échappement.

A l'admission, les gaz frais prennent de la chaleur à la paroi; il en est de même pendant la compression qui produit des températures très inférieures à celles de l'échappement.

A l'arrêt, la température s'élève, car l'équilibre de la température se produit entre les faces de la paroi dont les températures peuvent différer de 250°.

Afin d'avoir des cycles d'explosion bien réguliers, des dilatations normales, il y aussi un grand avantage à avoir les parois du cylindre constamment à la même température, c'est-à-dire à avoir un refroidissement indépendant de l'allure du moteur et de la vitesse du véhicule qu'il sert à mouvoir.

Le refroidissement par les parois seules n'est possible pratiquement que pour des alésages ne dépassant pas 200 mm. Au delà il faut employer des dispositifs spéciaux et relativement compliqués pour refroidir le piston. Cet alésage de 200 mm est d'ailleurs le maximum qui ait été atteint dans les moteurs à explosion, ce qui correspond, pour un quatre cylindres, à une puissance de 200 chevaux environ.

REFROIDISSEMENT PAR L'AIR

On emploie surtout le refroidissement extérieur du cylindre; le refroidissement intérieur nécessite, en effet, soit une chasse d'air, soit le passage des gaz tonnants aspirés et froids. Le moyen le plus simple de refroidir un cylindre est de le placer dans un courant d'air; ce refroidissement est d'autant plus efficace que la surface sur laquelle il s'exerce est plus grande et en meilleure communication calorifique avec l'intérieur du cylindre; dans ce but on garnit les cylindres d'ailettes en faisant partie intégrante, et surtout nombreuses autour de la chambre d'explosion et de la soupape d'échappement.

Le pouvoir émissif d'un corps pour la chaleur est variable avec la nature de sa surface : un métal qui, poli, a un pouvoir émissif égal à 12, en prend un égal à 100 quand on le recouvre de noir de fumée (d'où avantage à prendre des ailettes non polies). Mais, par contre, des ailettes non polies absorbent beaucoup mieux la chaleur rayonnée par les ailettes voisines, et, en outre, elles opposent un obstacle plus grand à la rapide circulation de l'air. En fait, sur les moteurs fixes, on emploie, en général, des ailettes rugueuses, sur les moteurs rotatifs des ailettes polies.

La chaleur spécifique du kilogramme d'air est C $=$ 0,17 environ. Si l'on suppose que l'air arrive au contact des cylindres à la température de 20° et les quitte à 80°, ce qui correspond à un échauffement maximum de 60°, le poids d'air nécessaire par cheval-heure pour le refroidissement est, d'après les chiffres donnés plus haut, égal à :

$$\frac{1250}{60 \times 0,17} = 122 \text{ kg,}$$

ce qui représente

$$\frac{122 \text{ kg}}{1,2} = 100 \text{ m}^3 \text{ d'air environ.}$$

Cette quantité est considérable, comme on le voit, et ne peut être obtenue que par une circulation artificielle extrêmement active. Aussi, dès qu'un cylindre fournit plus de trois chevaux, on ne peut donner aux ailettes un développement suffisant, et par suite, le refroidissement par l'air ne s'applique plus, sauf dans des cas spéciaux, comme dans l'aviation où l'on a des vitesses d'air de 60 à 100 km à l'heure (moteurs à cylindres en étoile refroidis par le vent de l'hélice, ou rotatifs ou recevant l'air d'un ventilateur spécial).

Le carter, lui aussi, doit être refroidi, afin que l'huile conserve ses propriétés lubrifiantes.

Refroidissement par l'eau. — Pour des cylindres de plus grandes dimensions, on emploie l'eau, dont la capacité calorifique est plus grande, qui peut être plus facilement refoulée dans les moindres coins à réfrigérer, qui donne un refroidissement plus également réparti et plus facilement réglable et permet de maintenir les cylindres à une température sensiblement constante. L'eau est ensuite refroidie par l'air que l'on peut faire agir sur une surface radiante aussi grande qu'il est utile. En général, cette eau circule dans une cavité dont la chemise a été fondue d'un seul bloc avec le cylindre et qui couvre à peu près la moitié de sa hauteur (fig. 99).

Dans le but d'alléger, au lieu d'une chemise en fonte épaisse, on emploie quelquefois un véritable étui en tôle de cuivre rapporté (fig. 100) ou une boîte en aluminium. La chemise en fonte est la plus employée. Les cavités doivent être calculées avec soin pour que l'eau puisse aller en tous les points utiles, en particulier, autour de la soupape d'échappement; pour que le dépôt calcaire de certaines eaux ne puisse rapidement obstruer les passages du liquide. En outre, le constructeur ménage des ouvertures qui sont obturées ensuite par des bouchons métalliques destinés à permettre de dessabler à fond la

chemise après l'opération de la fonte. De simples grains
de sable, en effet, sont susceptibles de détériorer les
organes de circulation.

L'expérience montre que, d'une façon générale, la

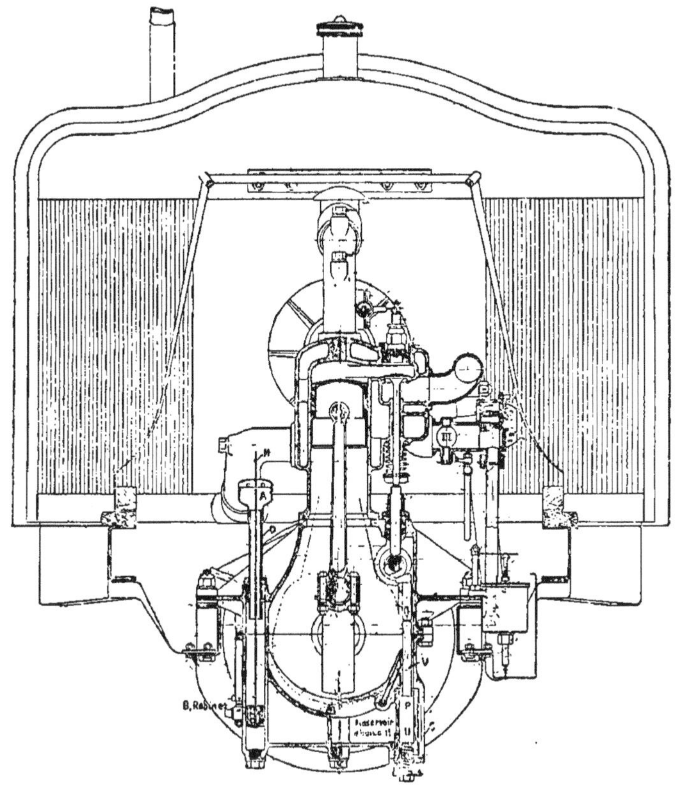

Fig. 99. — Coupe transversale d'un moteur Clément-Bayard
(chemise d'eau venue de fonte autour du cylindre).

Légende. — A, renifleur, entonnoir de remplissage d'huile; H, flotteur du réservoir
d'huile; P, pompe à huile à piston; C, corps de pompe à huile; Q, poussoir de
commande par excentrique; R, ressort assurant la montée du piston; V, refoulement d'huile.

température de l'eau doit être maintenue le plus élevée
possible et qu'une température de 75° à 80° pour l'eau
permet de maintenir la paroi intérieure du cylindre à
350° environ.

La première solution qui se présente est de vaporiser

l'eau au contact des parois chaudes du moteur et d'utiliser ainsi sa chaleur de vaporisation; l'eau est ensuite
condensée dans un radiateur.

Ce procédé a été employé avec des cylindres horizontaux et nécessite l'adjonction d'un réservoir d'eau main-
nant celle-ci à un niveau constant dans le moteur.

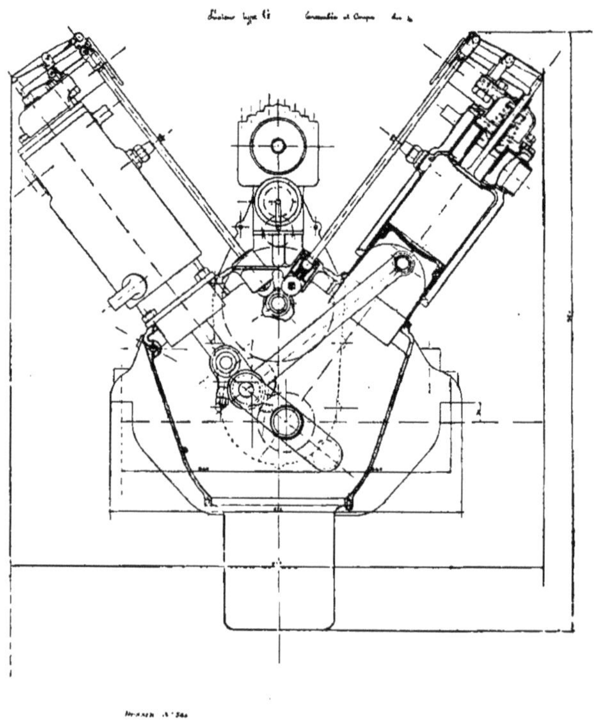

Fig 100. — Coupe transversale d'un moteur d'aviation Dansette et Gillet
8 cylindres, avec chemise d'eau en cuivre rapportée.

Ce résultat s'obtient par un vase de niveau constant
analogue à celui qui est adjoint au carburateur.

Par suite de l'emploi des cylindres verticaux, de la difficulté de maintenir toujours l'eau sous faible épaisseur au
contact de la paroi malgré les bouillonnements qui accom-

pagnent le commencement de l'ébullition, on a à peu près renoncé (sauf partiellement l'Antoinette) à ce mode de refroidissement, pour adopter celui par circulation d'eau.

Deux moyens permettent d'obtenir la circulation : utiliser les variations de densité (thermosiphon), ou employer une pompe. Dans les installations mobiles, c'est la même eau qui doit resservir constamment et qui, par suite, doit être refroidie dans un radiateur.

Le nombre de calories par cheval-heure à enlever par refroidissement étant de 1250, le débit en litres, multiplié par la différence de température de l'eau entre sa sortie et son entrée dans le moteur, doit être égal à ce nombre; avec une différence de 10°, ce qui est un maximum (la moyenne est de 6 à 7° avec les radiateurs habituels à circulation d'eau par pompe), il faut un débit de 125 l par cheval-heure.

Refroidissement par thermosiphon (fig. 101). — L'eau qui se trouve autour des parois des cylindres est en communication avec un réservoir plein d'eau, situé à un niveau supérieur; le réservoir est complété par des tubes munis d'ailettes constituant radiateur.

L'eau, sous l'influence de la différence de densité, sort de la partie supérieure des cylindres et va au réservoir du radiateur; elle descend ensuite par les tubes du radiateur à un collecteur d'où elle est envoyée au bas de la chambre d'explosion des cylindres.

C'est de la charge d'eau, différence de niveau entre le niveau supérieur de l'eau dans le réservoir et l'entrée de l'eau dans les culasses des cylindres que, toutes choses égales d'ailleurs (section et tracé des tuyaux, différences de température, etc.), dépend la vitesse de circulation de l'eau. En pratique, on ne peut pas compter sur une vitesse d'eau moyenne supérieure à 15 cm à la seconde (nous disons moyenne, car la circulation se fait par une série de soubresauts et de bouillonnements), et la différence de température entre le haut et le bas du radiateur atteint une quinzaine de degrés en moyenne. Il en résulte, d'après le nombre de calories à absorber, que la section des tubes de circulation d'eau doit être de 1,5 cm² environ par cheval (fig. 101).

Sur les voitures Renault, non représentées ici, où ce type de refroidissement est adopté, le volant du moteur porte des palettes faisant ventilateur et activant le pas-

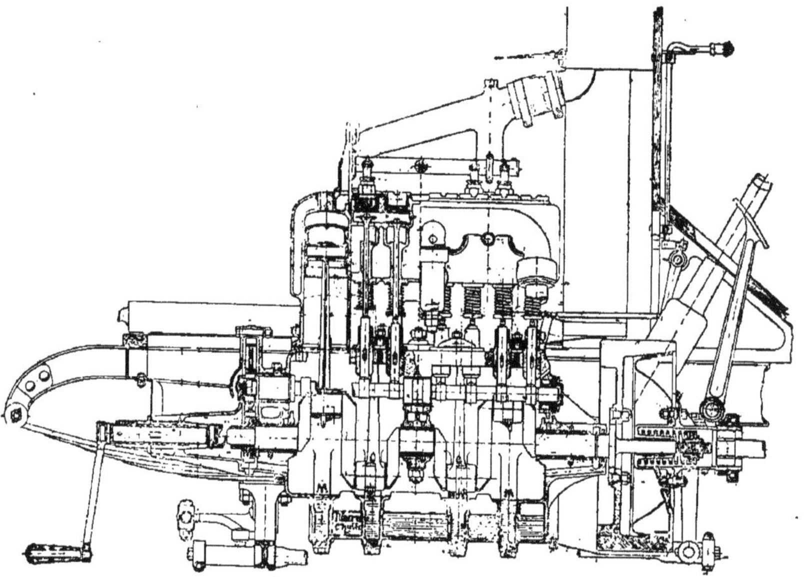

Fig. 101. — Coupe longitudinale d'un moteur Clément-Bayard à refroidissement par thermosiphon.

Légende. — M, cavités alimentées d'huile par une rampe N et destinées au graissage de chaque bielle.

sage de l'air à travers les tubes à ailettes. Le moteur est enfermé en dessous et en dessus dans un capot hermétique, de telle sorte que l'air est aspiré uniquement par le côté et l'avant du radiateur.

Refroidissement par pompe. — Malgré les avantages de simplicité de l'installation précédente, on emploie, dans la majorité des moteurs, des pompes qui jouent, dit M. **Baudry de Saulnier**, le rôle d'un « cœur », pour obtenir une circulation d'eau suffisamment rapide ; le refroidissement est fait, comme ci-dessus, dans un radiateur « véritable poumon ».

D'après M. **Butin**, pour obtenir une bonne circulation d'eau, les pompes devraient fournir une pression d'au moins 10 m, mais cette pression exige des vitesses circonférentielles considérables. Aussi, en pratique, malgré la rapide diminution du rendement, on se contente quelquefois de la moitié.

Les pompes présentent les avantages énumérés ci-dessous :

1º La sécurité ;

2º Une grande vitesse de circulation ;

3º Une petite tuyauterie ;

4º La facilité d'installation (les pertes de charge provenant des coudes ou déviations sont sans importance ; par suite de la pression élevée produite par la pompe, le réservoir d'eau n'a plus besoin d'être en charge).

Par contre, elles présentent des désavantages :

1º Complication du mécanisme par suite de la nécessité de leur commande ;

2º Usure, nécessité d'entretien ; arrêt éventuel de la circulation d'eau en cas de non-fonctionnement ;

3º Puissance absorbée pouvant atteindre 1 à 2 chevaux.

Une bonne pompe doit avoir les qualités suivantes : simplicité, grand débit, robustesse, usure faible, commande facile, fonctionnement même aux plus faibles vitesses, fortes pressions aux vives allures, car les résistances dues aux frottements sont considérables et croissent avec le carré de la vitesse.

Les principaux types de pompes employés se ramènent à trois :

1º Les pompes centrifuges (les plus usitées) ;

2º Les pompes à engrenages ;

3º Les pompes à palettes.

Pompes centrifuges (fig. 102). — L'organe principal d'une pompe centrifuge est une roue à aubes tournant dans un tambour muni d'une ouverture d'arrivée d'eau à son centre et de départ d'eau sur sa périphérie, l'ouverture d'arrivée étant plus grande que celle de départ. Le mouvement de la roue communique à la masse d'eau en contact avec les aubes un mouvement de rotation qui engendre, comme on sait, une force centrifuge, ten-

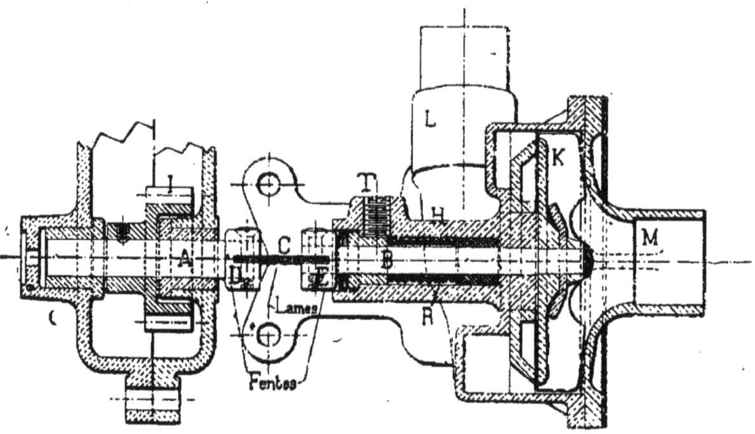

Fig. 102. — Coupe longitudinale d'une pompe centrifuge type Panhard-Levassor commandée par engrenages et ressort à lames.

Légende. — A, arbre de commande; B, arbre de la pompe; C, lames de ressort réunissant les arbres A et B; D et E, vis de démontage des lames; H, corps de la pompe; I, pignon servant à l'entraînement de la pompe; K, plateau à ailettes; L, tubulure de départ d'eau; M, arrivée d'eau; R, ressort; T, bossage sur lequel se trouve le graisseur.

dant à éloigner de l'axe les molécules d'eau avec une énergie proportionnelle au carré de la vitesse angulaire et croissant au fur et à mesure qu'on s'éloigne de l'axe. On a ainsi aspiration vers l'axe et refoulement vers la périphérie. La roue à aubes peut être remplacée par un simple disque portant des rainures ou des nervures rayonnantes, muni ou non sur sa périphérie de crans destinés à activer l'entraînement de l'eau.

Le débit Q d'une pompe, c'est-à-dire le nombre de litres

d'eau qu'elle est capable de déverser dans un réservoir convenable, et la pression totale H, c'est-à-dire la hauteur totale d'élévation et d'aspiration, dépendent de la vitesse de rotation, des conditions d'établissement du circuit d'utilisation. Ainsi le débit est nul pour une pompe de Dion tournant à 1 500 tours lorsque H = 6,50 m d'eau et il croît jusqu'à un maximum lorsque H = 0.

D'après les expériences de M. **Rateau**, on a les lois suivantes :

1° En marche normale, c'est-à-dire dans les conditions de rendement mécanique maximum qui peut atteindre de 60 à 80 p. 100, une pompe centrifuge, comme un ventilateur, donne un **débit** proportionnel à sa vitesse de rotation et une hauteur de pression proportionnelle au carré de cette vitesse; a et b étant des constantes dépendant du type d'appareil, on a :

$$Q = au \qquad H = bu^2, \qquad \text{d'où} \qquad Q = \frac{a\sqrt{H}}{\sqrt{b}}$$

d'où, 2e loi : en marche normale, le débit, pour une vitesse donnée, est proportionnel à la racine carrée de la hauteur de pression.

En pratique, avec les moteurs à explosion, on est assez loin de cette marche normale, et le rendement atteint 20 à 30 p. 100; dans ces conditions, le débit varie avec la vitesse, plus rapidement que la hauteur, de sorte que le débit peut, dans la pratique, varier du simple au double sans que la pression dans les conduites change très sensiblement. Les pompes centrifuges ont ainsi une grande souplesse d'application et un grand avantage sur les pompes à piston ou à engrenages, dans lesquelles la pression croît très vite quand le débit diminue. On peut mettre une vanne sur le tuyau de refoulement d'une pompe centrifuge, et même la fermer complètement; cela n'occasionne aucun inconvénient, la pression donnée par la pompe sera très peu augmentée.

Une pompe centrifuge peut être à la fois aspirante et foulante. Cependant, pour éviter le désamorçage de la pompe par cavitation, c'est-à-dire par suite de la rupture de la veine liquide causée par une vitesse d'arrivée insuffisante, et l'introduction de bulles d'air, il est indispensable de mettre toujours en charge sur elles un réservoir ou un radiateur ayant un débit suffisant. On ne s'en sert ainsi normalement que comme pompe foulante.

Enfin les pompes centrifuges ont une vitesse critique

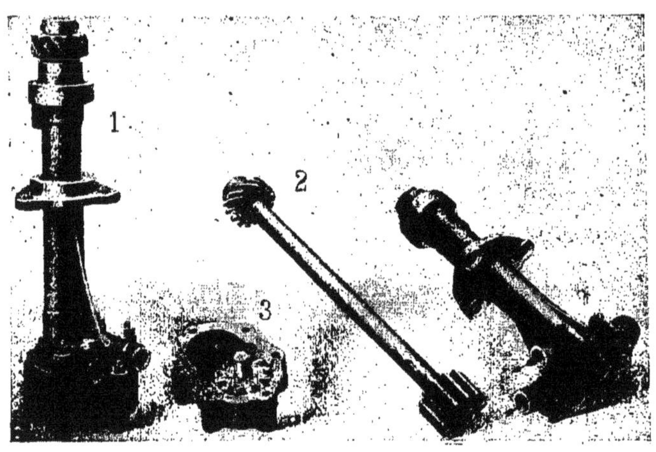

Fig. 103. — Pompe à engrenages type de Dion-Bouton.

Légende. — 1, ensemble d'une pompe à eau avec les ouvertures d'entrée et de sortie d'eau; 2, arbre de commande portant un des engrenages; 3, carter de la pompe, etc.

inférieure, au-dessous de laquelle elles ne débitent plus, 200 tours environ à la minute pour les types moyens. Cette vitesse est d'ailleurs du même ordre de grandeur que la vitesse minimum de rotation du moteur. C'est pour éviter cet inconvénient que MM. **Grouvelle** et **Arquembourg** ont taillé des dents de scie à la circonférence de la roue, qui entraînent l'eau mécaniquement. Le débit est sensiblement augmenté, comme on verra dans le tableau donné plus loin.

En résumé, les pompes centrifuges sont très simples,

très souples et donnent de grands débits à la marche
normale, mais débitent assez mal à faible vitesse, de
telle sorte que l'on est obligé d'employer des allures un
peu exagérées en marche normale pour assurer le refroidissement au ralenti. L'usure est presque nulle, on n'a
pas d'autre frottement que celui des arbres.

2° Pompes à engrenages (fig. 103). — Les pompes à
engrenages comprennent deux pignons dentés qui en-
grènent l'un sur l'autre, prenant l'eau entre leurs dents
comme dans des augets et la faisant passer en tournant
de l'entrée à la sortie.

Une telle pompe aspire assez mal, mais est réversible,

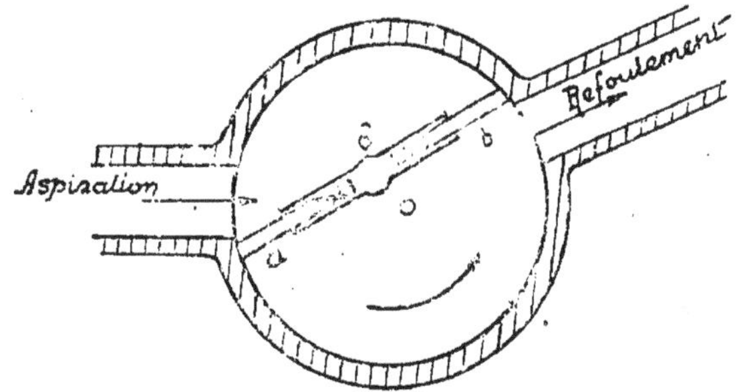

Fig. 104. — Schéma d'une pompe à palettes.

l'aspiration pouvant devenir refoulement. Elle peut
fournir facilement une pression de 5 à 6 kg en cas
d'obstruction des conduites ; l'eau étant incompressible,
la pompe a un débit forcé, comme la pompe à piston,
tant qu'elle tourne et qu'elle n'a pas de fuites.

Par contre, ces pompes s'usent rapidement, surtout
avec l'eau sale ; les usures latérales des pignons sont
irréparables et mettent la pompe hors service.

Enfin, elles ne peuvent tourner à plus de 500 à 600
tours, ce qui nécessite un engrenage réducteur de
vitesse.

3° Pompes à palettes (fig. 104). — Ces pompes sont

aujourd'hui assez délaissées. Elles se rapprochent des pompes à piston, en ce sens que l'eau arrive dans un espace clos dont le volume passe alternativement d'un maximum à un minimum.

Elles consistent en une boîte cylindrique plate dans laquelle tourne un arbre excentré terminé par une tête fendue comme celle d'une vis. Dans cette fente glissent deux palettes qu'un ressort maintient constamment écartées l'une de l'autre et en contact avec les contours de la boîte cylindrique, en dépit de l'excentrage de l'arbre. L'eau arrive dans une cavité dont le volume part d'un minimum et croît jusqu'à un maximum : donc il y a *aspiration;* ce volume décroît jusqu'au minimum : il y a *refoulement.*

Ces pompes à palettes sont robustes et réversibles, mais elles doivent tourner lentement, et, si les métaux qui les constituent ne sont pas bien choisis, on peut avoir broutage à l'intérieur, ce qui nuit au bon fonctionnement.

Nous donnons ci-dessous un résumé des résultats obtenus par M. Butin dans ses essais de pompes :

	POMPES			
	centrifuge ordinaire	centrifuge à entraînement périphérique	à palettes	à engrenages
Tours à la minute.	1.800	2.000	900	520
Débit horaire en litres.	1.800	3.500	400	1.500
Pression en mètres d'eau	2,15	4,30	8	10
Rendement maximum	0,18	0,33	0,10	0,20

En général, les pompes sont commandées aujourd'hui par engrenages, avec interposition d'un joint souple d'Oldham. L'entraînement est beaucoup plus sûr qu'avec un volant à garniture de cuir et à friction. Pour diminuer la grande résistance que présente une pompe, par suite de l'accélération rapide produite au départ du moteur, l'arbre de commande est quelquefois séparé en deux tronçons réunis par un ressort à boudin.

Radiateurs. — Le refroidissement de l'eau de circulation se fait par l'air dans le radiateur, où l'on cherche à avoir le maximum de surface refroidissante en contact avec l'atmosphère. On admet qu'il est nécessaire d'avoir une surface de radiation de 3000 cm² par cheval et une contenance de 0,5 l d'eau environ par cheval.

La première solution consiste à faire passer l'eau au travers de tuyaux placés en serpentins et garnis d'ailettes. La question des ailettes est très délicate. Le moyen de fixation et de bon contact est très important; en général on emploie des ailettes embouties.

La substance et la couleur de l'ailette interviennent (le cuivre a une conductibilité calorifique de 77, l'aluminium de 21, le fer de 12). Ses dimensions (sa surface, son épaisseur), sa section et la courbe qui la limite (au point de vue de la résistance de l'air), sa forme (ondulée et plate), sa fréquence (l'intervalle entre deux ailettes doit laisser passer facilement l'air tout en donnant la plus grande surface possible), sa fabrication, son poids, son prix de revient, sont autant de variables du problème que la pratique et l'expérience seules permettent de résoudre complètement.

La maison Grouvelle et Arquembourg, qui s'est spécialisée dans cette construction, a adopté trois diamètres intérieurs de tubes : 9, 15 et 18 mm, permettant une grande division de l'eau sans présenter de trop grande résistance à la circulation.

Les ailettes ont une surface dix fois plus grande que la section intérieure du tube, et un écartement égal au rayon intérieur; la surface de refroidissement de 1 m de tuyau de 18 mm est de 3000 cm². On compte qu'il faut sur une automobile, par cheval-vapeur : 1,50 m de tuyau de 15 mm ou 1 m de tuyau de 18 mm.

Le tuyau de 15 mm pèse au mètre courant 875 g avec des ailettes en aluminium; 1,275 kg avec des ailettes en fer. Le radiateur d'un moteur de 70 chevaux ainsi constitué pèse environ 100 kg.

Les ailettes sont faites par emboutissage, puis serties sur le tube sans soudage; aux premiers radiateurs employés était joint un réservoir d'eau séparé.

a) Lorsque la circulation d'eau se fait par pompe,

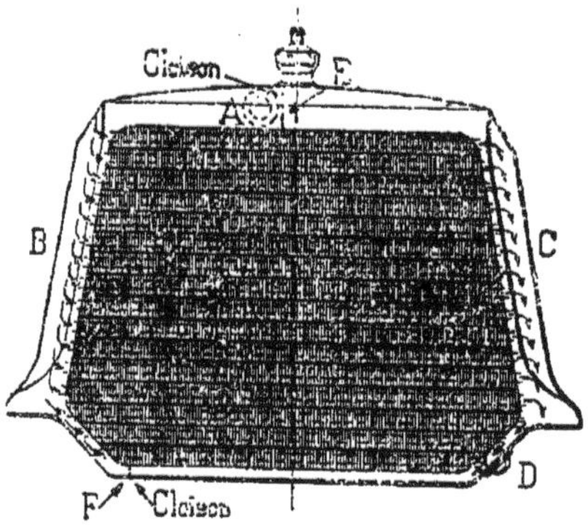

Fig. 105. — Coupe transversale d'un radiateur à tubes horizontaux à ailettes.

Légende. — E-F, cloisons de séparation; B-C, réservoirs verticaux réunis par des tubes à ailettes horizontaux; A, arrivée d'eau du moteur; D, départ d'eau vers la pompe.

les radiateurs à tubes à ailettes comprennent dans les nouveaux types à la fois le radiateur et le réservoir (fig. 105); ils sont formés de tubes horizontaux, encastrés à leurs extrémités dans la paroi intérieure d'un réservoir d'eau formant cadre complet.

Le réservoir d'eau forme volant de chaleur pour un instant de surchauffe (trop de retard à l'allumage, allumage défectueux, carburation trop riche en essence, circulation d'eau mauvaise, défaut de graissage, etc.).

Les tubes sont horizontaux et non verticaux, de façon

que, malgré une baisse du niveau de l'eau, tous les tubes du radiateur soient cependant traversés par l'eau.

Le réservoir est fermé en haut et en bas par une cloison verticale, de façon que l'eau chaude venant du moteur, chassée par la pompe et amenée d'un côté du radiateur, passe de l'autre côté en traversant tous les tubes également et à la fois avant de s'écouler vers la pompe.

Enfin ces radiateurs sont cloisonnés. Le cloisonnement est constitué par de minces cloisons horizontales qui séparent les tubes à ailettes les uns des autres, et sont soudés aux ailettes adjacentes de façon à donner de la rigidité à l'ensemble et à augmenter la surface radiante.

b) Lorsque la circulation se fait par thermosiphon, c'est-à-dire sous l'effet d'une charge très faible, les tubes radiants doivent être verticaux, et les réservoirs latéraux reportés en un réservoir unique au-dessus des tubes.

Radiateurs nids d'abeilles. — L'appareil réfrigérant peut prendre la forme d'un condenseur à surface appelé nid d'abeilles à cause de la forme alvéolaire de ses éléments (fig. 106). Le nid d'abeilles est constitué par une quantité de tubes ronds de cuivre mince, dont on a élargi les bouts pour leur donner une forme carrée ou hexagonale. Placés les uns à côté des autres, les uns au-dessous des autres, et soudés par leurs extrémités carrées, ils laissent un espace libre pour l'eau entre leurs parties rondes, et le passage à l'air à travers eux-mêmes.

On remplace aujourd'hui le cuivre par l'aluminium pour obtenir des radiateurs très légers (30 kg environ pour un moteur de 60 chevaux) constitués par un très grand nombre de petits tubes horizontaux sertis à leurs extrémités entre deux plaques verticales.

Le nid d'abeilles a un pouvoir de refroidissement très grand, et permet d'employer un faible volume d'eau, en moyenne un demi-litre seulement par cheval.

Malheureusement, il est formé de 4000 à 5000 tubes comportant 8000 à 10000 soudures à l'étain, ce qui rend les causes de fuites nombreuses; en outre, la section de passage de l'eau n'y est guère que de 1 mm entre deux tubes et est facilement obturée par les dépôts de tartre. Enfin son prix de revient est très élevé.

La vitesse de l'air est réduite par son passage à travers

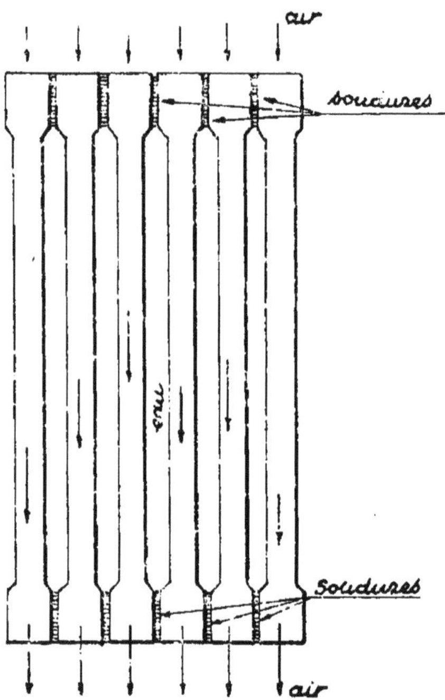

Fig. 106. — Schéma d'un radiateur nid d'abeilles en aluminium.

le radiateur de 25 à 40 p. 100. Pour obtenir une vitesse de circulation d'air suffisante, il faut adjoindre au radiateur, dans les voitures et les dirigeables, un ventilateur ou aspirateur centrifuge destiné à produire un courant d'air artificiel de 40 km environ de vitesse (fig. 107).

Le ventilateur est commandé par courroie; il est composé en général de quatre ailettes inclinées à 45°, et tourne à une vitesse comprise entre 1300 à 1500 tours.

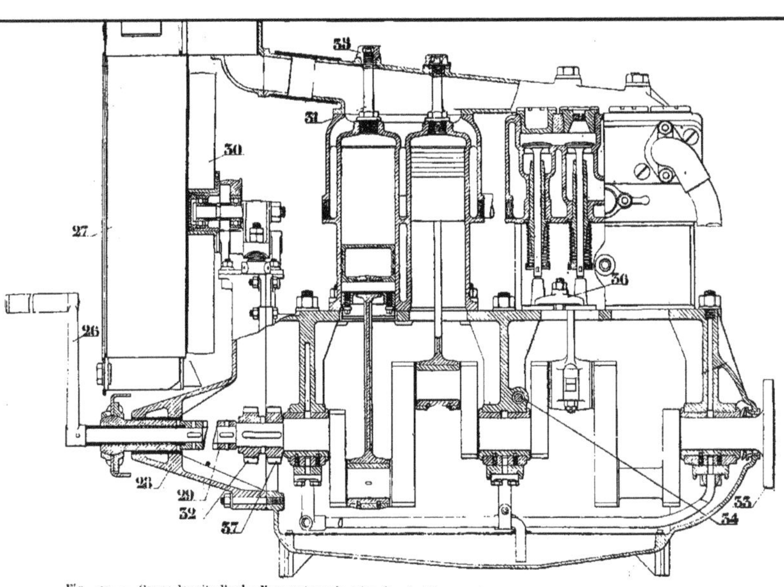

Fig. 107. — Coupe longitudinale d'un moteur de Dion à refroidissement par eau, avec radiateur et ventilateur.

Légende. — 35, dessus de vis de décompression ; 31, joint ; 36, étrier ; 27, radiateur ; 26, manivelle de mise en marche ; 28, carter ; 29, dents de loup ; 32, pignon commandant la chaîne de la magnéto ; 37, pignon de commande de distribution ; 33, plateau de traction de l'embrayage ; 34, palier intermédiaire ; 30, ventilateur.

La puissance qu'il absorbe varie avec ses dimensions, sa distance aux obstacles voisins, et peut atteindre pour les gros moteurs fixes un dixième de la puissance du moteur.

Une faible partie, 15 à 20 p. 100 de la vitesse de

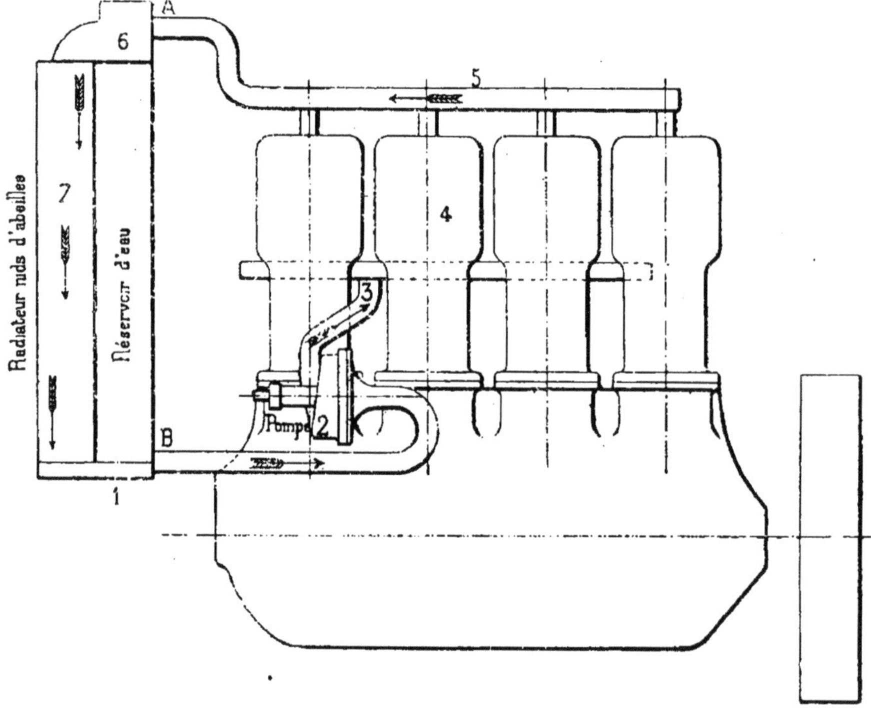

Fig. 108. — Schéma de circulation d'eau avec pompe sur moteur Panhard-Levassor.

Légende. — 1, réservoir inférieur; 2, pompe; 3, tuyau distributeur inférieur; 4, chemises des cylindre 5, collecteur supérieur; 6, réservoir supérieur; 7, radiateur; A, B, raccord.

déplacement du radiateur, s'ajoute à la vitesse de l'air produite par le radiateur.

Et quand la vitesse d'avancement du radiateur dépasse celle que le ventilateur peut donner à l'air, c'est-à-dire 60 à 70 km à l'heure, la présence du ventilateur est plutôt nuisible, car elle oppose une certaine résistance au passage de l'air.

La différence de température de l'eau à son entrée et à sa sortie du radiateur est d'une dizaine de degrés environ dans les circonstances normales; elle arrive au radiateur entre 70 à 80° et en sort à 60 à 70°. L'augmentation de température de l'air, dans son passage à travers un radiateur, est de 20° environ.

Emplacement des organes. Pompes et radiateur (fig. 108). — Le meilleur dispositif est celui qui consiste à avoir la pompe en charge, aspirant l'eau refroidie par le radiateur et la refoulant dans le moteur, l'eau chaude sortant du sommet des cylindres se rendant à la partie supérieure du radiateur. De la sorte, l'écart entre la température ambiante et celle de l'eau du radiateur est maximum.

Il y a le plus grand intérêt à réduire au minimum toutes les tuyauteries, à leur donner le tracé le plus direct, tant pour diminuer les résistances que pour éviter les trépidations, causes de fuites.

GRAISSAGE

Le graissage est une fonction absolument vitale du moteur à explosion, et en aucun organe mécanique les difficultés de graissage ne sont aussi redoutables que dans le moteur. C'est ce qui explique le grand nombre de solutions adoptées, dont aucune ne peut prétendre à être définitive.

La résistance au glissement de deux pièces métalliques appliquées l'une sur l'autre par une de leurs faces par un effort total P est égal au produit de P par le coefficient f de glissement des deux surfaces. Le travail absorbé par le frottement est égal au produit de Pf par le déplacement relatif des deux corps. Avec un tourillon de diamètre d de longueur l qui fait N tours à la minute, la puissance correspondante absorbée est égale à

$$f\,\mathrm{P}\,\frac{\mathrm{N}}{60}\,\pi\,dl$$

et se transforme à peu près totalement en chaleur.

Le coefficient f dépend de la nature des métaux en présence, de l'état de poli de leurs surfaces en contact, mais il est toujours grand pour des métaux à nu.

La chaleur de frottement est alors assez considérable pour gonfler les pièces, diminuer leur dureté et leur résistance, de telle sorte que leurs surfaces se pénètrent si profondément qu'elles arrivent à ne plus former qu'un bloc, à gripper.

Pour diminuer les effets désastreux du frottement, on diminue le coefficient f en interposant entre les deux surfaces un corps fluide, ou lubrifiant. Celui-ci se sépare en trois couches dont deux adhèrent aux deux surfaces métalliques en présence par un phénomène de capillarité; la troisième sert de coussin commun aux deux autres. On substitue ainsi au frottement de métal sur métal, le frottement de liquide sur liquide qui est toujours très faible.

La qualité du lubrifiant n'est donc pas indifférente, puisqu'il doit se prêter facilement à ce phénomène de capillarité, c'est-à-dire avoir une certaine cohésion correspondante à une attraction moléculaire importante; il devra pour cela posséder une certaine teneur en matières adhérentes (c'est-à-dire en carbures) (une bonne huile en renferme 20 p. 100, une mauvaise 6 à 7 p. 100). Mais une bonne huile qui a longtemps servi voit cette proportion descendre à 2 p. 100, et, par suite, doit être changée. Il ne suffit pas de posséder beaucoup d'huile dans un moteur pour être assuré contre son grippage; il importe de la renouveler souvent.

Mais en outre de cette qualité de cohésion, intervient la viscosité, c'est-à-dire la plus ou moins grande fluidité ou résistance interne ou moléculaire qu'un liquide présente au mouvement. La chaleur diminue rapidement la viscosité. Le professeur Robin a donné l'échelle de viscosité suivante :

Température	21°	49°	82°	100°
Huile de baleine. . .	1	0,4	0,3	0,25
Huile D	1,5	2,6	0,6	0,4

Il en résulte que le système consistant à employer de l'huile toujours fraîche et neuve, donne plus de sécurité que celui dans lequel la même huile est amenée d'un mouvement continu de circulation qui l'échauffe et l'appauvrit progressivement.

Il faut remarquer que la couche de lubrifiant qui s'insinue avec force par capillarité entre deux surfaces métalliques, ne subsiste que si ces deux pièces ne sont pas appuyées l'une sur l'autre avec une pression trop considérable. Il faut donc, dans toute portée d'arbre, que la largeur de celle-ci, son diamètre, la vitesse de l'arbre, le travail qu'il fournit soient dans un rapport tel que la

pression par unité de surface soit inférieure à la tension
de capillarité de l'huile. Il faut remarquer que l'augmentation de diamètre d'un maneton diminue la pression P par unité de surface, mais augmente le chemin
parcouru (πD). La bonne solution est donnée par l'expérience. Le graissage doit donc être proportionné à la
puissance transmise, et non pas seulement à la vitesse.

Malgré l'emploi d'un bon lubrifiant, la nature des surfaces en contact joue un rôle très important dans le
graissage. Celles-ci doivent être aussi lisses que possible;
on obtient ce résultat par la rectification à la meule
émeri, le polissage et le rodage préalables. Cette dernière
opération est indispensable pour enlever les aspérités

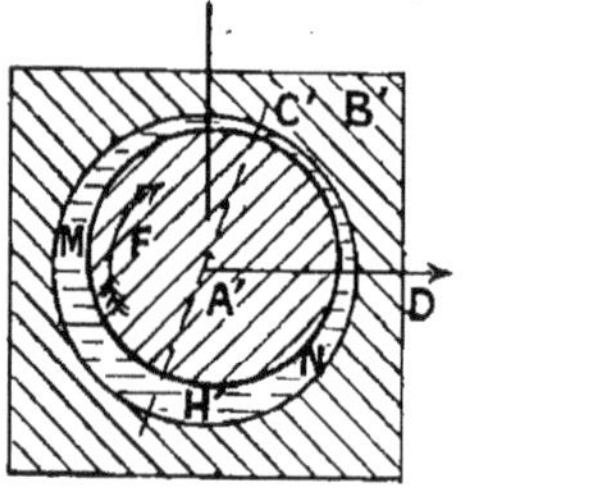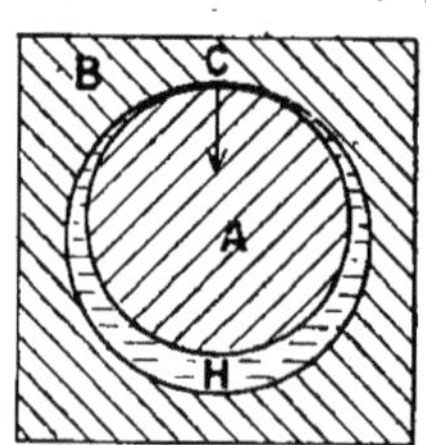

Fig. 109. — Schéma du mouvement d'une fusée dans un coussinet
au moment du démarrage.

des surfaces des portées qui empêchent la formation de
la pellicule lubrifiante, ou, tout au moins l'uniformité
de son épaisseur; d'autre part, il faut ménager un jeu
nécessaire correspondant à l'épaisseur de la pellicule
d'huile et qui est fonction du diamètre de l'arbre, et
creuser des rainures en croix appelées pattes d'araignée,
pour permettre la circulation de l'huile tout autour de
l'arbre et sa conservation dans le palier. Enfin, l'huile
doit arriver aux paliers à un endroit bien déterminé.

En effet, si nous considérons ce qui se passe dans le
palier lisse d'une fusée d'essieu de wagon (fig. 109), quand
celui-ci est à l'arrêt, la boîte appuie sur la fusée en

chassant l'huile interposée, de sorte qu'au démarrage, on a le frottement de métal sur métal, et par suite un effort très grand. Mais dès que le mouvement en avant se produit, l'essieu se porte en avant le premier, de telle sorte que la surface de la fusée tend à se rapprocher vers l'avant de la surface du palier en exerçant une compression sur l'huile qui s'y trouve, et, au contraire, à s'en éloigner vers l'arrière, ce qui crée une certaine dépression. C'est dans cette région, siège de la dépression, que devra se faire l'arrivée d'huile, c'est-à-dire vers la partie inférieure.

Dans les voitures où la fusée est fixe, dans les paliers de vilebrequin, l'arrivée doit se faire, au contraire, par la partie supérieure. On voit donc que, dans le graissage d'un palier, le point d'arrivée d'huile doit être déterminé d'après le sens de rotation et la position de la ligne d'appui. Les pattes d'araignée partent du point d'arrivée d'huile.

La nature des métaux en contact intervient également; il y a avantage à employer des métaux ayant des duretés très différentes. L'emploi du bronze ou mieux des métaux antifriction ou extra-doux (régule composé en proportions variables d'antimoine, de plomb, d'étain, etc...) dans les coussinets donne un excellent rendement, surtout après un léger usage.

Dans la mécanique, en général, on utilise des lubrifiants de toute sorte, des huiles végétales, animales, minérales, des graisses variées et même de l'eau.

Dans les moteurs à explosion, on n'utilise que deux corps : la graisse consistante et l'huile minérale (par exception, l'huile de ricin).

Graisse. — La graisse consistante est le résultat de la saponification, au moyen de chaux, de l'huile de colza, d'arachides, de poisson, etc. et de la dissolution du produit ainsi obtenu dans de l'huile minérale lourde.

La graisse consistante a l'inconvénient de se décomposer facilement en abandonnant la chaux dans les canalisations. Elle se prête mal au graissage des engrenages qui se font leur chemin dans la masse et finissent par tourner sans graissage « entre deux murailles de graisse ».

a) Elle ne résiste pas aux températures élevées, ce qui l'exclut du cylindre;

b) Sa plasticité varie beaucoup avec la température, ce qui produit des efforts assez considérables au démarrage avec des roulements à billes.

Toute augmentation brusque de pression influe sur la pellicule lubrifiante et tend à la chasser hors de son logement. On ne peut donc l'admettre pour des paliers soumis à des efforts excessifs.

On ne doit l'employer que pour les parties peu importantes du mécanisme, dans des roulements tournant sans à-coup, à des vitesses angulaires réduites. Elle est alors contenue dans un petit godet appelé Stauffer (nom de l'inventeur) dont le chapeau peut être vissé plus ou moins profondément, ce qui produit le refoulement de la graisse. Ce chapeau est maintenu en place par un ressort et un frein.

Huile. — L'huile minérale seule (exception pour l'huile de ricin) résiste aux hautes températures de 350° environ correspondantes au refroidissement normal du cylindre. Le graissage d'un moteur est ainsi lié intimement à son refroidissement.

L'huile minérale est un des produits de la distillation du pétrole ou, plus exactement, du naphte. Elle est ensuite raffinée. Les qualités de l'huile varient avec la provenance du naphte, avec les traitements qu'elle subit dans son lavage par l'acide sulfurique, dans son raffinage, dans ses mélanges.

La bonne huile est naturellement toujours chère, puisque sa qualité dépend du soin apporté à sa fabrication. Elle doit être homogène, demi-fluide, de la consistance d'un sirop léger, car l'huile trop fluide a un trop faible pouvoir lubrifiant et brûle trop facilement, ne pas avoir de réaction acide. Sa densité est de 900 g environ.

Modes de graissage. — Le mode de graissage varie suivant les organes à lubrifier. Il peut être réalisé, soit par barbotage, soit par circulation, soit par pression, soit avec une combinaison de ces procédés.

On ne peut songer à employer un dispositif spécial pour graisser les soupapes, leurs tiges et leurs guides; la chaleur est trop forte pour les soupapes. Entre les guides et les tiges on admet un certain jeu, et on constitue les guides en fonte douce.

Les organes qu'il est essentiel de lubrifier sont les pistons, les têtes et les pieds de bielles, les portées du vilebrequin, les paliers des arbres de distribution, de pompe, de magnéto.

Graissage par barbotage. — On fixe sous le moteur une boîte étanche formant carter dans lequel on verse de l'huile. A chaque tour du moteur, la tête de bielle frappe violemment dans le liquide et, par éclaboussure envoie de l'huile à tous les organes qui l'avoisinent; des rampes de graissage convenables en conduisent une partie aux paliers du vilebrequin; les cylindres et les pieds de bielles reçoivent toute l'huile qui s'échappe des paliers et des têtes de bielles sous l'effet de la force centrifuge (fig. 99, 101 et 110).

Le carter est en communication avec l'atmosphère par des ouvertures appelées évents, destinées à empêcher l'augmentation de pression produite par le mouvement des têtes de bielles et permettre le départ des vapeurs d'huile.

Pour que le graissage fonctionne dans de bonnes con-

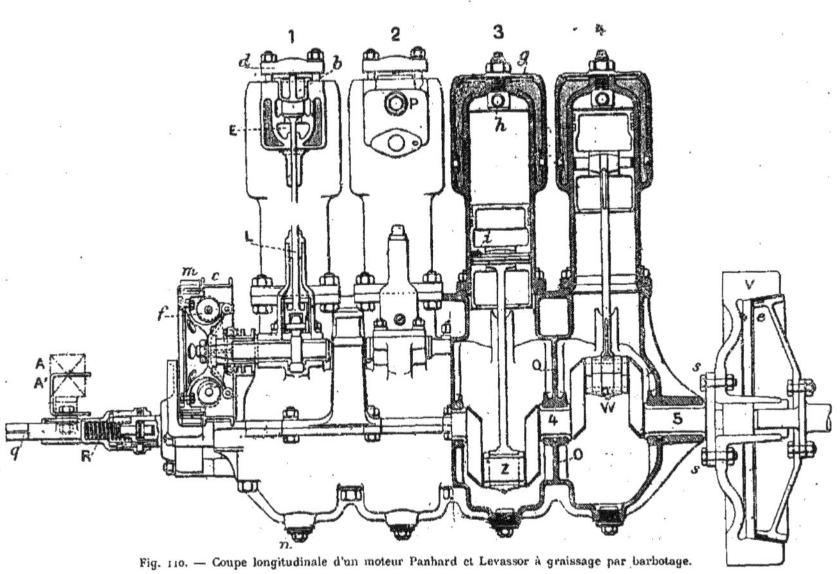

Fig. 110. — Coupe longitudinale d'un moteur Panhard et Levassor à graissage par barbotage.

ditions, il faut que le niveau de l'huile dans le carter reste sensiblement constant, malgré la consommation d'huile continue et les dénivellations de la route.

Pour remédier à ce dernier inconvénient, on cloisonne le carter en ménageant cependant de petites ouvertures à la base de chaque cloison, ou en réunissant par une canalisation, à une certaine hauteur, les cavités ainsi formées.

L'huile qui lubrifie les pistons et recouvre les parois des cylindres au-dessus du fond du piston quand celui-ci est à sa position inférieure, est, partie dissoute par l'essence pendant l'aspiration et la compression, partie brûlée pendant l'explosion et l'échappement. En outre, on a toujours des pertes par les extrémités des arbres, les joints, les ouvertures des poussoirs, etc.

Pour maintenir le niveau constant, on peut installer une arrivée d'huile provenant d'un réservoir par simple gravité et un flotteur, le débit du réservoir étant réglable par un pointeau et un viseur en verre. On adjoint, en général, à ce dispositif simple un graisseur à coup de poing, petite pompe à piston aspirante et foulante, destinée à envoyer un jet d'huile supplémentaire au moment où le moteur a un effort considérable à fournir.

Mais ce dispositif nécessite une surveillance et un réglage constants et, par suite, délicats; en outre, la pression de l'huile à son arrivée dans le carter est quelquefois inférieure à la pression qui règne dans le carter, de sorte que la goutte d'huile ne peut y pénétrer.

Pour remédier à ces inconvénients, l'arrivée de l'huile au carter doit être dosée par un organe mécanique (pompe à huile) commandé par le moteur, à réglage sensiblement automatique suivant la puissance fournie par le moteur, arrêtant le débit à l'arrêt du moteur, et introduisant l'huile dans le carter à une pression toujours supérieure à celle qui y règne.

Pompes à huile. — Un des premiers organes destinés à alimenter le carter qui a été employé, est le graisseur

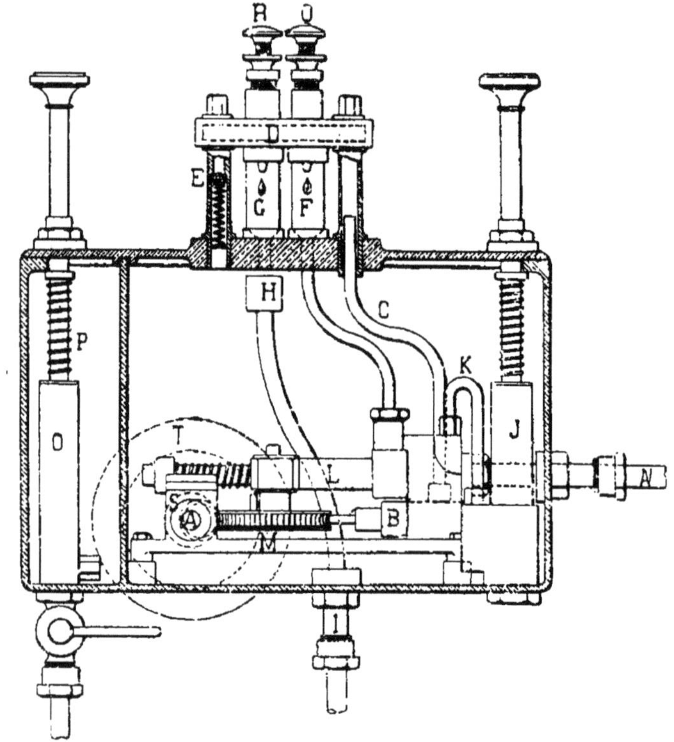

Fig. 111. — Graisseur Dubrulle.

Légende. — A, axe de commande ; B, pompe de circulation commandée par un excentrique calé sur l'arbre et refoulant l'huile dans la rampe D par le conduit C ; E, bille maintenue par un ressort dans la colonne de trop-plein et donnant une légère pression dans la rampe D ; F et G, compte-gouttes dont le débit est réglé par les pointeaux R et Q ; le compte-gouttes F alimente la pompe à jets et G alimente le changement de vitesse par le raccord I ; une vis sans fin S, calée sur l'arbre A, commande une roue de vis sans fin M folle sur l'arbre à un petit vilebrequin T qui, entraîné par un goujon, refoule le piston et bande en même temps le ressort à boudin. Lorsqu'un demi-tour est fait, le vilebrequin échappe du goujon et, violemment repoussé par le ressort, le piston refoule l'huile avec force par le raccord N d'où elle est canalisée pour être projetée sur les têtes de bielles du moteur ; J, pompe auxiliaire à main, reliée par le canal K à la pompe à jets et envoyant l'huile par la tubulure N ; P, compartiment à pétrole ; O, pompe à main pour le pétrole.

Dubrulle (fig. 111). Ce graisseur est contenu dans un réservoir d'huile et est mû par l'arbre moteur ; il comprend deux parties :

1° Une pompe aspirante et foulante B mue par un excentrique, aspire l'huile du réservoir et la refoule dans une rampe supérieure d'où elle descend par une ouverture à pointeau et un viseur dans le cylindre d'une deuxième pompe aspirante et foulante L, dont le mouvement d'aspiration est progressif, commandé par un excentrique, et dont le mouvement de refoulement, grâce au jeu d'un toc spécialement agencé, est brusque et commandé par un ressort bandé dans la course précédente.

On a ainsi, à chaque mouvement complet de va et vient du piston, une chasse brusque d'huile que l'on peut conduire au carter ou à certains points voulus du mécanisme. Le débit est réglable au moyen du pointeau des viseurs et croît proportionnellement à la vitesse du moteur; l'excès d'huile refoulé par la première pompe retombe dans le réservoir par une colonne spéciale E. Les clapets sont constitués par des billes maintenues par des ressorts. Le graisseur est en général accompagné d'un coup de poing, pour pouvoir accroître instantanément l'arrivée d'huile au moment où le moteur travaille davantage.

Les pompes à huile nouvelles sont de types variés.

Dans le graisseur à rampe, un piston mû par un excentrique alimente, par une rampe avec pointeaux réglables et viseurs, les cylindres d'autres pompes de distribution dont les pistons sont montés sur la tige même du piston précédent.

Dans d'autres systèmes (fig. 112), la pompe comporte un piston à double effet; une face aspire l'huile et la refoule dans la chambre d'aspiration du second en passant par le viseur; l'autre face refoule l'huile aux endroits voulus. Sur le tuyau de refoulement du premier piston se trouve toujours branché un tuyau de retour d'huile au réservoir, muni d'un pointeau réglable.

Les débits des pompes à huile étant relativement très réduits (quelques litres à l'heure), dans certaines, les pistons ne sont pas guidés dans un cylindre et se déplacent tout simplement dans une cavité close, pleine d'huile, de façon à en faire varier dans un sens puis dans l'autre la capacité (Panhard Levassor). — Dans les pompes à piston et à cylindre, l'étanchéité entre ces deux organes est assurée grâce à un bon ajustage et à des rainures sans segments que porte le piston et qui se remplissent partiellement d'air produisant l'effet d'un obturateur.

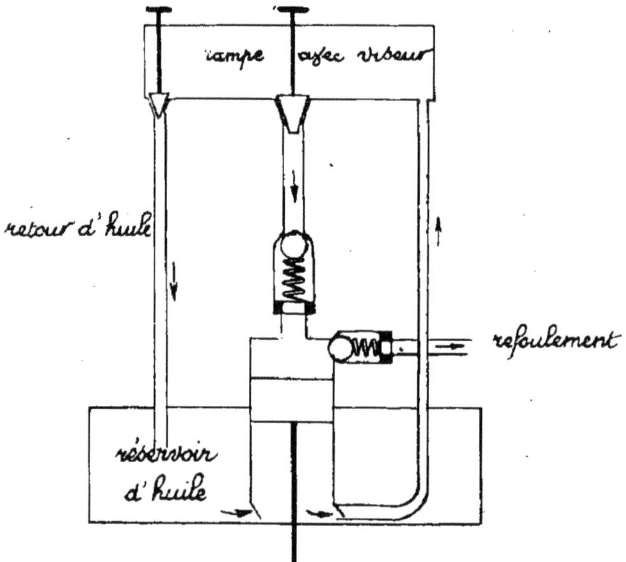

Fig. 112. — Schéma d'un graisseur à piston à double effet.

Dans certaines pompes les clapets ou billes sont remplacés par un véritable tiroir distributeur (Gnome); d'autres comme celles du moteur Renault (fig. 113) sont à tiroir oscillant; un grand nombre, par économie, sont à engrenages, comme les pompes à eau.

Les pompes à huile marchent toujours à une vitesse réduite, 10 ou 15 fois moins vite que le moteur, la démultiplication étant obtenue par pignons droits ou mieux par engrenages hélicoïdaux; étant donnée la viscosité de l'huile, il est utile d'interposer un organe souple, par exemple un ressort à lame ou à boudin, dans la commande d'entraînement. Quelquefois les pistons sont commandés par un excentrique calé sur l'arbre moteur et leur course est alors très faible.

Graissage par barbotage et distribution. — Le mode de graissage par barbotage est évidemment le plus simple, mais il est aussi le plus imparfait, en ce sens qu'on n'est jamais sûr que toutes les parties soient bien graissées; en outre, l'huile employée est, au bout de peu de temps, à une température assez élevée. Aussi la plupart des constructeurs organisent des tuyauteries avec arrivées d'huile spéciales aux *cylindres* et aux

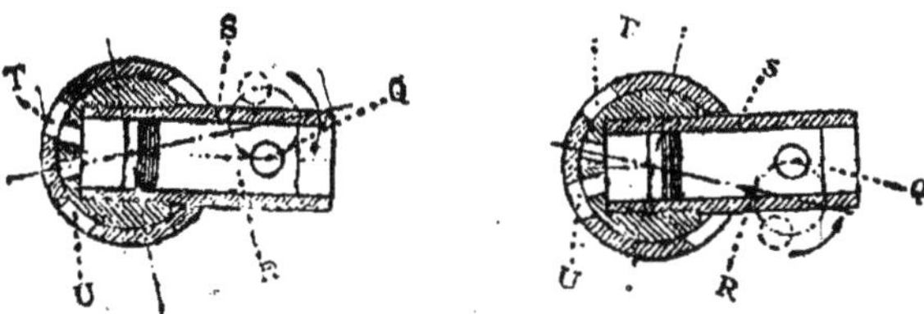

Fig. 113. — Coupe transversale de la pompe à huile à tiroir oscillant Renault.

Légende. — R, piston animé d'un mouvement de va et vient; S, cylindre à mouvement oscillant qui découvre alternativement l'orifice T d'aspiration ouvert pendant le mouvement ascendant du piston, et l'orifice U de refoulement ouvert pendant le mouvement descendant du piston.

paliers du vilebrequin. Une arrivée d'huile débouche dans chaque cylindre, à hauteur de l'axe du pied de bielle quand le piston est au bas de sa course.

Ce dernier porte, en général, une rainure à cet endroit pour permettre la lubrification de toute sa périphérie.

L'huile qui entre par l'axe du pied de bielle graisse le pied de bielle, et l'excès descend à la tête de bielle et dans le carter. L'huile sortant des paliers s'en va au carter et sert au graissage par barbotage des têtes de bielles.

Graissage par circulation. — D'autres constructeurs, pour éviter les projections d'huile trop considérables qui font fumer le moteur et encrassent les bougies dans le cas où le niveau d'huile de barbotage est un peu trop élevé dans le carter, et pour n'avoir plus la sujétion de maintenir ce niveau constant, organisent le graissage plus logique et plus économique par circulation, avec ou sans pression. Le carter a en général, dans ce cas, un double fond, séparé du premier par un filtre et qui sert de réservoir d'huile; par son isolement, ce réservoir est favorable en outre au refroidissement de l'huile. Une pompe prend l'huile dans ce réservoir et l'envoie aux endroits voulus où elle arrive, soit sous pression, soit par simple arrosage.

En général, elle arrive toujours en pression aux paliers; le graissage des têtes de bielles et des pistons peut se faire, soit par arrosage et projection, soit par pression également, ce qui est plus logique.

Dans le premier cas, la pompe refoule l'huile dans une rampe munie d'ajutages laissant tomber l'huile, goutte à goutte, sur les têtes de bielles. Les projections d'huile produites par le mouvement rapide de rotation de celles-ci lubrifient les pistons et les pieds de bielles. L'excès d'huile retombe dans le carter. La rampe comporte, à son extrémité, un robinet de retour d'huile au carter, ce qui permet le réglage du débit utilisé.

Graissage par pression. — Dans le deuxième cas, correspondant au graissage complet par pression, le vilebrequin est perforé dans ses lignes droites et dans ses coudes, de façon à former une canalisation continue (fig. 114); cette canalisation est munie d'une ouverture au milieu de chaque portée de palier et de chaque maneton. En plus, il porte au milieu de chaque palier une légère gorge sur tout son pourtour.

L'huile qui arrive aux paliers par l'extérieur passe, après avoir lubrifié ceux-ci, à l'intérieur du vilebrequin et arrive aux deux manetons adjacents. L'écoulement de l'huile est facilité par la force centrifuge qui agit dans le même sens sur les deux manetons.

Si on avait une seule arrivée d'huile par une extrémité du vilebrequin, il faudrait, pour que l'huile atteigne les derniers manetons du vilebrequin, que sa pression soit supérieure à la valeur de la force centrifuge, et que les ouvertures débouchant aux manetons aillent progressivement en croissant suivant une loi bien déterminée.

Dans ce système, chaque cylindre a, comme plus haut, son arrivée d'huile spéciale. Cependant, dans certains

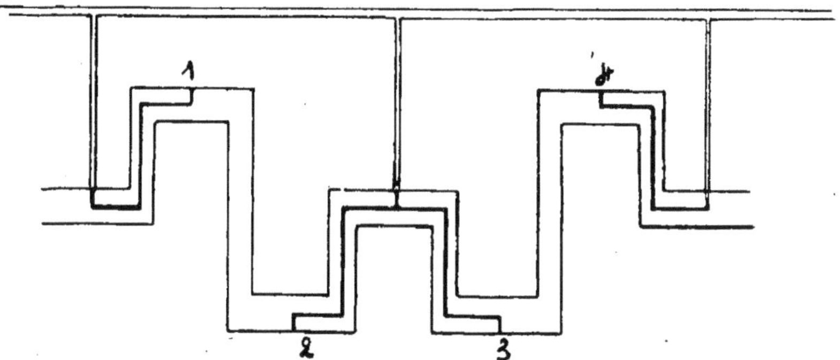

Fig. 114. — Schéma d'un dispositif de graissage sous pression.

moteurs, la lubrification des pistons est assurée par les projections d'huile en excès arrivée aux têtes de bielles.

Dans certaines variantes de ce système, l'huile amenée sous pression aux paliers du vilebrequin y est recueillie dans une gorge circulaire où elle est chassée par la force centrifuge, et de cette gorge elle est envoyée, toujours par la force centrifuge, dans une ouverture perforée le long de l'axe du maneton et débouchant à l'intérieur de la tête de bielle (fig. 115). Dans tous les cas, l'excès d'huile tombe dans le carter et rentre dans la circulation.

Pour être sûr d'avoir une bonne lubrification, même

en cas d'obstruction partielle des canalisations, on donne, en général, à celles-ci des dimensions plus grandes qu'il ne serait nécessaire. Il faut donc pouvoir régler le débit.

Dans certains cas on se contente d'un branchement de retour d'huile au carter avec pointeau réglable; on

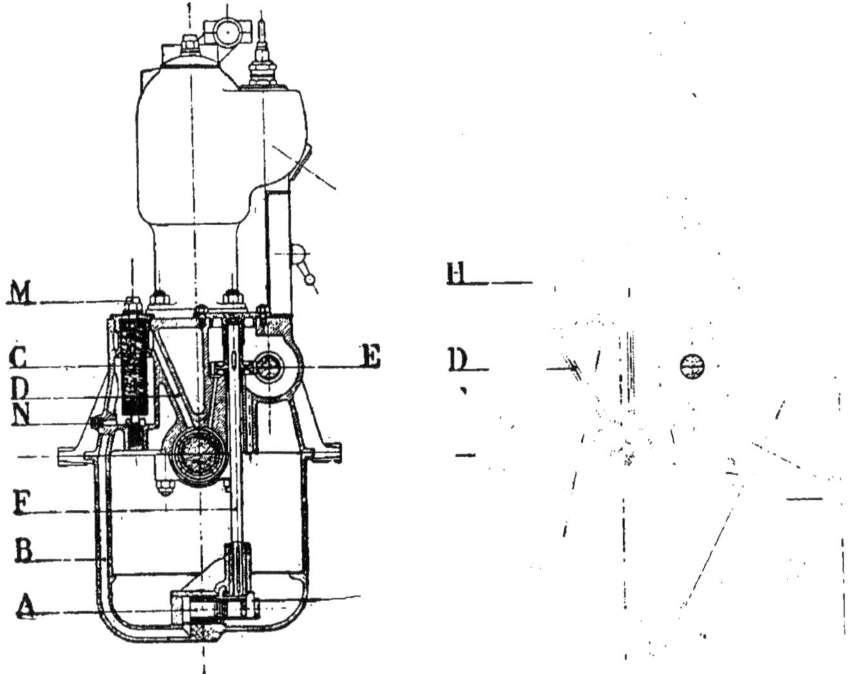

Fig. 115. — Graissage sous pression d'un moteur Renault.

Légende. — A, pompe oscillante; B, tuyau de refoulement d'huile; C, crépine; D, canalisation allant un des paliers de vilebrequin; K, jauge; P, bouchon à déclic; H, viseur; G, conduit d'huile; M, écrou E, pignon hélicoïdal; F, arbre de commande de la pompe; Q, tourillon de l'arbre F.

a ainsi un réglage qu'on peut appeler différentiel. Dans d'autres, on a un pointeau de réglage sur la canalisation de refoulement et un branchement de retour avec clapet automatique fermé par un ressort taré une fois pour toutes. Enfin, on peut même avoir un pointeau de réglage à chaque arrivée d'huile aux paliers et aux cylindres.

Pour éviter le désamorçage de la pompe, il est préférable que celle-ci soit toujours en charge.

La vérification du bon fonctionnement de la pompe peut se faire soit par un manomètre, soit par une cloche à air.

Avec la disposition de graissage par circulation ou pression, il n'est plus indispensable que le niveau de l'huile soit constamment et rigoureusement à une hauteur déterminée; il suffit qu'il soit supérieur dans le réservoir à un certain minimum qui peut être indiqué et réglé par un flotteur.

L'huile de ce réservoir est amenée dans le carter soit par simple gravité, soit par un branchement d'aspiration de la pompe, soit sous pression au moyen d'une pompe à air.

Pour diminuer les pertes d'huile par les extrémités des arbres, on emploie divers dispositifs; les uns consistent en une sorte de presse-étoupe en feutre, d'autres en une bague à section triangulaire entourant l'arbre, et logée dans une cavité annulaire munie d'un tuyau de retour : grâce à la force centrifuge l'huile s'échappe par l'arrêt de cette bague. D'autres emploient une bague portant à sa périphérie une série de rainures à section triangulaire analogues à la précédente. Enfin certains creusent à la périphérie de cette bague des rainures d'engrenage hélicoïdales, constituant une sorte de turbine tendant à rejeter l'huile à l'intérieur du carter.

On voit par là que l'ingéniosité des constructeurs s'est exercée à réduire au minimum les pertes d'huile.

Celles-ci présentent en effet plusieurs inconvénients. Tout d'abord elles augmentent la consommation dans des proportions anormales (théoriquement la quantité d'huile strictement nécessaire à la lubrification est deux ou trois fois moindre que celle réellement employée). En outre, l'huile ainsi projetée à l'extérieur peut aller encrasser des organes qu'il est nécessaire de tenir pro-

pres, tels que la magnéto, les courroies et leur poulie.
Elle peut produire des éclaboussures non seulement
désagréables, mais tout à fait gênantes, en aviation
par exemple, quand l'huile est projetée sur le pilote par
le vent de l'hélice. Enfin en tombant sur le pot d'échappement, elle peut être une cause d'incendie.

Il faut remarquer toutefois que l'économie réalisée
ne présente pas un gain complet de consommation.

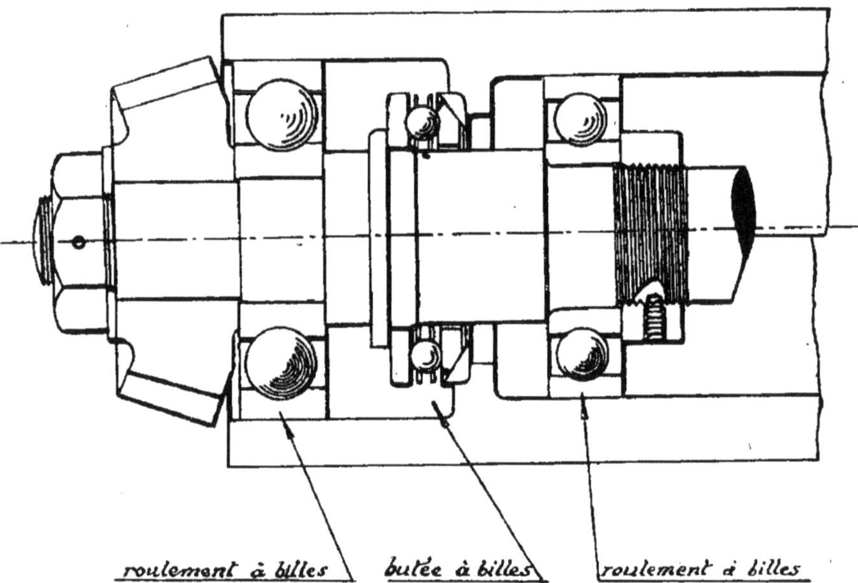

Fig. 116. — Roulement et butée à billes.

En effet, l'huile qui a circulé un certain nombre de
fois dans le moteur et qui a servi un certain temps au
barbotage, a perdu ses propriétés lubrifiantes, comme
on a vu plus haut, et doit être renouvelée en bloc après
un certain nombre d'heures de marche.

En pratique on a intérêt à donner au graissage l'intensité maximum compatible avec une bonne carburation et un non-encrassement des bougies.

La présence d'un excès d'huile se manifeste par une

fumée épaisse et noirâtre à l'échappement, et bientôt
après par des ratés d'allumage.

Un dispositif (Panhard-Levassor) de réglage automatique consiste à faire déboucher dans la chambre
étanche située au-dessous du compte-goutte, un petit
tuyau dont l'extrémité est en relation avec la canalisation d'aspiration du carburateur.

Ce dispositif augmente le débit de l'huile par la dépression produite qui est proportionnelle à la vitesse du
moteur.

Roulement à billes. Butée à billes (fig. 116). — Le
roulement à billes a pour but de substituer au frottement de glissement le frottement de roulement qui est,
toutes choses égales, cinq à dix fois moins fort, et de
diminuer la consommation d'huile dans les mêmes proportions. La limite de pression sur un palier, fixée par
la tension de capillarité de l'huile, est remplacée par la
résistance à l'écrasement des billes en acier, ce qui permet de diminuer la largeur des paliers.

Les premiers roulements à billes, dits coniques, employés sur les bicyclettes comprenaient : sur l'arbre un
cône cémenté et trempé faisant corps avec lui; une
cuvette lui faisant contre-partie et prisonnière dans le
palier, et des billes jointives pouvant rouler entre les
deux. Ce roulement, qui nécessite un réglage de la
cuvette assez fréquent, ne convient pas pour les grosses
charges. On lui substitue le roulement annulaire composé de deux bagues concentriques possédant chacune
un chemin de roulement, l'une, la plus petite, sur sa face
extérieure, l'autre sur sa face intérieure. Deux systèmes
principaux sont actuellement en présence : dans l'un, les
billes sont jointives; dans l'autre, elles sont maintenues à
un intervalle invariable au moyen de cages ou flasques.
Le premier procédé (M a B, construction française) a
l'avantage de la simplicité (on n'a pas de flasques sus-

ceptibles de se défaire), les billes sont introduites à la presse hydraulique par des encoches pratiquées à cet effet, ce qui constitue une excellente épreuve de résistance; en outre, utilisant le maximum du nombre de billes, on a le maximum de charge possible. Par contre, on a un peu plus de frottement : les billes roulant séparément frottent tout le long d'un grand cercle; la répartition des billes et des efforts peut varier. Dans le système à cage, au contraire, la répartition des efforts est constante et les billes frottent seulement en leur pôle sur la flasque. Mais le frottement, dans le cas de billes jointives, correspond à un travail très faible, car le poids seul des billes les appuie l'une sur l'autre. Enfin certains systèmes nouveaux comportent une double rangée de billes, et permettent à l'anneau intérieur et aux billes un certain mouvement de rotation possible à l'intérieur de l'autre anneau, de façon à permettre à l'arbre, qui subit une déformation momentanée, un certain déplacement angulaire dans son palier.

Butée à billes. — Un roulement à billes est fait pour travailler normalement à son axe. Il est cependant capable de résister à une poussée latérale égale à environ le dixième de la charge normale qu'il peut supporter.

Lorsqu'un arbre à vilebrequin a à supporter un effet longitudinal de traction provenant d'une hélice, par exemple, ou de la poussée produite par un engrenage d'angle ou un engrenage hélicoïdal, dès que cet effet est important, il faut s'opposer au déplacement qui pourrait en résulter pour cet arbre, par une butée. La butée la plus simple consiste en un épaulement porté par l'arbre et correspondant à une face d'appui du carter. On peut substituer à ce frottement de glissement le frottement de roulement au moyen d'une butée à billes composée de deux anneaux égaux, munis sur leurs faces en regard de gorges destinées à servir de chemin de roulement aux billes.

Les autres avantages de la butée sont une grande facilité de mise en place et de remplacement, un très faible encombrement, et la simplification de graissage. Son prix est élevé, car elle exige des matériaux de premier choix et un usinage très soigné et très précis.

Emploi des roulements à billes. — Quand on emploie des paliers à billes sur le vilebrequin, il faut tenir compte des efforts brusques et des chocs qu'ils reçoivent du fait de l'explosion et de l'inertie des pièces. A cause de ces chocs qui se produisent toujours sur les mêmes billes et sur les mêmes points des bagues, les chemins de roulement se matent assez rapidement, ce qui produit des à-coups dans le roulement.

Aussi, assez peu de constructeurs les emploient pour le moteur de type courant; certains en mettent seulement aux paliers extrêmes ou de butée et adoptent des paliers intermédiaires lisses pour éviter l'emploi de roulements de très gros diamètres et très chers nécessités par le passage à travers les coudes du vilebrequin.

En tout cas, pour qu'un roulement à billes fonctionne bien, il faut que les deux bagues soient indépendantes l'une de l'autre; l'une faisant corps avec l'arbre mobile, l'autre avec le palier fixe. Les bagues sont emmanchées à frottement dur, de telle façon que l'adhérence ainsi réalisée soit supérieure au frottement de roulement des billes.

Régulation. — La régulation pour les moteurs fixes a pour but de conserver au moteur une vitesse constante, quelle que soit la force développée.

Pour les moteurs d'automobiles, il est indispensable de pouvoir faire varier à volonté la vitesse de rotation du moteur et la maintenir constante aussi longtemps que l'on veut. Il est bien entendu qu'on ne cherche pas le meilleur rendement thermodynamique. Nous avons vu, en effet, que chaque moteur a un régime de marche dit normal correspondant à son meilleur rendement.

La régulation a alors pour but : 1º de pouvoir donner au moteur des vitesses angulaires variables entre les limites les plus étendues, et cela aussi rapidement que possible; 2º d'empêcher le moteur de tourner à des vitesses exagérées quand la résistance diminue plus ou moins brusquement; 3º de ramener dans la marche à vide la vitesse du moteur à la valeur la plus faible compatible avec sa constitution.

La puissance d'un moteur dépendant du volume et de la valeur explosive (composition, compression, etc.) des gaz tonnants qui explosent dans l'unité de temps et de l'utilisation de cette explosion, il suffit d'agir soit sur le mélange aspiré, soit sur le moment d'allumage. Cette action peut se faire soit automatiquement, c'est-à-dire par un dispositif mû par le moteur lui-même et qu'on appelle régulateur, soit par une commande mise entre les mains du conducteur. Plusieurs procédés se présentent.

1º **Tout ou Rien.** — On peut agir sur l'échappement ou sur l'admission.

a) *Action sur l'échappement.* — On empêche l'ouverture de la soupape d'échappement. Le cylindre ne se

vide pas, la cylindrée suivante est nulle, la force motrice
diminue, en même temps que la contre-pression, pendant
la période d'échappement, augmente l'effort résistant.

Ce système qui assure la constance de la compression
avait sa raison d'être avec l'allumage par brûleur, qui
exigeait le refoulement du mélange jusqu'à la partie
incandescente de l'allumeur. Il présente l'inconvénient
de donner une marche saccadée, et de produire un brassage de gaz très chauds contenant des poussières char-
bonneuses qui encrassent le cylindre et augmentent les
frottements. Aussi, il est à peu près abandonné aujour-
d'hui, sauf sur quelques moteurs fixes.

b) *Action sur l'admission.* — 1º On empêche l'arrivée
du mélange tonnant et on admet soit de l'air, soit des
gaz de l'échappement, en laissant ouverte la soupape
d'échappement, et en empêchant le soulèvement des
soupapes d'admission.

Ce procédé est économique, mais on obtient une
marche bruyante et irrégulière.

2º **Teneur variable et volume constant.** — On obtient
ce résultat en laissant partiellement ouverte la soupape
d'échappement pendant l'admission, ou en admettant de
l'air supplémentaire en excès. Ce procédé assez compliqué et délicat, employé quelquefois sur les moteurs fixes,
ne l'est pas en automobile et en aéronautique; il est
susceptible de créer des retours de flamme.

3º **Teneur constante et volume variable.** — Par action
sur l'admission seule.

On soulève plus ou moins, ou plus ou moins longtemps
les soupapes d'admission, ou mieux on étrangle plus ou
moins l'admission par papillon, ou par tiroir cylindrique
à mouvement rotatif, longitudinal ou hélicoïdal. Il en
résulte une plus grande difficulté pour le passage des

gaz, et, par suite, des cylindrées beaucoup moins denses, donc beaucoup moins actives.

Ce système est aujourd'hui *généralement adopté* ; il offre l'avantage de la simplicité, de l'économie même, par suite d'une meilleure utilisation de l'essence due à la plus grande vitesse de l'air aspiré.

D'après ce que nous avons vu des carburateurs, remarquons qu'en réalité, par suite de l'imperfection de ceux-ci, ce système de régulateur correspond en réalité au cas d'une teneur et d'un volume variables.

En outre, l'emploi d'un régulateur véritable, c'est-à-dire automatique, n'est utilisable que joint à un carburateur également automatique.

4° **Action sur le point d'allumage.** — Ce procédé, très rarement employé, n'est pas recommandable.

En effet, le retard à l'allumage que l'on réalise produit une inflammation trop tardive des gaz qui n'ont pas le temps de se détendre et, par suite, de transformer en travail une partie de la chaleur de l'explosion. Cette chaleur produit un échauffement néfaste des parois du cylindre, du piston et de la tuyauterie d'échappement.

Régulateurs automatiques. — Les régulateurs automatiques utilisent, en général, la force centrifuge et sont analogues à ceux employés sur les machines à vapeur à grande vitesse. On sait qu'un corps de poids P kg et de masse $m = \dfrac{P}{g}$, g étant l'accélération de la pesanteur = 9,81 m à Paris, décrivant un cercle de rayon R avec une vitesse V m à la seconde, est soumis à une force radiale de F kg tendant à l'éloigner de l'axe de rotation, égale à :

$$F \text{ kg} = m\,\frac{V^2}{R}.$$

Les régulateurs se composent (fig. 117) de deux boules

pesantes maintenues rapprochées par un ressort, et fixées chacune à une des extrémités d'un levier coudé solidaire d'un arbre mû par le moteur; l'autre extrémité de ces leviers est en liaison avec un manchon pouvant coulisser le long de l'axe de rotation des boules; sous l'influence de la force centrifuge qui naît du mouvement de rotation, les deux boules tendent à s'écarter de l'axe et à vaincre plus ou moins l'action antagoniste du ressort, en produisant un certain déplacement du manchon.

Le mouvement du manchon peut, par des commandes appropriées, être utilisé, soit pour l'action sur l'échappement en déplaçant la came ou le butoir de soulèvement de la tige de soupape, soit pour l'action sur l'admission

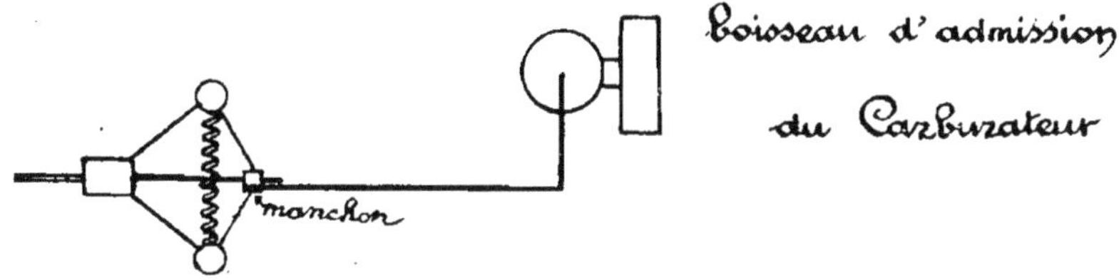

Fig. 117. — Schéma d'un régulateur à boules agissant sur l'admission.

en déplaçant le volet ou le tiroir à ce destiné, de façon à réduire l'orifice d'admission des gaz.

Comme autre type de régulateur agissant sur l'admission, on a construit (Panhard) le régulateur à eau (fig. 118).

Ce régulateur est constitué par un piston relié au tiroir d'admission des gaz, et dont le mouvement se produit par la différence entre la pression sur une de ses faces de l'eau amenée par un branchement sur la circulation d'eau de la pompe, et sur l'autre face de la pression atmosphérique et de l'effort d'un ressort antagoniste. La pression que produit la pompe de circulation varie évidemment avec la vitesse de rotation du moteur; lorsque celle-ci s'accélérera, le piston sera poussé de plus en plus, de façon à fermer de plus en plus les orifices d'admission. Le régulateur étant monté sur le carburateur, il faut que le piston soit absolument étanche pour n'avoir pas d'entrée d'eau au carburateur, et, en outre, pour ne pas donner de perte d'eau en route. Sa course étant faible, on peut constituer le joint par une membrane en caoutchouc.

Enfin, on peut citer un régulateur à air.

Dans ce système, le piston précédent, au lieu d'être

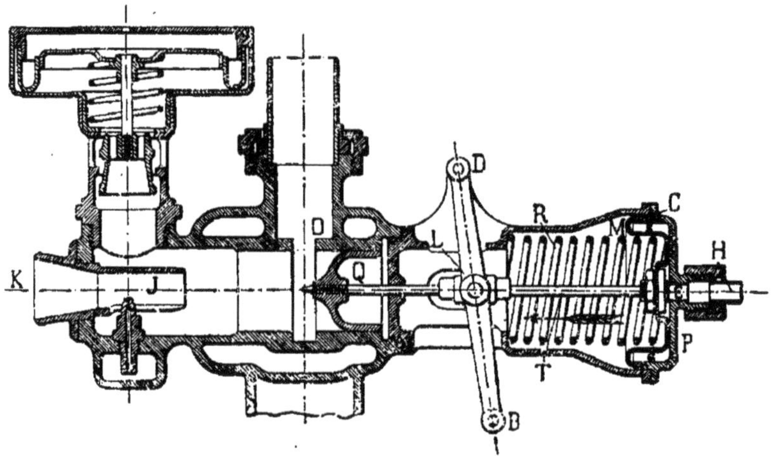

Fig. 118. — Régulateur hydraulique Panhard et Levassor.

Légende. — B, points d'attache du câble servant à commander le tiroir du carburateur; D, levier de commande du tiroir Q d'étranglement des gaz; E, chambre communiquant par le tuyau H avec la pompe de circulation d'eau; L, axe du levier de commande; M, membrane en caoutchouc formant joint élastique entre le piston P et la chambre E; P, piston régulateur réglé au tiroir d'étranglement des gaz; Q, tiroir d'étranglement des gaz; R, ressort; T, tige reliant le tiroir d'étranglement des gaz au piston régulateur.

soumis à la pression de l'eau de circulation, est actionné au moyen de l'air comprimé par une petite pompe mue par le moteur. La pression ainsi obtenue varie évidemment avec la vitesse de rotation.

On peut la régler une fois pour toutes, en faisant varier au moyen d'un pointeau les dimensions de l'orifice d'évacuation de l'air ainsi comprimé.

Quel que soit le modèle adopté, il est indispensable

de pouvoir, dans certains cas, paralyser son action à volonté, afin de rester maître de faire donner au moteur son maximum de puissance et de vitesse.

L'organe spécial qui vient s'opposer au mouvement de la valve d'admission produit par le régulateur, est l'accélérateur.

En général, sur les voitures, cet accélérateur est constitué par un levier mû au pied, commandant la valve d'admission et qu'un ressort antagoniste, constituant le régulateur, tend toujours à ramener à la position correspondante à l'allure ralentie du moteur.

Dans le cas où l'ouverture des gaz est donnée à la main au moyen d'un levier dont la position peut être rendue fixe grâce à un secteur denté, le régulateur à force centrifuge est à peu près complètement annihilé: aussi aujourd'hui, on tend de plus en plus, par mesure de simplicité, à supprimer le régulateur qui se trouve tout simplement remplacé par le ressort antagoniste de l'accélérateur. Cela suppose l'emploi d'un carburateur très souple et bien réglé, permettant le départ du moteur avec la faible ouverture d'admission qui correspond à la marche au ralenti; de la sorte, le moteur une fois parti ne s'emballe jamais.

On installe quelquefois une manette spéciale des gaz qui permet de régler la tension du ressort antagoniste de l'accélérateur et l'ouverture des gaz lorsqu'on abandonne l'accélérateur, de façon à avoir non la vitesse ralentie minimum, mais la vitesse qui correspond à la marche normale du moteur suivant les conditions du terrain. De la sorte, on n'a à user de l'accélérateur que pour des résistances momentanées.

Si le carburateur n'a pas une souplesse suffisante, on peut remplir d'avance le cylindre de mélange riche, et adopter le départ au contact qui a, il est vrai, contre lui. le désavantage de produire un choc très brusque sur tout le mécanisme.

Volant. — Le rôle du volant dans la machine à vapeur est d'uniformiser la vitesse, malgré les à-coups accidentels et de courte durée qui se produisent dans les résistances, et les variations du couple moteur.

Dans le moteur à explosion, l'effort tangentiel moteur varie dans des proportions bien plus grandes que dans le moteur à vapeur.

L'uniformisation de la vitesse, en admettant même le cas favorable que nous supposons réalisé des résistances extérieures constantes, entraînerait à des volants de poids trop considérables. Un volant sert, en effet, d'accumulateur d'énergie. Pendant la course motrice, il prend une certaine vitesse, correspondante à une certaine force vive, qui est le demi-produit de sa masse m supposée concentrée à sa jante, par le carré de la vitesse V_1 d'un point de cette jante, soit :

$$\frac{1}{2}\, m\, V_1^2,$$

pendant les autres courses non motrices, et même résistantes, c'est l'énergie emmagasinée par le volant (et le vilebrequin), qui permet la continuation du mouvement. La dépense de cette énergie est, comme on le sait, égale à la variation de force vive du volant dont la vitesse décroît ainsi jusqu'à la valeur minimum V_2 au moment où va commencer la course motrice suivante. Le travail fourni est :

$$\frac{1}{2}\, m\, V_1^2 - \frac{1}{2}\, m\, V_2^2.$$

On choisit le volant de façon que les deux vitesses V_1 et V_2 ne diffèrent que d'une quantité compatible avec le bon fonctionnement des appareils d'utilisation.

On se contente, en général, de donner au volant une masse telle qu'elle permette la rotation du moteur à la vitesse la plus faible qu'on désire.

La vitesse moyenne du moteur sera ainsi égale à :

$$\frac{V_1 + V_2}{2}.$$

On appelle coefficient de régulation le rapport :

$$\frac{V_1 - V_2}{\dfrac{V_1 + V_2}{2}}.$$

La considération précédente conduit à donner à ce rapport une valeur convenue de 1/50e environ.

On voit tout de suite que le poids du volant diminue quand le nombre de cylindres augmente, ce qui produit des efforts moteurs à des intervalles de plus en plus rapprochés.

Si l'effort tangentiel était constant pendant toute la course motrice, il suffirait de quatre cylindres donnant une course motrice par demi-tour pour pouvoir supprimer le volant. En réalité, nous savons qu'il n'en est rien et que l'effort tangentiel, même pendant la course motrice, varie d'une façon très rapide que le calcul et une épure permettent de déterminer facilement. Il en résulte donc qu'un moteur à quatre cylindres devra être, lui aussi, muni d'un volant. Si on admet un volant égal à l'unité de poids pour un moteur à un cylindre avec un coefficient déterminé de régularité, pour un moteur à quatre cylindres de même puissance, il suffira pour obtenir le même coefficient de régularité, d'employer un volant douze fois moins lourd environ.

Équilibrage. — Le moteur en marche monté sur un châssis est soumis à trois sortes d'efforts :

I. Les forces d'inertie des pièces en mouvement;

II. Les explosions à intervalles espacés et de valeur souvent variable;

III. Les réactions du châssis égales, et de sens contraire

aux actions précédentes que le moteur exerce sur lui, et qui se manifestent par des oscillations et des trépidations plus ou moins vibratoires.

Ces trépidations ont des effets désastreux pour la conservation du moteur et de son bâti dans lequel elles peuvent amener des déformations permanentes. Il est du plus grand intérêt de les réduire au minimum, c'est-à-dire d'équilibrer le mieux possible le moteur.

I. Forces d'inertie. — Dans un moteur, on a des organes, tels que les manivelles, qui sont animés d'un mouvement de rotation autour de l'axe du vilebrequin et qui font naître des forces centrifuges; il y a des pièces,

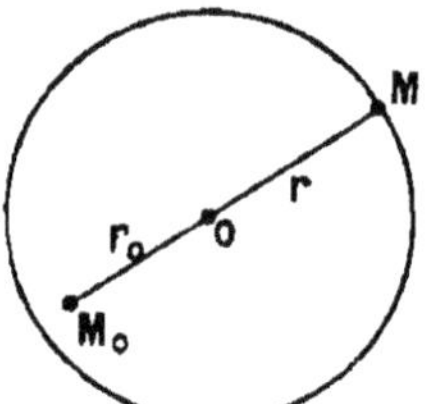

Fig. 119. — Équilibrage d'une masse animée d'un mouvement de rotation autour d'un axe.

telles que les pistons, les soupapes, qui sont animées d'un mouvement alternatif, et sont le siège de forces d'inertie alternatives. Il y en a d'autres, telles que les bielles, qui ont un mouvement plus compliqué, qui peut se ramener théoriquement à un mouvement alternatif du centre de gravité et à une rotation autour de ce centre de gravité, ce qui entraîne la naissance des forces d'inertie correspondantes.

a) *Équilibrage d'une masse animée d'un mouvement de rotation autour d'un axe.* — Si une masse M dont le centre de gravité C est situé à une distance r de l'axe de rotation, tourne avec une vitesse angulaire uniforme ω, elle est soumise à une force centrifuge passant à chaque instant par l'axe de rotation et par son centre de gravité C, tendant à écarter la masse de l'axe, et ayant pour valeur M. r. ω^2 (fig. 119).

Pour équilibrer cette force, il suffit de rendre solidaire du même arbre une masse M_0, diamètralement opposée à la première, à une distance r_0 de l'axe telle que la force d'inertie à laquelle elle donne naissance, soit égale et directement opposée à la précédente. On aura ainsi, pour la détermination de M_0 et r_0 la relation :

$$M r \omega^2 = M_0 r_0 \omega^2, \text{ soit } M.r. = M_0 r_0.$$

Autrement dit, il faut et il suffit que les deux masses M et M_0 aient leurs centres de gravité sur le même dia-

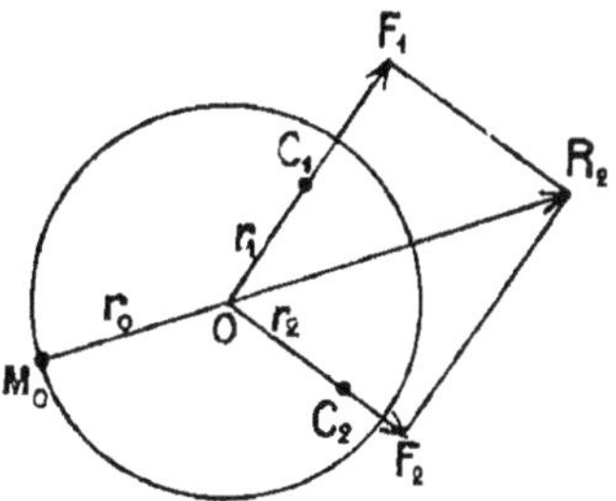

Fig. 120. — Équilibrage de deux masses animées d'un mouvement de rotation.

mètre, opposés l'un à l'autre, et le même moment par rapport à l'axe.

Si, au lieu d'une masse M, on a deux masses M_1 et M_2 (fig. 120) dont les centres de gravité C_1 et C_2 sont dans le même plan normal à l'axe, il suffit pour les équilibrer d'une masse auxiliaire M_0 située dans le même plan, dont le centre de gravité soit placé sur la direction de la résultante des forces précédentes, et en sens opposé (d'après la loi du parallélogramme des forces), et à une distance r_0 de l'axe telle que l'on ait :

$$M_0 r_0 \omega^2 = \text{Résultante géométrique de } (M_1 r_1 \omega^2 + M_2 r_2 \omega^2)$$

$$\text{ou } M_0 r_0 = \text{Résultante géométrique de } (M_1 r_1 + M_2 r_2).$$

Il suffit donc, pour obtenir la valeur de $M_0\ r_0$, de porter sur OC_1 en OF_1 une longueur représentant $M_1\ r_1$ à une certaine échelle, de porter sur OC_2 en OF_2 une longueur représentant de la même façon $M_2\ r_2$. La diagonale OR_2 du parallélogramme construit sur OF_1 et OF_2 donne à l'échelle donnée, en grandeur et en direction, la valeur de $M_0\ r_0$.

La relation précédente

$$M_0\ r_0 = \text{résultante géométrique } (M_1\ r_1 + M_2\ r_2)$$

exprime que le *centre de gravité* des trois masses $M_0\ M_1\ M_2$ se trouve sur l'*axe de rotation*. Ce résultat s'applique à un nombre quelconque des masses, dont les centres de gravité sont dans le même plan de rotation.

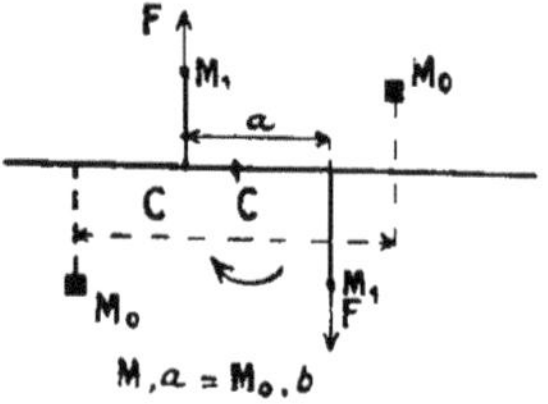

Fig. 121. — Équilibrage d'un vilebrequin avec deux manetons à 180°.

Donc, pour qu'un corps tournant autour d'un axe soit équilibré au point de vue de la force centrifuge, il est nécessaire que son centre de gravité se trouve sur son axe de rotation. C'est la condition d'équilibre statique.

Mais cette condition n'est pas suffisante si les centres de gravité des masses constituant le corps considéré ne sont pas dans le même plan.

Considérons, en effet (fig. 121), un vilebrequin à deux manetons égaux, décalés de 180°. Le centre de gravité de l'ensemble C est bien sur l'axe du vilebrequin, et cependant le vilebrequin n'est pas équilibré au point de vue des forces centrifuges.

Celles-ci F et F sont bien égales en valeur absolue et de sens contraire, mais elles ne sont pas opposées par le sommet. Elles donnent naissance à un couple qui tend à faire tourner le vilebrequin dans le sens de la flèche. Ce mouvement ne se produit pas par suite de la réaction des paliers. Pour éviter cette réaction qui produit des frottements et des efforts anormaux, on doit créer un couple de moment égal au précédent et de sens inverse, au moyen de deux masses auxiliaires égales. Si a est la distance des forces F et F, et si b est la distance entre les deux centres de gravité de ces deux masses M_0 égales, on aura pour déterminer M_0 la relation :

$$M_0 b = F a.$$

De ces considérations, qui s'appliquent à un nombre quelconque de masses, résulte que la deuxième condition, pour que l'équilibrage d'un corps animé d'un mouvement

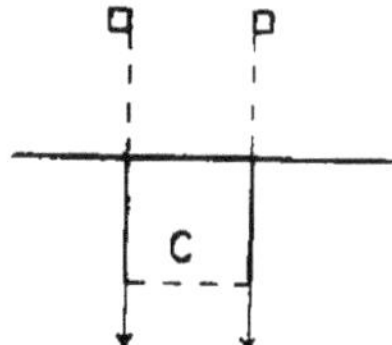

Fig. 122. — Équilibrage d'un vilebrequin à un seul maneton.

de rotation autour d'un axe soit réalisé, est que les couples formés par les forces centrifuges développées se détruisent.

La mécanique rationnelle permet d'ailleurs de trouver ces résultats qui s'expriment ainsi :

Pour qu'un corps animé d'un mouvement de rotation autour d'un axe soit équilibré, c'est-à-dire n'exerce aucun effort sur ses appuis, autre que la pesanteur, il faut et il suffit que son centre de gravité soit sur l'axe, et que celui-ci soit axe principal d'inertie.

Équilibrage d'un vilebrequin à un seul maneton. — Le centre de gravité de la masse C, de l'ensemble des deux manivelles et de la soie du maneton, se trouve dans le plan médian, sensiblement sur l'axe de la soie, à une distance r_0. Pour l'équilibrer, il suffira de deux contrepoids de masse égale pour chacun à la moitié de M, et placés dans le prolongement des manivelles et à une distance r, telle que le centre de gravité de l'ensemble soit sur l'axe de rotation qui est en même temps un axe principal d'inertie. Le système est équilibré (fig. 122).

Cas de deux cylindres, les manetons décalés de 360°. — Pour équilibrer le vilebrequin, il faut adjoindre deux

Fig. 123. — Équilibrage d'un vilebrequin à deux manchons à 360°.

Légende. — 1, masses d'équilibrage ; 2, de mise en route ; 3, pignon de distribution.

masses supplémentaires ayant chacune un moment par rapport à l'axe, égal à celui d'un des manetons (fig. 123).

Cas de trois cylindres. — Les manetons sont dans des plans faisant entre eux des angles de 120°.

Le centre de gravité est bien sur l'axe, la somme géométrique des forces d'inertie est nulle; mais la somme des moments des forces d'inertie n'est pas nulle. On équilibre au moyen de deux ou trois masses (fig. 124).

Cas de quatre cylindres. — En disposant convenablement les coudes, on voit que le vilebrequin est équilibré.

En effet : 1° le centre de gravité est bien sur l'axe de rotation; 2° le couple formé par les deux forces correspondantes aux deux manetons de gauche est égal et de sens contraire à celui formé par les deux manetons de droite. Les deux couples se détruisent donc (fig. 125).

Si le vilebrequin était absolument rigide, les paliers ne supporteraient aucun effort supplémentaire puisque les

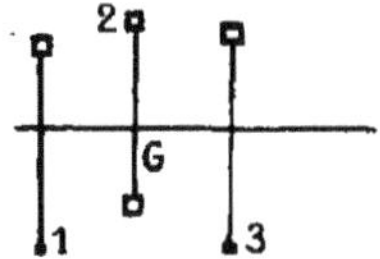

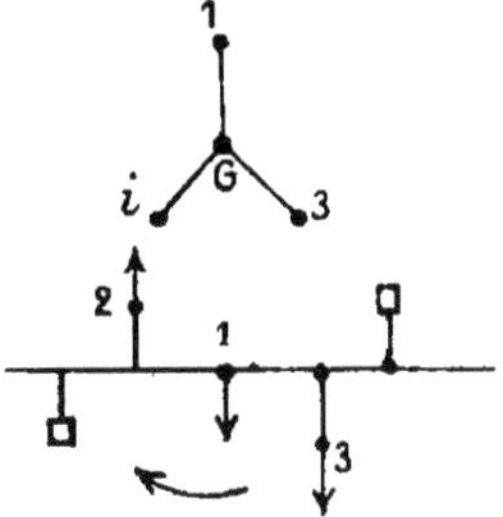

Fig. 124. — Équilibrage d'un vilebrequin à trois manetons à 120° (2 solutions).
1° Solution avec 3 masses ; 2° Solution avec 2 masses.

couples s'équilibrent; mais, par suite de l'élasticité du métal, le palier central tend à être attiré vers le haut, tandis que les paliers extrêmes sont appuyés vers le bas. Aussi, dans les moteurs très rapides où les forces centri-

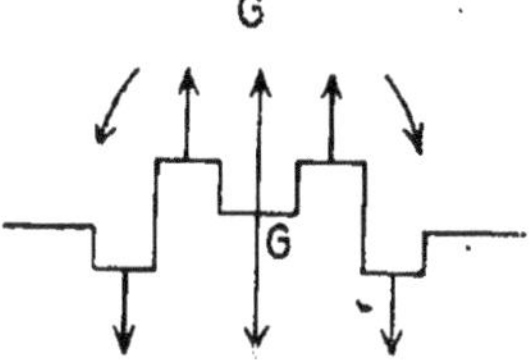

Fig. 125. — Equilibrage d'un vilebrequin à quatre manetons.

fuges atteignent de grandes valeurs, on équilibre individuellement chaque moitié de l'arbre comme un vilebrequin à deux manetons à 180°.

Cas de six ou huit cylindres. — Les deux moitiés de

l'arbre étant disposées symétriquement, on retombe dans le cas du quatre cylindres, c'est-à-dire dans le cas de l'équilibrage sans masse auxiliaire.

b) *Forces d'inertie provenant d'un mouvement rectiligne alternatif.* — 1° Si nous supposons d'abord dans une solution approchée que la bielle est de longueur infinie, c'est-à-dire se déplace parallèlement à elle-même, le bouton de manivelle se mouvant dans une glissière, perpendiculairement à la bielle. Si O est l'angle variable que fait la manivelle avec la bielle (fig. 126), on démontre que, si M est la masse de l'ensemble des pièces animées d'un mouvement alternatif, ω la vitesse angulaire cons-

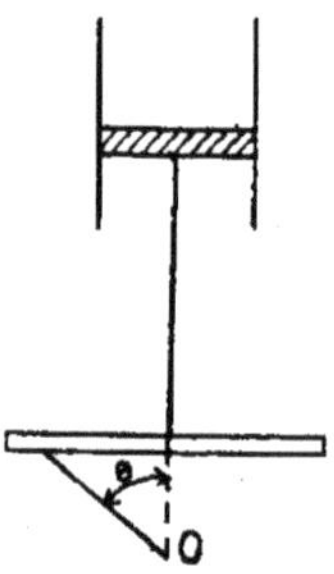

Fig. 126. — Cas d'une bielle de longueur infinie.

tante, *r* le rayon de la manivelle, le mouvement alternatif de la masse M fait naître une force d'inertie, appliquée en son centre de gravité dirigée suivant l'axe de la bielle, et égale à :

$$M \omega^2 r \cos \theta.$$

Nous remarquons immédiatement que, si nous supposions une même masse M concentrée au bouton de la manivelle, cette expression $M \omega^2 r \cos \theta$ représente la projection de la force centrifuge à laquelle serait soumise cette masse M sur l'axe de la bielle.

Pour équilibrer cette force (fig. 127), il suffit donc de placer une masse M diamétralement opposée au bouton de manivelle. Malheureusement, on donne alors naissance à une seconde force d'inertie non équilibrée, c'est l'autre composante de cette force centrifuge perpendiculaire à la précédente et de la valeur égale à :

$$M \omega^2 r \sin \theta.$$

Si la bielle est verticale, on aura remplacé la force d'inertie alternative verticale, en une autre horizontale qui peut être moins désavantageuse à certains points de vue, par exemple sur une voiture. Les ressorts ne seront pas soumis à des surcharges ou des soulagements

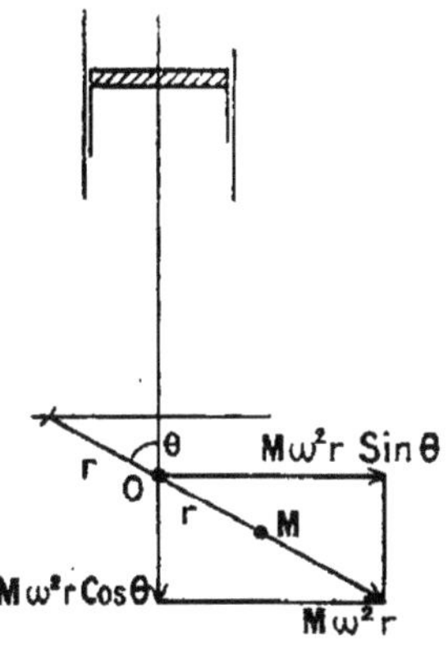

Fig. 127. — Essai d'équilibrage des forces d'inertie alternatives dans le cas d'une bielle indéfinie.

de poids successifs qui produisent des oscillations nuisibles pour la voiture.

2º En réalité, la bielle n'a pas une longueur infinie; son mouvement est très complexe et résulte du mouvement de son centre de gravité et du mouvement de la bielle tout entière autour de ce centre de gravité.

On peut généralement se contenter de l'approximation suivante : On décompose la bielle en deux parties de même poids par un plan passant par son centre de gravité. On suppose : 1º que le poids de la partie de la bielle qui est reliée à la manivelle est confondue avec celle-ci, et donne naissance à une force d'inertie centrifuge, que l'on équilibre comme on a vu plus haut ; 2° le poids de la partie reliée au piston est concentré à sa tête et confondu avec le piston qui est animé d'un mouvement alternatif.

Le piston et cette partie de bielle sont le siège d'une force d'inertie alternative qu'on démontre avoir pour valeur $M \omega^2 r \cos\theta + M \omega^2 \dfrac{r^2}{l} \cos 2\theta$ M, M, ω, r, ayant les mêmes significations que plus haut, l étant la longueur de bielle.

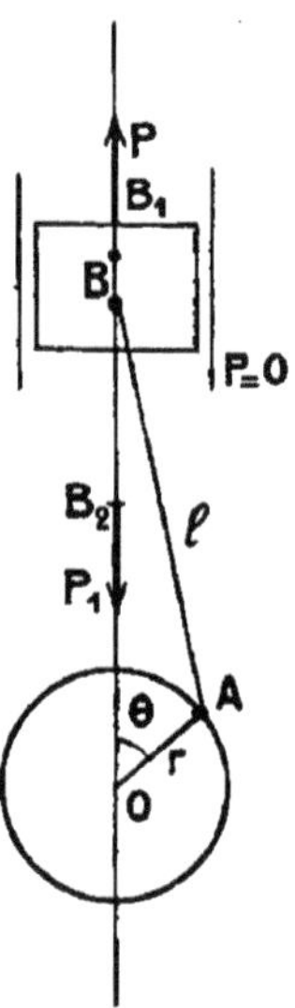

Fig. 128. — Efforts d'inertie alternatifs.

Le premier terme de cette expression est celui que nous avons trouvé dans le cas théorique de la bielle infinie ; c'est le plus important, et on lui donne quelquefois le nom de force d'inertie de premier ordre ; il est essentiel de l'équilibrer le mieux possible. L'autre correspond aux forces d'inertie de deuxième ordre.

On voit d'après ces formules que les forces d'inertie naissant de mouvements alternatifs sont des forces périodiques, qui pendant un demi-tour du moteur partent d'un maximum P pour la position la plus élevée du piston et sont dirigées vers le haut, décroissent, passent par 0 et changent de sens quand le piston est à mi-course, croissent jusqu'à un autre maximum P' et sont dirigées vers le bas quand le piston est à fond de course en bas (fig. 128).

Les maxima ci-dessus sont considérables et tout à fait comparables aux efforts créés par l'explosion.

Ainsi, dans un moteur de 30 chevaux, monocylindrique de 120 mm d'alésage et 120 mm de course, tournant à 1200 tours par minute, le piston et la partie de la bielle correspondante pesant 5 kg, on obtient une force d'inertie de 700 kg quand le piston arrive au point mort haut de 520 kg au point mort bas (Cette différence tient à la variation d'obliquité de la bielle lorsqu'elle parcourt la partie supérieure ou la partie inférieure du cercle décrit par le maneton). Or, si l'on marche avec une pression motrice de 15 kg, l'effort sur le piston est de 1500 kg au point mort haut; la force d'inertie agissant en sens inverse de la pression motrice, produit l'effet heureux de diminuer périodiquement la fatigue de la bielle.

Efforts résultant pour le mécanisme. — L'effort d'inertie P de direction verticale et appliquée au point A se décompose en deux autres, un effort de traction F suivant la bielle, un effort de compression N horizontal du piston sur le cylindre. Cet effort de traction F se transmet intégralement au maneton en M (fig. 129).

L'effort qui en résulte au point C, axe du vilebrequin, est, comme on sait, représenté par une force F' égale, parallèle et de même sens que la force F et ayant son point d'application au point C, et par un couple ayant pour moment le moment de la force F par rapport au point C, soit F × CH. Cette force F' peut être décomposée en deux autres, l'une N' suivant l'horizontale et l'autre P'

suivant la verticale. Ces forces N′ et P′ sont respectivement égales aux forces N et P, comme cela résulte évidemment de la figure. La force P′ tend ainsi à soulever
l'ensemble du bâti; les forces N et N′ forment un couple
tendant à faire tourner toute la partie fixe du moteur
dans le sens inverse du mouvement de rotation du vile-

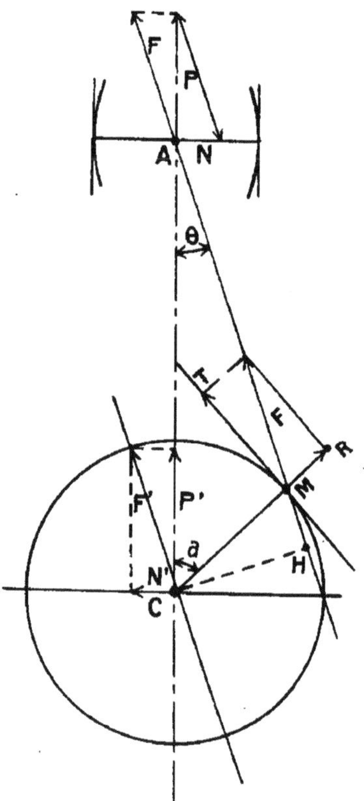

Fig. 129. — Efforts résultant des forces d'inertie sur le mecanisme.

brequin. Ce couple a un moment N×AC, égal au moment
F×CH. (En effet, si θ est l'obliquité de la bielle par rapport à l'axe du cylindre, on a $F = \dfrac{N}{\sin \theta}$ et, CH = AC sin θ.)

Pour avoir l'effort sur le bras de manivelle CM, il

suffit de décomposer la force F transportée en M, en deux autres, dirigées l'une MR suivant le rayon MC et donnant un effort de traction, l'autre MT suivant la tangente au cercle en M, provoquant un effort de flexion dont le moment est égal à MC×MT. On voit immédiatement sur la figure que ce moment MC×MT est égal à F×CH. Ce moment est variable; il est nul au

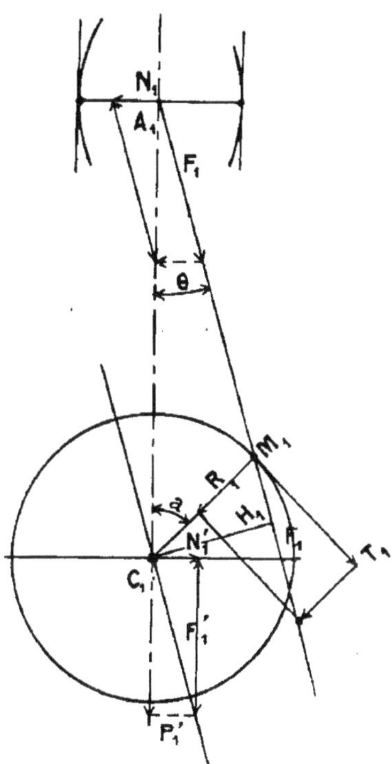

Fig. 130. — Efforts résultant de l'explosion sur le mécanisme.

point mort et, avec les rapports habituels admis entre les longueurs de bielle et de manivelle, est maximum pour $\alpha = 20°$ environ.

II. Pression des gaz. — La pression des gaz P_1 agit à la fois sur le fond du cylindre et sur le piston. La pression sur le fond du cylindre tend à arracher celui-ci du carter (fig. 130).

La pression sur le piston agit d'une façon analogue à la force d'inertie, mais en sens inverse et donne, par suite, naissance à un effort d'abaissement des paliers, et de renversement de la partie fixe du moteur avec un couple $N_1 \times A_1\, C_1$, égal à chaque instant au couple moteur $F_1 \times C_1\, H_1 = C_1\, H_1 \times M_1\, T_1$; même si la pression P_1

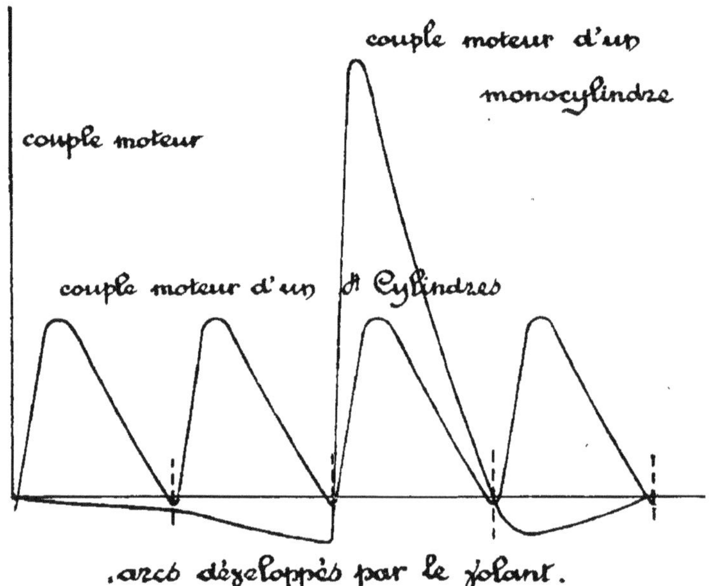

Fig. 131. — Variations du couple moteur dans un monocylindre et un quatre cylindres de même puissance.

était constante, le couple moteur serait variable, comme cela résulte de la construction graphique ci-contre. Mais on a vu que la pression P_1 est constamment variable avec chaque temps du cycle, et avec chaque position du piston, et ses variations ne compensent pas les précédentes.

On a représenté sur la figure 131, pour une même puissance, les variations du couple moteur suivant le nombre des cylindres employés; on a porté en abscisses

les arcs développés décrits par le maneton du vilebrequin, et en ordonnées les valeurs du couple moteur.

**Équilibrage des efforts dus aux explosions et aux forces
d'inertie.** — Les efforts dus aux explosions ne peuvent
être équilibrés exactement. On peut atténuer les effets
dus à leur variation continuelle en augmentant le nombre des cylindres, en disposant ceux-ci d'une façon
rationnelle, opposés deux à deux, ou en étoile, en V,
en produisant les explosions à des intervalles angulaires
égaux, en employant un volant de grande inertie et une
liaison élastique dans la transmission.

Fig. 132. — Mode d'équilibrage d'un monocylindre.

On équilibre partiellement les forces d'inertie alternatives en faisant faire entre eux aux manetons des
angles appropriés, de façon à ce que les sommes des
forces d'inertie et des couples correspondants relatives à
l'ensemble des pistons soient constamment aussi faibles
que possible, et en ajoutant des contre-poids d'équilibre.

Nous avons vu que dans le *cas d'un cylindre* l'adjonction d'un contrepoids équilibre la force d'inertie de
premier ordre, mais en donnant naissance à une force
d'inertie dans le sens perpendiculaire (fig. 132).

Dans un moteur à deux manivelles, il faut pour l'équilibrage des forces d'inertie alternatives disposer les deux manetons à 180° (Nous supposons que tous les pistons sont toujours égaux); mais alors reste non équilibré le couple formé par les deux forces et dont la valeur maximum est égale à $M\omega^2 r$, multipliée par la distance des axes des deux cylindres. Avec un moteur de 100 mm d'alésage, de 120 mm de course, un piston pesant 1190 kg. une vitesse de 1000 tours par minute, une distance d'axe des cylindres de 124 mm, on trouve un couple de 15 kgm.

On l'équilibre avec deux masses (fig. 121), mais les forces alternatives et les couples de second ordre ne sont pas équilibrés.

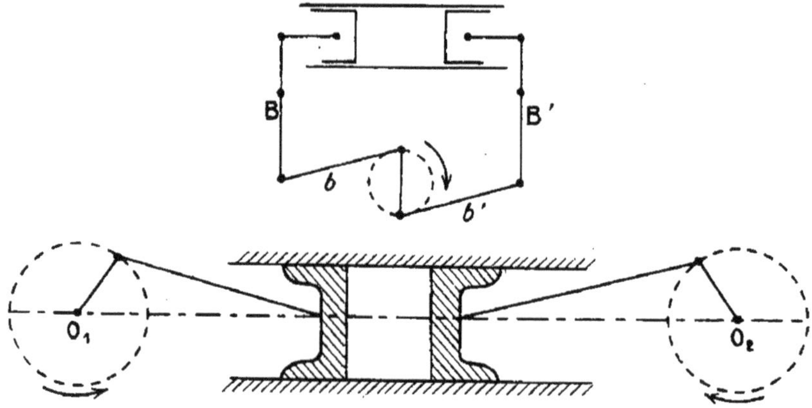

Fig. 133. — Schémas de moteurs à deux pistons opposés.

Or, dans cette disposition des manivelles à 180°, les explosions se suivent d'une façon très irrégulière. On a alternativement deux explosions consécutives, et un tout complet sans explosion. Aussi, on emploie, en général, deux manetons décalés de 360°. On équilibre partiellement au moyen d'un contrepoids, qui, comme dans le monocylindrique, développe une force d'inertie perpendiculaire à la précédente (fig. 123).

Pour réaliser l'équilibrage parfait, il faut disposer les deux pistons opposés dans un seul cylindre (fig. 133) ou dans deux cylindres opposés.

Dans un moteur à trois manivelles, il faudrait pour l'équilibrage que les trois manivelles, faisant entre elles des angles de 120°, fussent dans un même plan (moteur en étoile). Si elles n'y sont pas, on arrive à un équilibrage assez bon, sans masse additionnelle, en employant la solution Gobron-Grillé à deux cylindres opposés, le premier actionnant un maneton, le deuxième actionnant les deux autres manetons à 180° des précédents (fig. 134).

Si on emploie le dispositif courant avec trois manivelles à 120°, le couple de déséquilibrage a sensiblement

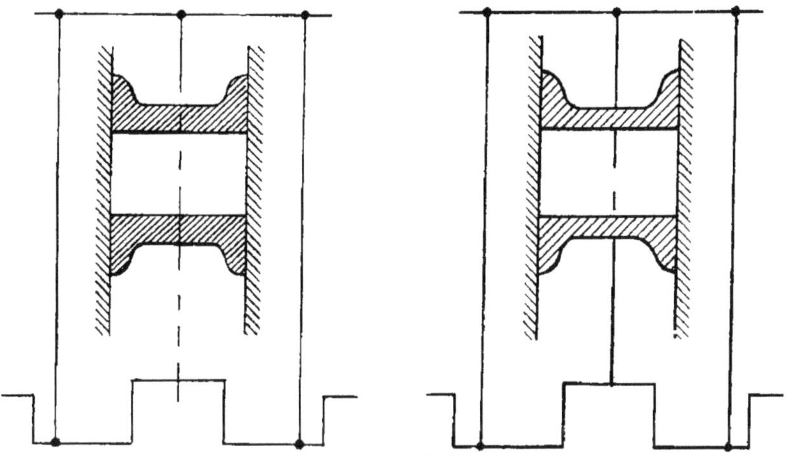

Fig. 134. — Schéma de moteur équilibré à trois manivelles.

la même valeur que dans le deux cylindres avec manivelles à 180°; il faut employer deux contrepoids qui détruisent sensiblement les forces d'inertie du premier ordre et les couples, mais donnent naissance à d'autres forces d'inertie, un peu moins gênantes il est vrai que celles produites par les pistons, mais assez considérables pour que le moteur à trois cylindres soit très peu employé (fig. 135).

' *Moteur à quatre manivelles.* — Pour obtenir l'équilibrage théorique, il faudrait soit que les cylindres soient opposés deux à deux, soit que les manivelles soient dans trois plans différents, les deux extrêmes dans deux plans de rotation distincts, mais dans un même plan avec l'axe du vilebrequin, les deux manetons centraux dans le

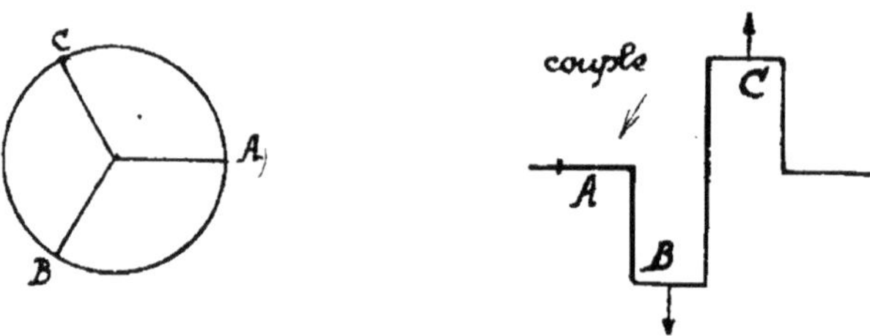

Fig. 135. — Schéma d'un vilebrequin ordinaire à trois manivelles à 120°.

même plan, à 120° entre eux et avec les précédents (il faudrait, en outre, que chacun des pistons extrêmes ait un poids égal à la moitié de chacun des pistons centraux) (fig. 136).

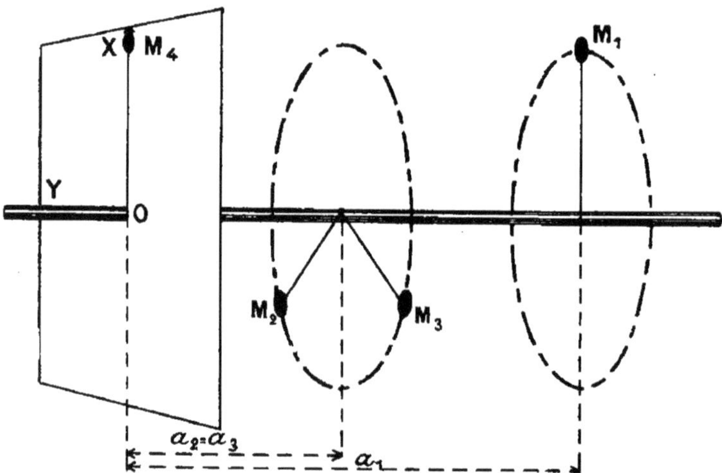

Fig. 136. — Schéma de moteur à quatre manivelles équilibré
(d'après M. Marchis).

Cette solution n'est pas réalisable pratiquement. Aussi on adopte le type indiqué déjà et composé de deux séries de cylindres dont les manivelles sont à 180°, qui est équilibré d'une façon suffisamment approchée (fig. 125).

Dans ce dispositif, les forces d'inertie de premier ordre et les couples correspondants sont nuls; il en est de même du couple des forces d'inertie du deuxième ordre.

Les forces d'inertie du deuxième ordre tiennent à ce que les variations de vitesse des pistons ne sont pas à chaque instant égales pour chacun d'eux par suite de la différence d'obliquité des bielles au point mort haut et au point mort bas et que, par conséquent, les forces d'inertie qui en résultent ne s'équilibrent pas deux à deux malgré leur opposition. Leur résultante a pour valeur maximum $4\,M\,\omega^2\,\dfrac{r^2}{l}$ qui est faible (M est la masse d'un piston).

L'ordre des explosions se déduit des considérations sui-

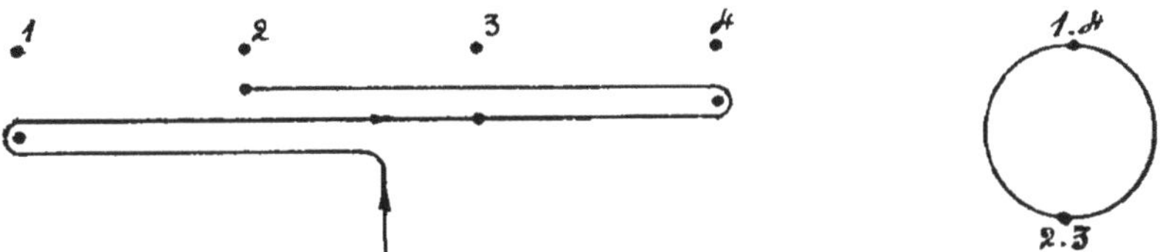

Fig. 137. — Ordre des explosions dans un quatre cylindres.

vantes : Supposons les cylindres numérotés par l'avant du moteur (ou de la voiture) dans l'ordre 1, 2, 3, 4; l'ordre des explosions doit être tel qu'elles soient également réparties sur les deux tours complets qui constituent le cycle, c'est-à-dire que l'on ait une explosion par demi-tour. Étant donné que les manetons du vilebrequin 1 et 4, 2 et 3 ont ensemble les mêmes positions, après l'explosion du cylindre 1, ce ne peut être qu'un des cylindres 2 ou 3 dont les pistons sont à fond de course en haut, qui peut exploser. On peut donc choisir entre les ordres d'explosion 1, 2, 4, 3 ou 1, 3, 4, 2 (fig. 137). La deuxième solution est inférieure à la première au point de vue de l'alimentation et de la bonne répartition du travail du vilebrequin. Comme on emploie un carburateur unique situé dans le plan central transversal du moteur, il est utile de faire changer de sens le courant gazeux le moins souvent possible, de préparer l'alimentation des cylindres extrêmes en provoquant au préalable un écoulement de gaz dans le cylindre voisin situé du même côté et plus près du carburateur. Enfin, au point de vue de la fatigue du vilebrequin, il est avantageux de faire travailler alternativement chacune de ses moitiés.

Moteur à six manivelles. — Pour avoir des explosions régulièrement réparties pendant chaque tour du vilebrequin et la durée de chaque cycle à quatre temps, il est nécessaire que les manetons d'un moteur à six cylindres soient deux à deux dans des plans décalés de 120°. Un

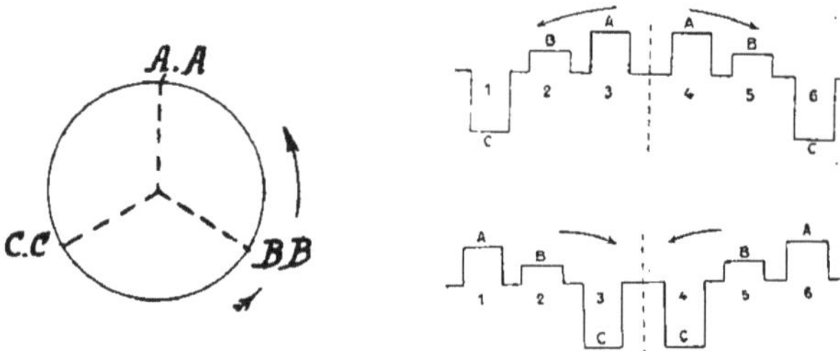

Fig. 138. — Calage des manivelles dans un six cylindres.

moteur à six cylindres est ainsi constitué pratiquement par deux moteurs de trois cylindres comme le moteur à quatre cylindres est constitué par deux moteurs à deux cylindres, c'est-à-dire en opposant les défauts d'équilibrages (c'est-à-dire les couples) constatés dans les moteurs à trois cylindres. Les moteurs composants à trois cylindres, étant non pas identiques, mais symétriques, on peut les mettre bout à bout soit par une extrémité, soit par une autre; si on tourne dans le sens inverse de la rotation du moteur on passe d'une manivelle à une autre, en tournant de 120°, dans un cas, de 240° dans l'autre (fig. 138).

Les explosions se produisent tous les 120°. Au point de

vue de leur régularité, on peut, après l'explosion d'un cylindre correspondant à un maneton A, faire exploser l'un ou l'autre des manetons B, puis l'un ou l'autre des manetons C. On obtient ainsi les 8 combinaisons possibles. Les meilleures sont déterminées : 1° par l'avantage d'avoir la moindre fatigue du vilebrequin, ce qui entraîne, dans un arbre aussi long, la nécessité de produire les explosions successives dans des cylindres peu éloignés ; on est ainsi amené à choisir l'ordre 1, 3, 5, 6, 4, 2;

2° Par la nécessité impérieuse d'une bonne alimentation des cylindres, c'est-à-dire du moins grand nombre possible des changements de sens de la veine gazeuse, ce qui donne également l'ordre 1, 3, 5, 6, 4, 2, généralement adopté.

Moteur à huit manivelles. — Pour corriger le défaut d'équilibrage des moteurs à quatre cylindres, et avoir une régularité d'effort moteur plus grande, on emploie quelquefois huit cylindres. Les huit coudes sont placés deux à deux dans des plans à 90°, de façon à avoir une explosion tous les quarts de tour.

Plusieurs solutions se présentent : ou bien, on accole bout à bout deux moteurs à quatre cylindres en décalant les manetons de 90°, mais alors on ne gagne rien au point de vue de l'équilibrage des forces d'inertie, ou bien on constitue l'ensemble par quatre moteurs à deux cylindres décalés chaque fois de 90°, ou bien on dispose les quatre coudes du milieu de l'arbre comme ceux d'un quatre cylindres, les quatre autres deux à deux dans un plan perpendiculaire à celui des quatre premiers, ou bien enfin on décale chaque maneton du précédent de 90°. L'équilibrage dans ces deux derniers cas est alors meilleur, mais la difficulté de construction est très grande.

Cylindres en V. Cylindres en étoile. — Les considérations précédentes s'appliquent aux moteurs à cylindres parallèles mis à la file l'un de l'autre et qui sont le plus employés. On emploie quelquefois des moteurs en V, en étoile, en éventail. Ces dispositifs sont en usage surtout dans les moteurs d'aviation (Voir le fascicule du même auteur relatif à ces moteurs).

III. Réactions du châssis. — Les réactions du châssis font équilibre aux forces précédentes, inertie, explosion, à la pesanteur, et se transmettent au moteur par ses points de fixation. Ces réactions se décomposent en forces normales aux faces d'appui qui produisent des efforts de cisaillement sur les pattes d'appui, en forces tangentielles de glissement, et en couples de torsion.

Vibrations des bâtis des machines. — Les forces d'inertie sont nuisibles non seulement au point de vue des déformations qu'elles peuvent produire dans les organes des machines en mouvement ou les supports de ceux-ci, par suite de leur intensité propre, mais encore par suite du caractère périodique de leurs variations.

Les vibrations de faible amplitude qui en résultent ont l'inconvénient de produire peu à peu un changement de contexture, une sorte de cristallisation du métal qui devient très cassant; et cela surtout si sa surface n'est pas parfaitement lisse et régulière et présente la moindre amorce de rupture.

En outre, étant donné que les forces produisant ces vibrations agissent en certains points, simultanément dans des directions différentes, avec des différences de phases variables, l'effort résultant en ces points a lui-même une grandeur et une direction variables; son vecteur représentatif a ainsi un mouvement de rotation plus ou moins irrégulier autour de ces points; il en résulte sur les écrous par exemple un véritable effort de desserrage. On s'y oppose par des freins, des goupilles, etc.

Mais des vibrations dangereuses, de grande amplitude, peuvent également prendre naissance.

En effet, toute vibration régulière et périodique peut être (FOURIER) considérée comme la somme de vibrations pendulaires dont les durées sont 1, 2, 3, 4 fois moins grandes que celles du mouvement donné. On appelle périodes d'oscillation propre d'un bâti l'une des périodes d'un mode de vibration dont ce bâti est susceptible quand il est écarté de sa position d'équilibre par une force extérieure, puis abandonné à lui-même, cette force cessant d'agir. Si la période des oscillations pendulaires en lesquelles on a décomposé les efforts d'inertie est égale à une des périodes d'oscillation propre du bâti, les oscillations de celui-ci tendent à prendre de grandes amplitudes, hors de proportion avec la force qui produit la perturbation. Malheureusement il est très difficile, sauf dans des cas très simples, de connaître les périodes d'oscillations propres d'un système.

On ne connaît cette loi que pour les ressorts de forme simple. Si on fait le calcul pour un ressort simple en admettant, pour de faibles amplitudes, que la force qui ramène le ressort à sa position d'équilibre est proportionnelle à l'écartement du ressort, que les forces de frottement de résistance de l'air (autrement dit d'amortissement du ressort) sont proportionnelles à la vitesse du mouvement, on trouve que pour obtenir un bon résultat il faut employer un ressort très flexible et un bâti intermédiaire le plus lourd possible. En aviation où le poids doit être réduit au minimum, on se contente d'obtenir une liaison au moyen d'un corps possédant un grand coefficient d'amortissement comme le bois, et mieux le caoutchouc, en prenant soin de constituer la liaison avec le bâti, de façon à réduire au minimum les contacts métalliques qui propagent facilement les vibrations.

NOTIONS SUR LA CONSTITUTION ET LA CONSTRUCTION
DES MOTEURS

Ce chapitre, très important, ne sera qu'effleuré ici. On le traitera en se plaçant surtout au point de vue de l'entretien du moteur.

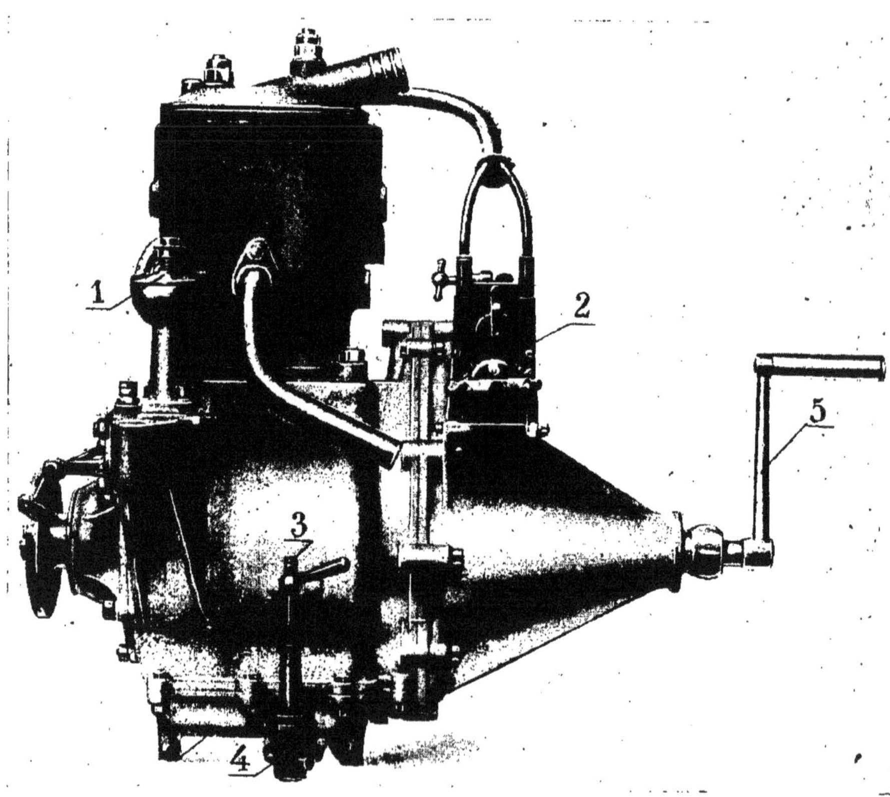

Fig. 139. — Ensemble d'un moteur à deux cylindres de Dion.

Légende. — 1, bouchon de remplissage d'huile; 2, magnéto; 3, indicateur de niveau d'huile; 4, bouchon de vidange; 5, manivelle de mise en marche.

On peut distinguer dans le moteur proprement dit quatre groupes d'organes (fig. 139) :

I. — Le cylindre, organe moteur fixe;

II. — Le piston, la bielle, l'arbre à vilebrequin et le volant, organes moteurs mobiles;

III. — Les soupapes et leur commande, la commande du distributeur d'allumage, la commande de la pompe de circulation d'eau;

IV. — Le carter et le système de graissage.

Les autres organes (carburateur, magnéto et bougies, pompe à eau et radiateur, pompe à huile) ayant été décrits dans les chapitres précédents, on n'y reviendra pas.

I. Cylindre (fig. 140). — Le cylindre comporte, suivant les constructeurs, les formes les plus variées. On y distingue toujours les parties suivantes :

a) Le *cylindre* proprement dit, à section circulaire, dans lequel se meut le piston et qui doit être parfaitement alésé à un diamètre déterminé. Le cylindre est muni du dispositif de refroidissement;

b) La *chambre d'explosion*, distincte ou non de la chambre des soupapes;

a) *Cylindre*. — Le cylindre est en général en fonte, quelquefois en acier par mesure d'allégement. L'épaisseur des parois doit être aussi réduite que possible pour permettre un bon refroidissement tout en étant suffisante pour résister à la pression intérieure de l'explosion. La fonte dure est en général préférée à l'acier à cause de sa facilité de moulage, de son moindre prix de revient, du frottement plus doux qu'elle permet d'obtenir et de son plus fort coefficient de dilatation. Les dilatations sont, en effet, très différentes sur les deux faces du cylindre par suite des écarts de température qu'elles présentent; elles produisent ainsi une compression des fibres intérieures et une tension de fibres extérieures. La tension de celles-ci est encore augmentée par l'explosion.

L'épaisseur des cylindres croît ainsi avec le diamètre D;

si on admet 20 kg comme pression moyenne d'explosion par centimètre carré et 2 kg comme coefficient **de**

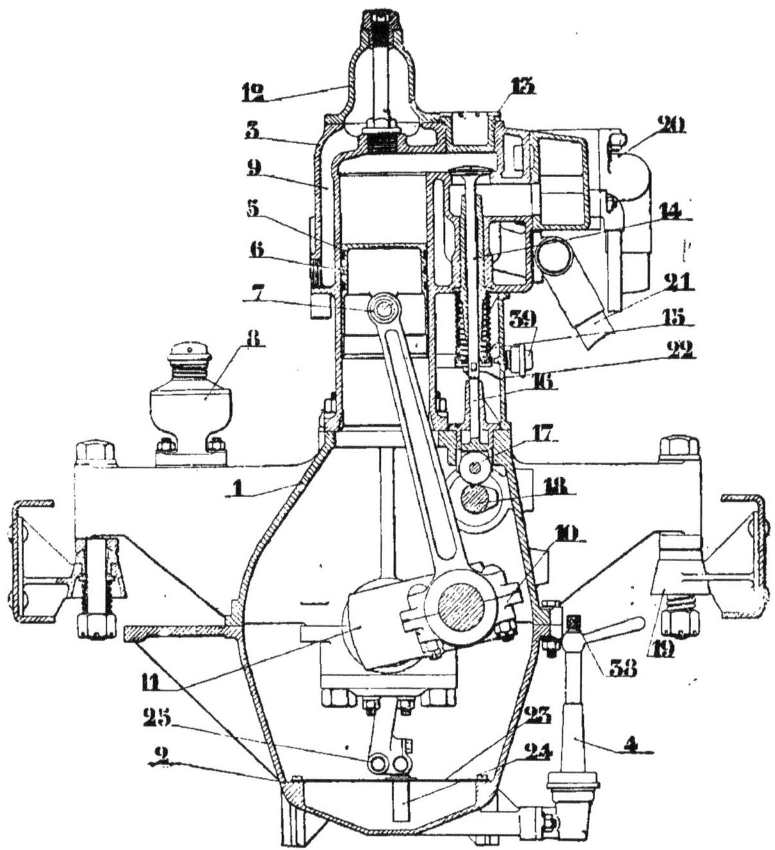

Fig. 140. — Coupe transversale d'un moteur de Dion.

Légende. — 1, bâti ; 2, cuvette ; 3, chemise d'eau en fonte du cylindre ; 4, indicateur de niveau d'huile ; 5, piston ; 6, segment ; 7, axe de piston ; 8, bouchon de **sortie** d'air ; 9, chambre d'eau ; 10, tête de bielle ; 11, vilebrequin ; 12, calotte de **cylindre** ; 13, bouchon de clapet ; 14, clapet ; 15, ressort de clapet ; 16, tige poussoir de clapet ; 17, galet ; 18, arbre des cames ; 19, patte du faux châssis ; 20, collecteur ; 21, tuyau d'admission ; 22, carter des tiges de soupape.

résistance de la fonte par millimètre carré, on **a la** relation (*e* est en millimètres, D également) :

$$20 \text{ kg } D = 2\,e \times 2 \times 100, \text{ soit } e \text{ mm} = \frac{D \text{ mm}}{20}.$$

Le travail longitudinal est très inférieur à l'effort d'éclatement latéral.

Les cylindres sont coulés séparément, par paire, ou par bloc de quatre ou de six.

Fig. 141. — Ensemble d'un moteur quatre cylindres de Dion (vue du moteur du côté des clapets).

e. — 1, manivelle de mise en marche; 2, carburateur; 3, couvercle de carter des tiges de soupapes; 4, support ntilateur; 5, tuyau de circulation d'eau (sortie des cylindres); 6, entrée d'eau dans les chemises des cylindres; uchon de remplissage d'huile; 8, tuyau d'aspiration du carburateur; 9, 10, indicateur de niveau d'huile.

Dans le cas de refroidissement par eau, on dispose autour du cylindre une enveloppe qui peut être soit venue de fonte avec le cylindre (fig. 141), soit constituée par une tôle mince de cuivre rapportée (fig. 100);

celle-ci peut soit être emboutie et ses bords fixés par
soudure à l'argent ou vissage ou sertissage, soit être le
résultat d'un dépôt électrique sur une matière moulée
sur le cylindre et fusible à basse température (alliage
Darcet par exemple). Pour que les dilatations puissent se faire librement malgré les coefficients différents
des matériaux en présence, on ondule ces tôles rapportées.

La vérification de l'étanchéité de la chemise d'eau est
faite à la presse hydraulique à une pression de 5 kg
environ.

L'épaisseur de la couche d'eau doit être partout d'au
moins 9 à 10 mm.

Les soupapes d'échappement doivent être particulièrement bien refroidies.

L'orifice de sortie d'eau doit toujours être placé à
la partie supérieure du cylindre pour éviter la formation de toute poche d'air ou de vapeur. L'entrée d'eau
se fait normalement vers le bas, au-dessous des soupapes d'échappement.

La longueur de la partie alésée du cylindre est égale
théoriquement à la longueur de la course augmentée de
celle du piston. En pratique, on diminue cette longueur
de quelques millimètres en faisant légèrement dépasser
le piston dans la chambre d'explosion à sa position supérieure (3 mm environ pour un alésage de 100), et un peu
plus à la partie inférieure (15 mm par exemple). La
partie alésée est prolongée par quelques millimètres
de cône du côté du vilebrequin pour faciliter la rentrée du piston et de ses segments.

Dans le cas de refroidissement par air, le cylindre est
muni sur une certaine hauteur d'ailettes venues de fonte
ou taillées dans la masse avec lui. Théoriquement la
section droite des ailettes devrait être constituée par
deux arcs de cercle concaves. En pratique, on arrondit
l'extrémité saillante.

Chaque cylindre est maintenu fixé au carter dans lequel il est encastré par quatre boulons de diamètre un peu supérieur à $\dfrac{D}{10}$ (D alésage).

b) Chambre d'explosion. — Au point de vue du rendement la chambre d'explosion doit présenter le minimum de surface pour un volume donné, c'est-à-dire être hémisphérique, avec les soupapes disposées dans la paroi même. Mais cela force à certaines complications dans la commande des soupapes, qui sont inclinées sur l'horizon (la commande doit alors se faire par le haut au moyen de tiges, culbuteurs, ou d'un arbre de distribution placé au-dessus des cylindres) et ne donne pas autant de sécurité pour le bon guidage et le bon portage des soupapes.

Les soupapes peuvent être placées soit de part et d'autre, soit du même côté du cylindre. La première disposition ne limite pas la dimension des soupapes; elle facilite la connexion des soupapes d'admission et du carburateur; les tuyauteries d'admission et d'échappement sont bien accessibles et bien isolées, le moteur est bien symétrique, le courant gazeux, qui a tendance à suivre toujours le même sens, assure un meilleur balayage des gaz brûlés.

Enfin cette disposition permet la visite facile des soupapes. Par contre elle nécessite l'emploi de deux arbres à cames et augmente l'espace mort de la chambre d'explosion.

c) Entrée et sortie des gaz. — Les canalisations des gaz doivent être disposées de façon à faciliter leur passage surtout pour l'admission, en vue de permettre une vitesse de 80 m par seconde environ dans les parties droites, de 50 m dans les coudes brusques; ces vitesses deviennent 100 et 60 m pour l'échappement.

Il est bon de surélever le dessous du siège des soupapes pour permettre les ajustages et les rodages subséquents sans gêner la circulation des gaz. Les guides doivent avoir une longueur suffisante pour assurer un bon guidage tout en gardant le jeu nécessaire pour éviter les grippages. Les bords doivent être arrondis pour éviter l'usure rapide de la tige de soupape.

d) Position de la bougie. — La bougie doit être placée de façon à produire toujours l'inflammation du mélange, et autant que possible avec la plus grande rapidité; une bougie placée au sommet de la chambre d'explosion répond à cette dernière condition. Mais la régularité de l'inflammation exige, par suite des cylindrées souvent incomplètes admises au cylindre, que la bougie soit placée sur le trajet des gaz frais ou du moins le plus près possible, soit dans la chambre d'explosion, soit dans le cylindre même.

II. Piston. — En vue de diminuer l'espace occupé par le moteur, on supprime la tige du piston et le dispositif de guidage par glissières qu'elle entraîne. Le piston est relié directement à la bielle et est chargé de lui transmettre l'effort moteur tout en se servant de guide au pied de bielle. De plus, il doit assurer une étanchéité absolue.

L'étanchéité est la plus difficile des conditions à réaliser; il faut en effet empêcher toute fuite de gaz entre le piston et le cylindre, car il en résulterait une mauvaise utilisation de la puissance motrice (diminution de la compression, de l'explosion et de la détente). Il faut, en outre, assurer cette étanchéité avec une perte minimum de puissance par frottement.

Si la température était uniformément égale dans le piston et dans le cylindre et si ces deux organes avaient le même coefficient de dilatation, il suffirait de donner au piston un diamètre exactement égal à celui du cylindre (déduction faite d'une mince pellicule d'huile).

Mais la température d'explosion des gaz est de 1.800° environ; la face supérieure du piston en contact avec les gaz brûlants prend la température moyenne de la chambre d'explosion, c'est-à-dire 400° environ au-dessus de celle de la façade intérieure du cylindre; la partie basse du piston est, au contraire, seulement à 200° environ.

Le cylindre a sa face extérieure à 100° environ, sa face intérieure à 300° environ; au départ le cylindre peut avoir ses faces vers 0°. Or le coefficient de la dilatation linéaire de la fonte étant environ de 0,01 mm par degré, on voit que pour un piston de 100 mm d'alésage, il faudra laisser un jeu d'un peu plus de quatre dixièmes de millimètre au fond du piston et de deux dixièmes à sa partie basse. Les jeux sont, comme on le voit, très importants; un jeu de 0,1 mm dans le piston ci-dessus donne une section de passage de 31,4 mm².

Segments. — Pour boucher ce passage on emploie les segments, c'est-à-dire des anneaux élastiques en fonte douce logés dans une série de gorges à sections rectangulaires ménagées sur la paroi cylindrique du piston.

La mise en œuvre de ces segments demande de très grandes précautions et a une importance capitale pour la marche du moteur.

Le segment se coule pour ainsi dire le long de la paroi du cylindre et ses extrémités se rapprochent quand la température croît; celles-ci ne doivent jamais arriver à se toucher, sinon on aurait un coincement qui amènerait rapidement la rupture.

Le segment est toujours à une température inférieure de 100 à 150° à celle du cylindre, ce qui conduit ainsi à un jeu de 0,5 mm pour un alésage de 100 mm.

Pour assurer l'étanchéité le segment doit avoir :

1º Un contact rigoureux sur toute sa surface extérieure avec le cylindre;

2º Un appui parfait sur le piston.

1º On obtient le premier résultat en tournant le piston avec soin, mais les gaz peuvent encore s'échapper par la fente existant entre les deux becs du segment.

Heureusement, le piston, par suite de l'obliquité de la bielle et des efforts qui agissent normalement sur lui (pression des gaz, inertie), vient s'appliquer sur le cylindre alternativement le long des génératrices situées dans le plan de rotation de la manivelle; il suffit donc d'employer au moins deux segments et de disposer leurs fentes le long de ces génératrices.

2º On obtient un bon appui du segment sur le cylindre en soignant particulièrement le tournage des faces de la gorge du piston, qui doivent être bien normales à l'axe du piston, et bien polies, et en réalisant le dressage rigoureux du segment.

Le contact parfait doit surtout exister entre le côté AB de la rainure ABCD qui est opposé au fond du piston et la face correspondante EF du segment (fig. 142).

En effet, les forces agissant sur le segment sont :

a) La poussée P sur la face supérieure (la plus importante) provenant de la pression des gaz, la poussée *p* sur la face inférieure dans la course correspondant à l'aspiration;

b) Le frottement *f* contre la paroi du cylindre dû à l'élasticité du segment (4 ou 5 g par millimètre carré d'après M. Lacoin) et la pression P' des gaz sur la face verticale intérieure du segment;

c) L'inertie I, I_1 du segment qui est tantôt dirigée vers le haut, tantôt vers le bas. Les efforts qui en résultent sont inférieurs à ceux produits par l'explosion;

d) La réaction R_1 des bords de la rainure.

Il résulte de l'étude détaillée de ces forces que, pen-

dant les trois courses de compression, de détente et
d'échappement, le segment est repoussé le plus possible
vers le bas. Pendant l'aspiration seulement il peut être
attiré vers le haut. La figure 142 indique la position
normale du segment dans les moteurs à cylindres fixes.
Mais il est susceptible d'en prendre d'autres.

Pour que ce déplacement du segment soit possible et
que son appui sur le cylindre se fasse bien, il faut
donc ménager un certain jeu entre le segment et sa
rainure.

Dans les moteurs rotatifs l'effet de la force centrifuge

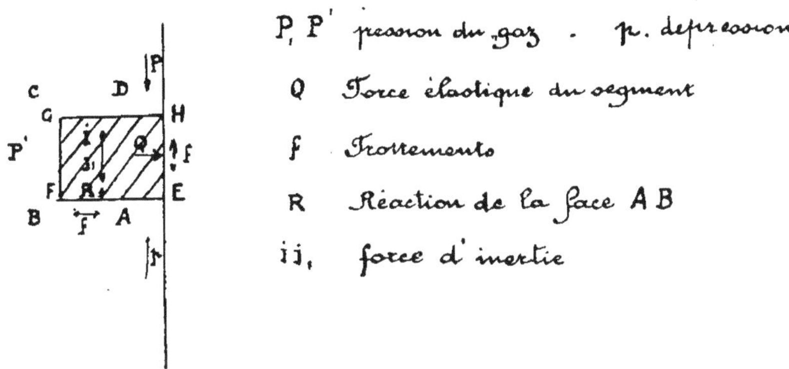

Fig. 142. — Position d'un segment.

est prépondérant, le segment est appuyé sur la face CD
de la rainure et le frottement sur cette face gêne la détente qui doit procurer une étanchéité complète. Aussi
on lui a substitué, ou joint dans le moteur Gnôme, un
obturateur en laiton (Voir *Les Moteurs d'aviation*, du
même auteur). Librairie Berger-Levrault.

L'épaisseur du segment est limitée par sa résistance
aux efforts de torsion produits par l'explosion, et surtout par l'obligation de pouvoir ouvrir le segment pour
le mettre en place dans sa rainure sans dépasser la limite
d'élasticité de la fonte. Les plus grandes précautions

doivent être prises dans la mise en place d'un segment, pour diminuer le plus possible son ouverture.

La *forme* du segment doit être telle qu'une fois détendu il ait constamment comme section droite un cercle. On calcule pour cela son épaisseur variable suivant les azimuts et on obtient pratiquement le résultat définitif par le rodage à la potée d'émeri et à l'huile pendant plusieurs heures dans le cylindre même.

La *hauteur* d'un segment doit lui permettre de résister à l'effort de torsion et de cisaillement produit par l'explosion, et d'assurer l'étanchéité; si un segment est très bien fait, on a intérêt à l'employer relativement haut, malgré l'inconvénient d'augmentation du poids, de la hauteur du piston, la difficulté de l'ajustage et l'augmentation du frottement. Sinon il est préférable de l'employer le plus bas possible.

On prend en général : épaisseur $= \dfrac{5\,\mathrm{D}}{100}$ hauteur $= \dfrac{3\,\mathrm{D}}{100}$, pour une fonte résistant à 9 kg par millimètre carré (D étant l'alésage en millimètre).

Il est bon d'empêcher le segment de tourner de façon à maintenir sa fente au bon endroit. On emploie dans ce but un petit ergot pincé entre les deux bords de cette fente et permettant un certain jeu pour la dilatation.

Pour assurer une bonne étanchéité, le nombre des segments doit être de deux au moins, avec un intervalle égal à la profondeur des gorges.

Piston proprement dit. — Le piston doit avoir un fond d'une épaisseur suffisante pour supporter la pression de l'explosion (avec un alésage de 100 mm, une compression de 4,25 kg, une pression d'explosion de 27,5 kg, on a un effort total de 2.160 kg) et une forme lui permettant de s'échauffer le moins possible, afin de diminuer les dilatations et de faciliter le graissage.

Pour augmenter leur résistance et la compression, on fait quelquefois des fonds bombés; cette forme présente l'inconvénient d'augmenter la surface des parois de la chambre d'explosion, ce qui accroît les pertes de chaleur par la paroi et l'échauffement du piston. La forme plate paraît la meilleure.

La surface interne est raidie par des rainures appropriées descendant au milieu du piston de façon à permettre à l'huile de retomber sur le pied de bielle.

Le piston est, en général, en fonte par suite des facilités de coulée et du faible coefficient de frottement. Certains pistons allégés sont en acier embouti.

Fixation du pied de bielle. — Le graissage se faisant plus commodément dans le pied de bielle que dans les douilles du piston, on fixe, en général, d'une façon rigide l'axe du pied de bielle au piston et le pied de bielle tourillonne autour de cet axe (son diamètre est déterminé de façon à résister à la pression tout en étant réduit au minimum pour diminuer le travail de frottement). Le fléchissement de cet axe étant plus faible au milieu qu'aux extrémités, on a, par ce moyen, moins de chances d'ovalisation de la douille du pied de bielle que par celui qui consiste à fixer à demeure la bielle sur l'axe, et à faire tourillonner le piston autour de cet axe.

Longueur du piston. — La longueur du piston doit être suffisante non seulement pour assurer un bon guidage, mais surtout pour produire par unité de surface sur le cylindre une pression maximum assez faible pour permettre un bon graissage.

Pendant l'explosion, la résultante de l'effet des gaz sur le piston est une force P dirigée suivant l'axe du cylindre. Cette force P (fig. 143) donne naissance à un effort B dans la bielle qui fait l'angle β avec l'axe du cylindre, c'est-à-dire avec la direction de P. Par l'intermédiaire de cette bielle supposée fixe à un instant donné, l'explosion appuie le piston sur la paroi du cylindre, ce qui provoque une réaction N du cylindre sur le piston. Cette réaction N passe par l'axe du pied de bielle ; B ainsi est la résultante de P et de N et par suite on a N = P tang. β, N est d'autant plus faible que β est faible.

Pour diminuer β on a recours, dans certains moteurs, au désaxement du cylindre, dans le sens du mouvement de rotation. L'obliquité de la bielle pendant le temps de détente est ainsi diminuée de moitié environ pour un désaxement égal à un demi-rayon de manivelle, ce

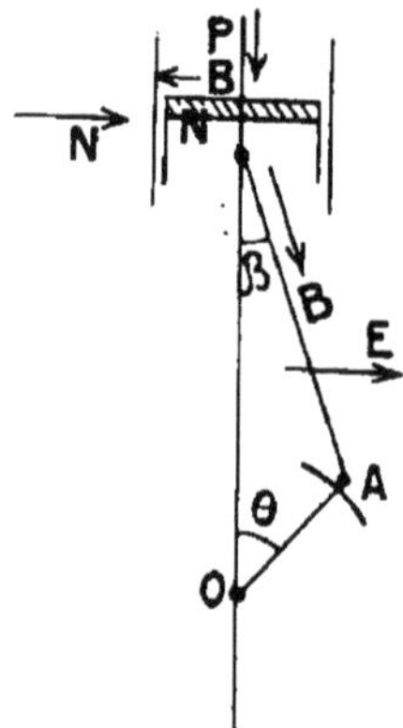

Fig. 143. — Efforts sur la bielle.

qui permet de diminuer d'un tiers environ la longueur du piston, et d'un quart son poids (fig. 144).

Pendant la compression et l'échappement, B et N sont augmentés, ce qui est sans inconvénient puisque à ce moment les efforts sont beaucoup plus faibles.

Le désaxement a encore l'avantage d'augmenter l'angle de rotation correspondant à la course motrice de l'angle sous lequel on voit du centre O du vilebrequin la longueur $C_1 C_2$ prise sur l'axe du cylindre et représentant la course du piston.

L'axe du pied de bielle est situé aussi près que possible du fond du piston au-dessous des segments, ce qui l'amène, en général, à une distance du fond du piston de 50 à 60 p. 100 de la longueur totale de ce piston.

La bielle (fig. 71, 154). — La bielle est chargée de transformer le mouvement alternatif du piston en mouvement de rotation de l'arbre moteur. Elle comprend trois parties, le corps de bielle proprement dit, le pied articulé avec le piston, la tête qui entoure le maneton du vilebrequin.

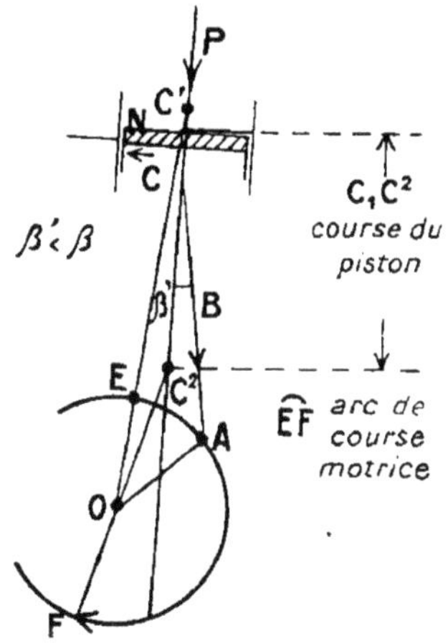

Fig. 144. — Cylindre désaxé.

Nous avons vu plus haut que chacun des points de la bielle décrit une courbe différente avec une vitesse et des accélérations propres; son pied se déplace sur une ligne droite comme le piston, sa tête décrit le cercle ayant la longueur de manivelle pour rayon. •

Nous avons indiqué comment on procédait pratiquement pour l'équilibrage du moteur. Pour l'établissement de la bielle, il est intéressant d'étudier les forces d'inertie réelles auxquelles elle est soumise; les unes sont dirigées suivant l'axe du piston, leur maximum a lieu au moment du passage au point mort et elles soulagent la bielle un tour sur deux de l'effort de l'explosion;

les autres transversales E (fig. 143) provenant de ce que
la bielle est lancée tantôt à droite, tantôt à gauche et sont
maxima au moment de la demi-course du piston. Celles-
ci sont égales à la moitié de la force centrifuge à laquelle
serait soumise une masse égale à celle de la bielle
concentrée au maneton, et le point d'application de cette
force est au tiers de la longueur de la bielle à partir du
maneton.

Le corps de la bielle doit avoir une section suffisante
pour résister à l'effort maximum qu'elle a à supporter,
et qui correspond à l'explosion. Il est, suivant les
constructeurs, de section circulaire, rectangulaire ou en
double T et obtenu par estampage ou usinage. On calcule
la bielle avec précision pour lui donner le minimum de
poids possible et diminuer les forces d'inertie. Dans ce
but on la fait en métal très résistant.

Le pied de bielle se compose généralement d'un épa-
nouissement du corps de bielle, muni ou non d'une
douille en bronze qui entoure l'axe du piston et qui est
enfoncée à frottement dur. En raison de la très faible
amplitude du mouvement le frottement acier sur acier
n'a pas d'inconvénient, à la condition que les surfaces
soient très dures et bien polies (axe en acier cémenté et
rectifié). Pour le graissage, la partie supérieure de la
bielle est munie d'un petit entonnoir recevant l'huile
qui tombe des nervures du piston; son coussinet porte
des pattes d'araignée. Comme on n'est jamais sûr que
l'axe du cylindre soit toujours exactement contenu dans
le plan perpendiculaire au maneton en son milieu, on
laisse toujours 1 ou 2 mm de jeu entre les bords du pied
de bielle et les bords de la douille de l'axe de rotation
du cylindre.

Il vaut mieux que le jeu soit dans le pied de bielle
que dans la tête de bielle qui est plus lourde et qui doit
rester bien guidée pour ne jamais coincer et fausser le
vilebrequin.

La tête de bielle qui est de forme assez variable comporte toujours deux coussinets rapportés en bronze, garnis ou non de métal antifriction et munis de pattes d'araignée. Ces coussinets doivent être ajustés avec le plus grand soin sur le maneton. Le jeu, dans le sens de l'axe de la bielle, doit être juste suffisant pour assurer

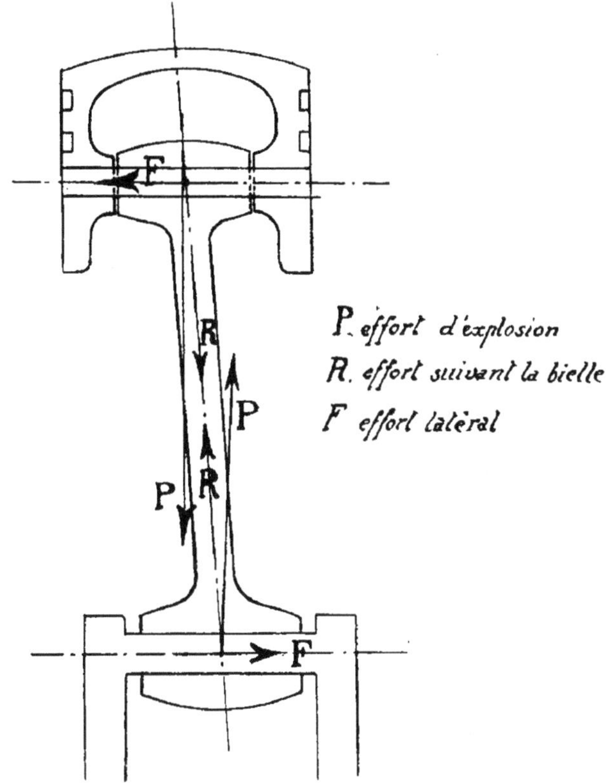

Fig. 145. — Bielle désaxée.

le graissage; toute augmentation de ce jeu produit des chocs néfastes, « le moteur cogne ». Cependant pour prévoir le cas où les cylindres ne seraient pas exactement centrés sur les axes des manetons et permettre le jeu des segments, on laisse à la tête de bielle, comme on a vu, un jeu latéral de 1 mm environ. La tête de bielle est soumise à des efforts très grands venant du piston au moment de l'explosion, dus à l'inertie de ce dernier, à l'inertie de la bielle et à la sienne propre. Pour résister aux efforts transversaux, il faut encastrer les coussinets pour éviter le cisaillement des boulons.

On n'emploie pas en général de roulements à billes à cause du mouvement trop irrégulier de la tête de bielle, et de l'encombrement minimum qu'on cherche à avoir pour le carter.

Dans le cas où l'on adopte le graissage par barbotage, la masse de la tête ne doit pas toucher le bain d'huile, ce qui causerait des projections trop importantes et nuisibles; on la munit à sa partie inférieure d'un simple godet de quelques millimètres de largeur.

Certains constructeurs, pour raccourcir le moteur et pouvoir fondre les cylindres accolés par paires, sont obligés d'employer des bielles non symétriques, l'entr'axe des deux cylindres étant alors inférieur à l'entr'axe des manetons. Ce dispositif est mauvais, car il en résulte des efforts obliques sur les coussinets et des poussées latérales sur leurs extrémités, qui altèrent assez rapidement leur ajustage et produisent alors un choc désagréable et nuisible (fig. 145).

Arbre à vilebrequin. — L'arbre à vilebrequin reçoit les impulsions motrices des pistons, les transmet au volant et à l'arbre moteur, assure les mouvements du piston pendant les courses non motrices, actionne la distribution et prend appui sur le carter par un certain nombre de paliers.

On a vu plus haut à propos de l'équilibrage les forces variées qu'il affectait. Il doit être établi en métal de premier choix (acier au nickel en général) et avec la plus grande précision. Les tourillons doivent être, en effet, exactement centrés autour du même axe, et les manetons situés à bonne distance de calage, leur axe

rigoureusement parallèle à celui des tourillons et tous
dans le même plan dans le cas d'un quatre cylindres.
Toutes les portées doivent être trempées et rectifiées

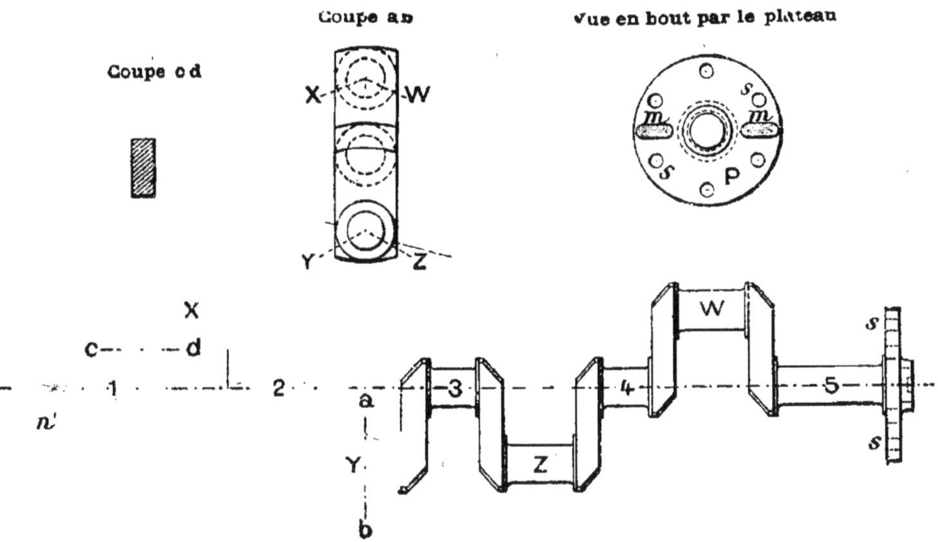

Fig. 146. — Vilebrequin Panhard.

ende. — 1, 2, 3, 4, 5, Paliers ; X, Y, Z, W, maneton ; P, plateau de fixation de l'embrayage ; *m,* logement de clavette ; *s,* trous de boulons ; *n,* logement de la clavette de fixation du pignon de distribution.

avec le plus grand soin. Le vilebrequin porte, en général,
à une extrémité, une broche pour la manivelle de mise
en marche et le pignon de distribution, à l'autre une

Fig. 147. — Vilebrequin de Dion avec pignons de distribution.

embase destinée à servir d'attache au volant ; il est muni,
en outre, des contrepoids nécessaires à l'équilibrage
(fig. 146 et 147).

La section du bras de manivelle est généralement rectangulaire; elle travaille à la flexion et à la torsion. Le tourillon du palier avant ne travaille à la torsion qu'au moment du lancer du moteur; les autres travaillent d'autant plus à la torsion qu'ils sont plus rapprochés du volant. Tous travaillent à la flexion au moment de l'explosion. Pour la simplicité de construction on leur donne en général à tous la même section.

Les manetons travaillent à la flexion et au cisaillement. Les portées doivent être suffisantes pour permettre le graissage dans de bonnes conditions.

Au point de vue de l'équilibrage et des pertes par frottement, il y a avantage à employer les sections les plus réduites. Mais il faut avant tout que les conditions de résistance et de bon graissage soient satisfaites.

Les vilebrequins sont obtenus par cintrage et matriçage d'une barre ou par découpage d'une plaque d'acier.

En plaçant un vilebrequin sur le tour, il faut avoir soin de maintenir par des cales de pression l'écartement des deux côtés de chaque coude.

Dans l'établissement des portées extrêmes du vilebrequin, il faut ménager le jeu nécessaire dans le sens longitudinal pour permettre sa dilatation; sa température est en effet beaucoup plus élevée que celle du carter.

Lorsque le vilebrequin est destiné à commander directement une hélice, il est muni d'une butée destinée à l'empêcher de prendre un déplacement longitudinal sous l'influence de la poussée ou de la traction qui lui est transmise. La butée est en général double et consiste en épanouissements du vilebrequin qui viennent prendre appui sur les épaulements en bronze des coussinets du carter. On diminue les frottements en employant des butées à billes.

Volant. — Le volant est en fonte; on reporte sa jante

le plus loin possible de l'axe pour avoir le maximum
d'inertie pour le même poids, tout en conservant une
vitesse linéaire de la périphérie assez faible pour que la
force centrifuge ne risque pas de le faire éclater. Il est

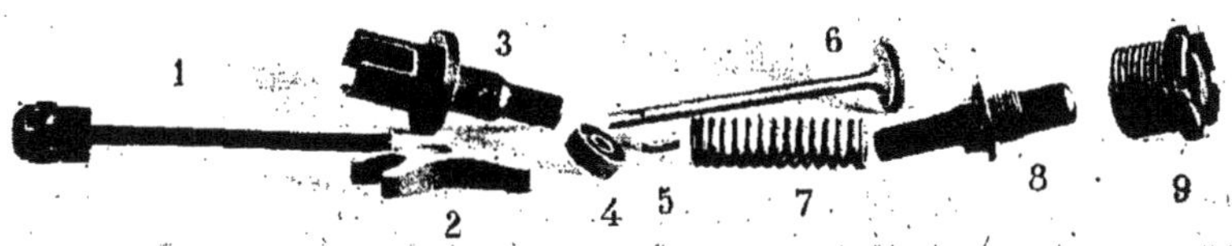

Fig. 148. — Soupape avec poussoir, guide et siège (de Dion).

Légende. — 1, tige de commande de clapet; 2, bride de serrage du guide de tige de
commande; 3, guide de tige de commande de clapet; 4, calotte de clapet;
5, clavette; 6, clapet; 7, ressort de clapet; 8, guide de clapet; 9, bouchon de clapet.

monté sur le vilebrequin soit par cône et clavette, soit
par plateau et boulons.

Soupapes. — La section offerte aux gaz par l'ouverture
des soupapes doit être telle qu'elle permette l'écoulement des gaz dans les conditions indiquées à propos du
cylindre, c'est-à-dire avec une vitesse de 50 m par seconde au minimum.

Les soupapes se font à siège plat ou conique (fig. 149).

Fig. 149. — Soupape à siège plat ou conique.

Pour une levée égale, la soupape à siège plat offre une section de passage au gaz supérieure à celle que donne la
soupape à siège conique. Malheureusement elle a l'inconvénient de n'être dirigée, sur son siège, que par le guidage de sa tige et de produire une obturation mauvaise
dès qu'il y a usure de la tige ou de son guide ou encras-

sement des environs du siège. La soupape conique, au contraire, se centre forcément d'elle-même sur son siège et obture mieux.

La soupape à siège conique est la plus employée. On détermine la largeur de son appui de telle sorte qu'il supporte par lui-même une pression par centimètre carré, triple de celle que supporte la tête de soupape.

La dimension de la tige est telle que la pression d'appui sur le poussoir ne dépasse pas 1 kg par millimètre, en se basant sur ce que la pression des gaz au moment de l'ouverture pour l'échappement est en moyenne de 5 kg.

La surface inférieure de la tête de soupape doit être telle qu'elle ne produise aucun rétrécissement de la veine gazeuse; la surface supérieure est de forme variable, courbe, plate ou conique, mais on doit éviter les arêtes vives qui s'échaufferaient trop facilement; la tête contient, en général, une fente destinée à recevoir un tournevis en vue du rodage.

Les soupapes doivent toujours porter parfaitement sur leur siège, ce qu'on reconnaît à leur état de poli bien uniforme et à la régularité de leur siège.

Pour faciliter l'interchangeabilité des pièces on admet ordinairement les mêmes soupapes pour l'admission et l'échappement.

Exemple : Pour un moteur de 100 mm environ d'alésage considéré ci-dessus, on peut admettre des soupapes de 40 mm de diamètre avec une levée de 10 mm environ.

Distribution. — La distribution est la fonction du moteur qui lui permet d'admettre dans le cylindre, au moment et pendant le temps voulu, la quantité voulue de mélange détonant, et d'évacuer les gaz brûlés au moment où ils ont travaillé. Les organes de distribution comprennent des engrenages réducteurs de vitesse, des arbres à came commandant les soupapes par des poussoirs.

Les soupapes ne fonctionnent qu'une seule fois tous les deux tours de vilebrequin, on ne fait tourner les arbres à came qu'à la demi-vitesse de celui-ci. A cet effet, le vilebrequin porte (fig. 150) à une de ses extrémités

Fig. 150. — Distribution d'un moteur deux cylindres de Dion.

Légende. — 1, couvercle de distribution ; 2, tubulure d'arrivée d'eau ; 3, pignon ; 4, tuyau de réchauffement du carburateur ; 5, couronne dentée de l'arbre des cames ; 6, crabot d'entraînement de la roue de vis sans fin commandant la magnéto ; 7, pignon de commande de distribution ; 8, pignon de commande de la pompe à huile ; 9, carburateur ; 10, tubulure de sortie d'eau.

un engrenage, et chaque arbre à came un engrenage de diamètre double correspondant. L'arbre à cames (fig. 151) porte le nombre de cames nécessaires; ces cames sont cémentées pour résister à l'usure; leur profil est déterminé pour maintenir les soupapes complètement ouvertes le plus longtemps possible. Malheureusement on ne peut conserver jusqu'au bout la soupape complètement levée, parce que d'un côté, par suite de son inertie, elle ne retombe pas instantanément sur son siège, et de l'autre, pour éviter le bruit et les ruptures de soupapes, on est obligé de limiter la vitesse de chute. Il y a avantage, pour la bonne conservation du réglage, à prendre des cames dans la masse avec leur arbre.

Fig. 151. — Arbre à cames de distribution de Dion.

Légende. — 1, pignon de distribution ; 2, commande de la pompe à huile ; 3, coussinet ; 4, came.

Les cames soulèvent les soupapes par l'intermédiaire de dispositifs variés, soit d'un poussoir avec galet et vis de réglage, dans le cas de la commande par le bas, soit d'une tringle avec culbuteur (fig. 100), dans le cas de la commande par le haut. Un ressort ramène toujours la soupape sur son siège. Il faut toujours laisser au moins 1 mm de jeu entre le poussoir ou le doigt du culbuteur et la queue de soupape pour permettre le bon appui de la soupape sur son siège malgré la dilatation.

La distribution par soupapes, malgré ses inconvénients d'être un peu bruyante et d'étrangler les gaz, est encore la plus généralement adoptée à cause de sa simplicité et de la sécurité de son fonctionnement.

Pour diminuer le bruit, on substitue, dans les nouveaux moteurs, la chaîne aux engrenages, dans la commande de l'arbre à cames de distribution (fig. 152).

Les distributions par tiroirs, types Knight, Daimler ou Darracq par exemple, sont plus lourdes, plus compliquées, plus délicates, et sont employées dans l'automobile mais pas encore en aéronautique.

Fig. 152. — Distribution par chaîne (de Dion).

Légende. — 1, pignon du vilebrequin ; 2, chaîne de commande de magnéto ; 3, chaîne de commande de distribution.

Les distributions spéciales sont décrites dans le fascicule *Les Moteurs d'aviation*, du même auteur.

Carter. — Le carter sert de bâti au moteur. Il relie

les cylindres aux paliers, supporte les paliers du vilebrequin et les organes accessoires de distribution, de régulation, d'allumage, de refroidissement, de carburation, de mise en marche ; il enveloppe les parties fragiles et assure leur propreté et leur graissage. Il est muni extérieurement de pattes d'attache qui permettent de fixer l'ensemble du moteur au châssis (fig. 153).

Fig. 153. — Carter de moteur 4 cylindres (de Dion).

Légende. — 1, pompe à huile ; 2, 3, canalisations d'huile.

Le carter est en général en plusieurs parties pour permettre le démontage, la visite et les réparations.

Tantôt il est formé de deux pièces dont le joint passe par l'axe du vilebrequin ; tantôt il est formé d'une pièce à peu près cylindrique, fermée à ses deux extrémités par des plateaux circulaires au centre desquels se trouve une douille supportant l'arbre. Le palier intermédiaire est alors soutenu par un plateau circulaire maintenu dans une cloison du carter.

Les pattes d'attache du carter au châssis doivent résister au poids et au couple de renversement du moteur. Si l est la distance des pattes à l'axe du vilebrequin, R le rayon de manivelle, FR le couple moteur, le couple de renversement qui est égal à FR produit sur les pattes du carter un effort égal à $\dfrac{FR}{l}$.

Par exemple, pour un moteur de 100 mm d'alésage, 120 mm de course, avec une compression de 4 kg, on trouve un effort de 40 kg dû au couple de renversement pour un écartement des pattes d'attache de 50 cm.

Comme on prend en général un coefficient de sécurité de 15 pour l'effort correspondant au poids, afin de tenir compte des chocs et des trépidations, la section ainsi trouvée est largement suffisante pour résister au couple de renversement.

On suspend, en général, le moteur par quatre points suivant un rectangle. Pour permettre un bon fonctionnement ces quatre points doivent rester dans le même plan, ce qui est très difficile. Aussi dans certains cas (avant-train Latil), le moteur est supporté seulement en trois points.

Pour diminuer les flexions du bâti en cas de dénivellation du moteur, il est bon d'interposer, comme on a vu plus haut à propos des vibrations, une matière souple, caoutchouc, cuir, fibre, feutre, liège, entre le carter et le châssis.

Le fond du carter sert de réservoir d'huile. Les canalisations d'huile sont soit extérieures au moteur, soit noyées dans la masse du carter, ce qui est plus avantageux et supprime les risques de rupture par vibrations. Dans ces canalisations intérieures on doit, autant que possible, éviter les coudes et prévoir des robinets de visite et de vidange.

Organes accessoires. — Comme organes accessoires

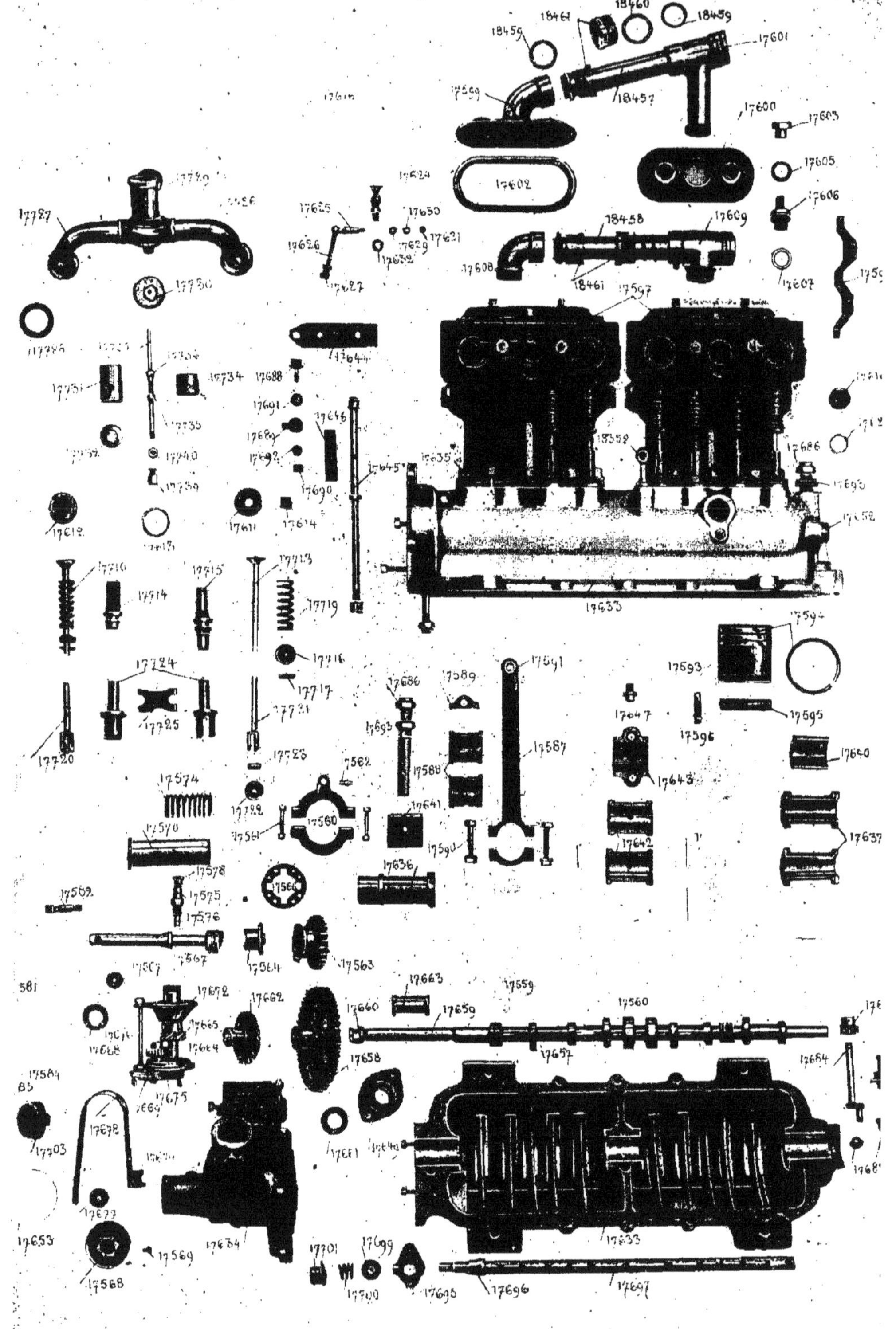

Fig. 154. — Moteur Renault démonté.

ende. — 17612, tuyau d'amenée d'eau aux cylindres ; 18456, sortie d'eau des cylindres ; 17726, canalis
admission ; 17561, cylindres ; 17663, carter supérieur ; 17710, clapet avec ressort ; 17727, guide de tige de cl
17563, cylindre ; 17564, segment ; 19588, coussinet régulé ; 17587, bielle ; 17590, collecteur d'huile du vilebreq
17559, vilebrequin ; 17657, arbre à cames ; 17675, pompe à huile ; 17581, manivelle de mise en marche ; 17633, c
férieur.

des moteurs, on peut citer d'abord les manomètres destinés à permettre de vérifier à tout instant le bon fonctionnement des circulations d'eau ou d'huile. Les indications de ces appareils ne dispensent pas cependant
d'une surveillance directe, car lorsqu'un moteur chauffe

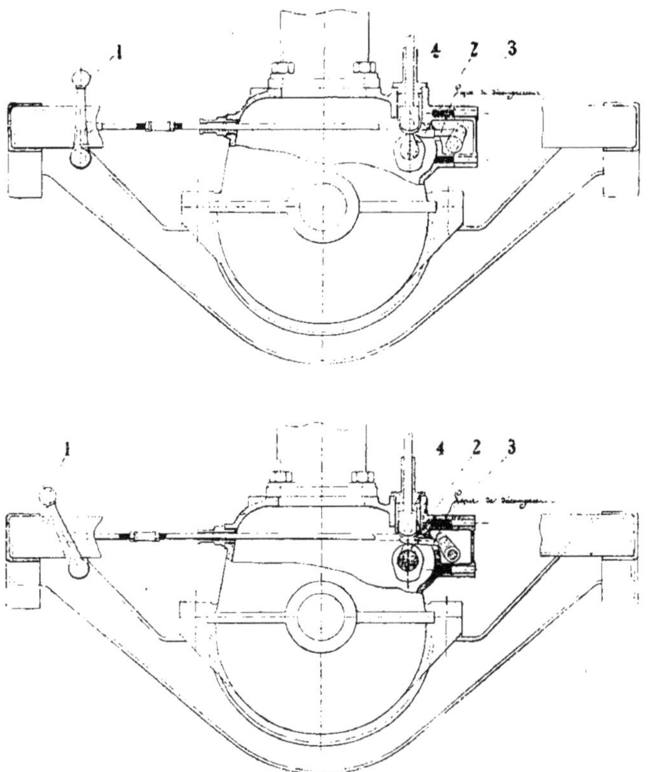

Fig. 155. — Système de décompresseur Renault.

par exemple, le manomètre mesure non la pression donnée par la pompe, mais celle de la vapeur d'eau formée.

On peut ajouter les décompresseurs pour les moteurs
au-dessus de 30 chevaux, destinés à faciliter la mise en
route en diminuant la compression. Chez certains constructeurs (Clément Bayard), il consiste pour chaque

cylindre en une soupape auxiliaire manœuvrable au moyen d'une commande à main; chez d'autres, en un dispositif composé essentiellement d'un taquet mobile qu'on peut interposer entre la tige de commande de soupape et l'arbre à cames, de façon à empêcher la fermeture complète de la soupape d'échappement (Renault, fig. 155); aux établissements Panhard-Levassor, le même résultat est obtenu au moyen d'une came auxiliaire et du coulissement de tout l'arbre à cames; chez MM. Dansette et Gillet, au moyen du coulissement des cames précédentes sur l'arbre à cames.

Enfin on peut ajouter les indications de niveau.

Montage et démontage. — Les opérations de montage et de démontage d'un moteur doivent être faites méthodiquement, dans un ordre bien déterminé, en employant l'outillage approprié. Le serrage des têtes de bielles et des divers boulons, qui doit être suffisant sans être excessif, est réglé par la pratique; tous les écrous soumis aux vibrations doivent être regoupillés, les joints doivent être refaits avec soin. Avant de fermer le moteur, il est indispensable de vérifier qu'aucun outil ou pièce métallique quelconque ne reste dans le carter. Avant d'assembler des pièces métalliques, il est essentiel de lubrifier les surfaces en contact. Après tout démontage et remontage il est indispensable de faire subir au moteur un essai de marche de vérification.

Pour éviter les erreurs et faciliter les remplacements de pièces, chacune de ces dernières porte en général un numéro. On voit, figure 154, à titre d'exemple, un moteur Renault à quatre cylindres démonté, avec toutes les pièces numérotées. Dans la légende, pour simplifier, on a donné seulement le nom des principales d'entre elles.

RÉGLAGE, MISE AU POINT

Le réglage et la mise au point dans chaque moteur sont faits par le constructeur au banc d'essai. Celui-ci détermine par l'expérience les meilleures phases à adopter pour la distribution (angle d'avance et de retard pour l'admission et l'échappement), l'angle d'avance pour l'allumage (le volant porte en général les repères correspondants), les conditions normales de refroidissement, la dimension du gicleur et les degrés d'ouverture des orifices d'air additionnel aux diverses allures, il étudie la consommation horaire d'essence et d'huile suivant la vitesse et la puissance produites.

Le réglage pour le conducteur du moteur consiste seulement à vérifier périodiquement, en particulier avant chaque voyage important, que les conditions précédentes sont toujours bien réalisées, et que tous les organes fonctionnent normalement.

En général, tous les moteurs portent des repères qu'il suffit de suivre. C'est seulement dans la détermination de l'avance à l'allumage, quand celle-ci n'est pas fixe, et de l'arrivée d'air additionnel dans le cas du carburateur non automatique, que doit se montrer l'initiative du conducteur. Pour cela il tiendra compte des considérations générales exposées dans le cours de l'ouvrage, et des indications complémentaires suivantes, d'ordre pratique, relatives aux organes d'allumage, qu'on a cru devoir ajouter.

Allumage. — On rappelle que l'allumage comprend une source d'énergie (magnéto avec ou sans transformateur, ou une batterie d'accumulateurs avec bobine), des fils conducteurs, des bougies, des organes d'interruption.

Magnéto. — La vitesse de rotation de la magnéto,

par rapport à celle du moteur, dépend, comme on l'a vu, du nombre de cylindres.

Il est avantageux de commander la magnéto au moyen de deux roues dentées soit directement, soit à l'aide d'une chaîne ou d'un pignon intermédiaire, en tenant compte du sens de rotation dans lequel, d'après sa construction, elle doit tourner.

Ce sens de rotation est, en général, marqué sur la magnéto. On le retrouve, en remarquant qu'en tournant

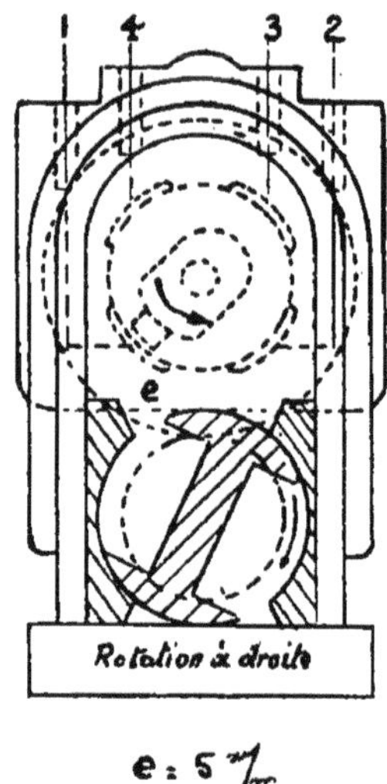

Fig. 156. — Réglage de la magnéto.

la magnéto à la main, l'arrachement de l'induit entre les pôles de l'aimant doit se faire un peu avant que la came ait atteint le galet.

Calage. — La production de l'étincelle doit se faire au moment voulu, c'est-à-dire avec l'avance voulue, ce qui nécessite un repérage, en général marqué sur le volant.

Il faut tenir compte de ce que le maximum de courant a lieu lorsque l'un des bords de l'armature de l'induit a quitté le bord d'une des masses polaires et s'en est éloigné, dans le sens du mouvement de rotation, d'une dizaine de millimètres environ (fig. 156).

Si la magnéto est à avance fixe, le repérage est donné par le constructeur. Si elle est à avance variable, on cale la magnéto de façon que l'étincelle jaillisse avec la moitié du retard au point mort supérieur.

Pour faire ce calage, on peut opérer de la façon suivante : l'ordre dans lequel s'ouvrent les soupapes d'échappement indique l'ordre de succession des explosions.

On numérote à la craie les cylindres en commençant par celui qui est le plus près du radiateur. On amène ensuite le piston n° 1 à la manivelle ou mieux au volant, à la position de la compression maximum (point mort haut, que l'on peut reconnaître au moyen d'une tringle introduite dans le cylindre par le robinet de décompression), et au début du troisième temps (on le reconnaît en suivant le mouvement de la soupape d'échappement qui doit rester fermée pendant toute la course de compression). On fait alors tourner l'arbre de commande de la magnéto, de façon que les pointes de platine commencent à s'écarter et qu'en même temps le plot du distributeur soit engagé de 2 ou 3 mm sous le doigt de contact correspondant au cylindre n° 1 (ou, suivant les dispositions, que le doigt du distributeur soit engagé de 2 ou 3 mm sur la touche du cylindre n° 1). La dimension du plot est déterminée de telle sorte qu'il soit sous le doigt avant le commencement de l'écartement des pointes, et qu'il y soit encore après la rupture, de façon à éviter des étincelles nuisibles à la rupture.

On cale alors l'arbre de la magnéto par rapport à celui du moteur. L'appareil se trouve ainsi réglé et on n'a pas à s'occuper du réglage des autres cylindres.

Réglage. — L'écartement maximum des vis platinées sous l'effet de la came doit être de un quart à 4/10es de millimètre environ. On rapproche ou on éloigne de la quantité voulue, s'il y a lieu, les deux vis platinées, en bloquant à fond les contre-écrous. La rupture doit être franche et, par suite, le ressort assez tendu.

Si on est amené à démonter un aimant, il faut prendre soin de réunir immédiatement ses deux pôles par une barrette de fer, et, au remontage, il est essentiel que tous les pôles du même nom soient d'un même côté de la magnéto.

Pour éviter toute erreur dans la remise en place des aimants, il suffit de faire, avant le démontage, des marques à la craie ou à la peinture. Toute marque par frappe risquerait de briser les aimants.

Entretien. — L'entretien est très simple.

a) *Graissage.* — Il suffit de remplir de temps en temps, chaque semaine par exemple, de graisse consistante, les graisseurs Stauffer s'il y en a, d'huile de très bonne qualité les graisseurs des coussinets de l'arbre induit ; ceux-ci sont soit lisses, soit à billes ; il est bon de nettoyer les graisseurs à l'essence tous les six mois.

On doit de temps en temps mettre une goutte d'huile entre la came et le galet de roulement du marteau en prenant soin de n'en pas mettre sur les vis platinées.

Dans certaines magnétos Bosch, la came fixe en fibre n'a pas besoin de lubrifiant.

b) *Nettoyage.* — Il suffit de nettoyer de temps en temps à l'essence les charbons frottants, leurs ressorts et leurs gaines, les contacts de platine, les plots métalliques, les couronnes de contact ou de distributeur.

Dans toutes les prises de courant sur une pièce en mouvement, on doit vérifier que l'on a un bon contact, c'est-à-dire que les surfaces portent bien l'une sur l'autre, sur toute leur étendue, ne sont pas salies ou oxydées, que les ressorts ont la tension voulue et que rien ne gêne leur détente. On aplanit et on rafraîchit les surfaces en contact en les frottant avec de la toile émeri très fine

(on peut employer une lime à grain très fin pour les vis
platinées et les charbons).

Connexions. — Les connexions doivent être faites
suivant le schéma d'allumage. On emploie pour les canalisations de courant à haute tension du fil fin à fort
isolement au caoutchouc (au moins 1200 mégohms).
Les contacts doivent être bien établis aux bornes, en
particulier, les fils de masse doivent être en parfaite
communication électrique avec le métal même des pièces
choisies qui doivent être en bonne liaison électrique entre
elles. Les bornes doivent être fortement serrées, au besoin
assurées par un contre-écrou. Les fils ne doivent jamais
être tendus rigides, afin d'éviter la rupture par choc;
ils doivent être soutenus de distance en distance pour
éviter les efforts de traction sur les bornes.

Vérification de l'allumage. — On examine d'abord
la canalisation au point de vue de la continuité des fils,
des contacts et de l'isolement sur le parcours.

Les bougies exigent des précautions spéciales, parce
que leur constitution est très fragile; elles doivent être
montées avec un serrage moyen sur un joint étanche,
ne pas présenter de *court-circuit*; n'être ni *cassées* ni
encrassées; *l'écart* entre les deux pointes doit être de
l'ordre de grandeur du *demi-millimètre* : on réalise cet
écart en agissant sur les électrodes.

On nettoie les bougies au moyen d'essence.

Si une bougie a sa porcelaine cassée, il faut la changer.
Si le court-circuit est produit par une perle métallique
résultant de la fusion des électrodes lors du passage des
fortes étincelles, il suffit d'enlever cette perle.

Pour vérifier le fonctionnement des bougies, on les
place sur le moteur de façon que la partie métallique
formant la base soit en contact avec la masse du moteur, la partie supérieure reliée au conducteur en étant

isolée. En tournant le moteur à la main, on doit obtenir des étincelles entre les pointes. Si une bougie ne donne pas d'étincelles, on la remplace par une autre. Si le défaut persiste, on vérifie la magnéto en commençant par les *organes de distribution de courant de haute tension.* On examine les contacts, le porte-charbon, le collecteur, le secteur et les doigts de contact. En faisant tourner le moteur, et en prenant un fil conducteur isolé dont une des extrémités est à la masse, on doit obtenir une étincelle en approchant de 1 ou 2 mm l'extrémité dénudée du fil, soit de la borne centrale du distributeur, soit des bornes de départ. En débranchant les fils de bougie, on doit avoir une étincelle au parafoudre.

Dans le cas de magnéto à basse tension, on vérifie, en outre, le transformateur en diminuant au moyen d'une pièce métallique isolée de la main, la distance entre les pointes du parafoudre jusqu'à être de 1 ou 2 mm. En tournant le moteur à la main, on doit avoir une étincelle entre les pointes du nouveau parafoudre. Si on n'en obtient pas, cela peut tenir au condensateur; on enlève celui-ci et on recommence l'essai. Si on a une étincelle, c'est que le condensateur était crevé; en le remplaçant on doit avoir une étincelle.

On peut d'ailleurs finir une étape sans condensateur.

On continue par les *organes de courant à basse tension.*

En débranchant la magnéto, et en tournant le moteur à la main, on doit obtenir une petite étincelle entre les vis platinées; dans ce cas, la magnéto n'a rien, et il suffit de voir si les vis platinées ne sont pas trop écartées. Si on n'a pas d'étincelles, on enlève la magnéto du moteur, on la fait tourner à la main et on doit sentir à chaque demi-tour une résistance sensible correspondant à l'arrachement; en même temps, si l'on met un doigt sur le départ du primaire et un autre sur les aimants, on doit percevoir un léger picotement à chaque arrachement. Si on a un arrachement sans courant sensible, c'est que l'une des pièces isolantes est défectueuse ou que l'induit est détérioré. Si on n'a pas d'effort d'arrachement, c'est que les aimants sont désaimantés. Dans ces deux derniers cas, il faut avoir recours au constructeur.

Une deuxième vérification est utile avec le moteur en marche, à pleine charge. L'étincelle peut, en effet, passer à l'air libre entre les pointes de la bougie ou lorsqu'on marche à compression réduite, et ne plus se produire lorsque la compression a sa valeur maximum de 4 à 5 atmosphères.

On peut avoir des ratés si l'atmosphère qui entoure le parafoudre est à haute température, ce qui n'empêche pas le bon fonctionnement de la magnéto qui peut supporter une température de plusieurs centaines de degrés, mais la résistance de la couche d'air de 9 à 10 mm interposée entre les pointes du parafoudre diminue à un point que l'étincelle trouve moins de difficulté à jaillir entre celles-ci qu'entre celles de la bougie. Le remède dans ce cas consiste à abaisser la température par ventilation; il serait dangereux d'écarter les pointes du parafoudre, car on risquerait dans la marche à froid, en d'autres circonstances, de griller l'induit.

Accumulateurs. — Les accumulateurs sont beaucoup plus délicats que les piles, mais ils fournissent un allumage plus nourri. Nous rappelons que la tension aux bornes d'un accumulateur varie de 2,5 v pendant la charge à 1,8 v à la fin de la décharge.

La résistance intérieure d'un accumulateur étant très faible, comme on l'a vu plus haut, son débit dépend de la résistance du circuit extérieur; si on met les deux bornes en court-circuit, il se décharge presque instantanément en dégageant une grande quantité de chaleur correspondant à une intensité de courant très forte, et avec un très mauvais rendement.

Ainsi, un accumulateur de 60 ampères-heure qui peut

donner 1 ampère pendant soixante heures est incapable
de fournir un courant de 30 ampères pendant une heure.

Le nombre d'ampères-heure inscrit sur un accumulateur correspond au régime de décharge normale qui
dépend de son poids (environ 3 ampères par kilo de
plaques).

Pour la raison ci-dessus, on ne peut employer un
ampèremètre pour « ausculter » un accumulateur, car
l'ampèremètre présentant une très faible résistance
serait rapidement mis hors d'usage et l'accumulateur
subirait une décharge de débit considérable. On ne peut
donc employer pour ce but que le voltmètre qui donne
seulement le voltage utile, mais ne renseigne pas sur la
capacité restante. Le total des heures de fonctionnement
doit venir compléter les indications, en tenant compte
de ce qu'avec un moteur à un cylindre tournant à
1200 tours à la minute, l'accumulateur fournit du courant d'une façon continue pendant un quart environ de
la durée totale de marche du moteur.

Charge des accumulateurs. — Pour charger les accumulateurs, il faut employer un courant ayant un voltage
de 2,5 v par élément d'accumulateur en tension et une
intensité de 1,75 ampères par kilo de plaques, ce qui
correspond à 2 ampères environ pour un accumulateur
de 25 ampères-heure. On peut recharger des accumulateurs au moyen de piles Bunsen. Il est plus simple et
plus rapide d'employer le courant d'éclairage, à condition
qu'il soit continu (l'utilisation du courant alternatif
nécessite des installations compliquées et délicates).

Comme résistances, on emploie des lampes électriques
ordinaires à filament de charbon. (Une lampe de 16 bougies sous 110 volts est traversée par un courant d'environ
0,5 ampère, une lampe de 32 bougies par un courant
d'environ 1 ampère.)

Ainsi, avec une distribution d'éclairage à 115 volts,

on pourra recharger deux éléments d'accumulateurs en tension demandant un courant de 2 ampères, en montant 4 lampes de 16 bougies en dérivation sur le circuit de rechange. Si le courant n'avait que 110 volts, les lampes brûleraient un peu moins bien, puisqu'elles ne marcheraient qu'à 105 volts, mais la recharge se ferait quand même.

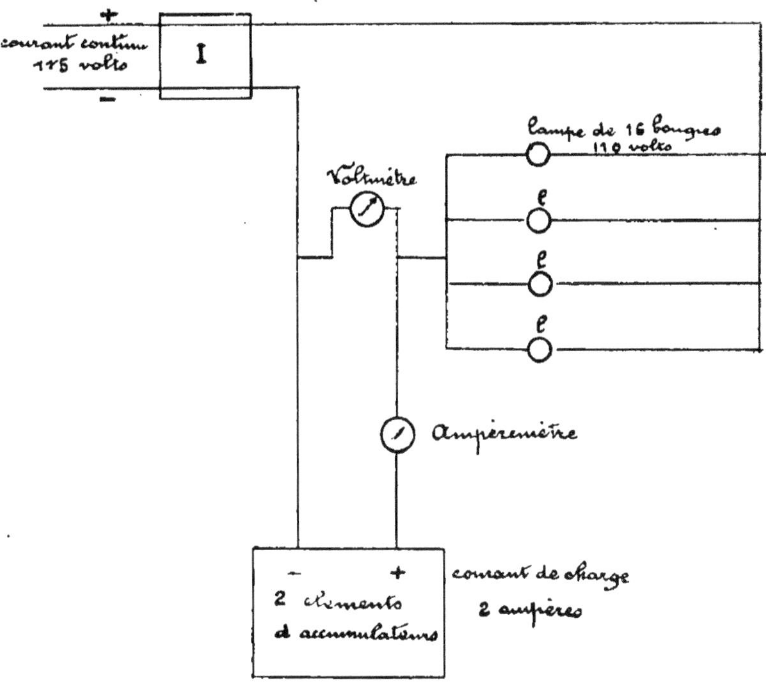

Fig. 157. — Schéma de tableau de recharge d'accumulateurs

Il est bon d'installer, par mesure de précaution, sur le tableau de charge, un fusible, un interrupteur et un voltmètre. La figure 157 donne un schéma des connexions de ce tableau.

Bien entendu, il faut réunir le pôle + du courant au pôle + de l'accumulateur. On reconnaît le pôle + au moyen du voltmètre dont l'aiguille se déplace dans le sens de la graduation quand le fil rouge est relié avec un pôle +. Il faut prendre la précaution de ne mettre le voltmètre de 5 volts sur la dérivation qui alimente une lampe à incandescence qu'une fois la lampe installée.

Il faut arrêter la charge dès que le liquide commence à bouillonner.

Mise en route d'un moteur. — Avant de mettre un moteur en route, il faut s'assurer *personnellement :*

1º S'il est à refroidissement par eau, que le radiateur est rempli;

2º Que le réservoir à huile contient une quantité suffisante de lubrifiant et que son robinet de départ est ouvert. Si on est en hiver, il est indispensable de faire tourner le moteur pendant quelques tours à vide pour être assuré que l'huile, peu fluide aux basses températures, joue son office à tous les endroits utiles;

3º Que le réservoir à essence est rempli, que le robinet de départ est ouvert, et que l'essence arrive bien au gicleur;

4º Que le plot de l'interrupteur est à une position telle que l'induit primaire de la magnéto n'est pas en court-circuit.

Si la magnéto est à avance variable, la mettre au retard maximum afin d'éviter les retours;

5º Si le carburateur est automatique, que le volet d'admission des gaz est faiblement ouvert et que l'air additionnel est réduit au minimum.

Si le carburateur n'est pas automatique, ouvrir moyennement l'ouverture d'arrivée des gaz, et fermer l'arrivée d'air additionnel; si le carburateur est à injection, ouvrir aux trois quarts le robinet d'essence.

Ces vérifications étant faites, faire exécuter un demi-tour à la manivelle de mise en marche, ou à l'hélice (moteur d'aviation), en cherchant à obtenir le maximum de vitesse de rotation au moment de la compression.

Dans le cas où un aide lance le moteur avec l'hélice, le pilote doit surveiller l'interrupteur pour éviter des départs intempestifs dangereux.

Dès que le moteur est parti, régler immédiatement la carburation et, s'il y a lieu, l'avance, de façon que le moteur tourne régulièrement, sans emballer, sans ratés et sans « bafouillage », et obéisse bien à l'accélérateur. Dans le cas où le moteur commande une hélice directement, vérifier que le moteur atteint franchement sa vitesse normale. Écouter avec soin, pendant quelques instants, les bruits du moteur et s'assurer qu'on ne perçoit aucune sonorité anormale. Cela étant, si le moteur commande un arbre muni d'un embrayage, embrayer progressivement en augmentant peu à peu l'arrivée des gaz et l'amener à sa vitesse de régime. Si le moteur commande directement une hélice (aéroplane), le pousser progressivement à sa vitesse maxima et l'y maintenir un moment avant de donner le signal du départ.

Arrêt d'un moteur. — Pour arrêter le moteur, le ralentir progressivement en diminuant les gaz, et débrayer avant qu'il ait atteint sa marche au ralenti maximum; fermer l'arrivée des gaz, puis couper l'allumage si c'est pour un arrêt définitif; si au contraire on désire repartir peu de temps après, il est avantageux de couper d'abord l'allumage, puis de fermer les gaz; de cette façon, pendant les quelques tours que le moteur exécute encore en vertu de son inertie, les cylindres se remplissent d'un mélange explosif et la mise en route est facilitée. Ce dernier procédé risque de produire des explosions dans le pot d'échappement, aussi est-il proscrit à bord des dirigeables. Il est bon de pétroler légèrement, aussitôt après l'arrêt, les moteurs à refroidissement par ailettes.

PANNES DES MOTEURS

Dans ce chapitre relatif aux pannes, nous allons indiquer d'abord les principales causes de mauvais fonctionnement du moteur. Mais, bien entendu, la meilleure préparation pour rechercher facilement et, par suite, pour prévoir les pannes, consiste en une parfaite connaissance de la constitution et du fonctionnement du moteur à explosion en général, et du moteur que l'on conduit en particulier. Ce qui va suivre constitue donc un ensemble de conseils et un procédé méthodique d'analyse que chacun pourra modifier à sa guise suivant sa propre habileté.

Le meilleur moyen de n'avoir pas de pannes étant de dépister à temps les commencements de déréglages et d'avaries, nous étudierons d'abord les causes de mauvais fonctionnement ou de diminution du rendement qui sont très utiles à connaître, car, si on ne les supprime pas en temps voulu, on court au-devant de la panne simple ou irrémédiable.

Les moyens préventifs à employer consistent en un entretien minutieux et une surveillance journalière, c'est l'*hygiène* du moteur, qui découle de son anatomie et de sa physiologie exposées dans le cours de cet ouvrage.

Nous allons voir maintenant les principales causes de faiblesse d'un moteur, afin de pouvoir diagnostiquer la panne et y porter remède.

Causes de mauvais fonctionnement. — Pour la facilité de l'exposition, nous avons groupé ces causes par familles ayant même origine.

A) **Allumage.** — *Ratés d'allumage.*

Diagnostic : Un certain nombre d'explosions n'ayant pas lieu, le moteur ne peut prendre son régime habituel.

Causes : Ces ratés peuvent être dus à un défaut, soit des bougies, soit des canalisations, soit de la source d'électricité (abaissement du voltage) :

a) Des bougies (court-circuit, encrassage après un graissage abondant, pointes trop éloignées);

b) Des canalisations (desserrage de bornes, fil rompu, dénudé sur une certaine longueur et venant périodiquement en contact avec la masse du moteur ou du châssis);

c) De la source d'électricité (diminution du voltage des accus, désaimantation des aimants de la magnéto, vis platinées déréglées, mouillées d'eau ou couvertes d'huile, contacts gras, charbons usés, cassés, coincés, etc.).

L'allumage peut être mal réglé par suite de l'inégalité de tension des ressorts des vibreurs (cas d'emploi d'accus), d'une erreur dans le montage des fils de connexion.

Remèdes : Les remèdes se devinent d'eux-mêmes.

B) Carburation. — 1° *Débit d'essence insuffisant.*

Causes : Cela peut tenir à l'obstruction partielle de la conduite ou du gicleur; à un niveau d'essence trop bas dans le réservoir, ou dans le niveau constant par suite soit d'un flotteur trop léger, soit de leviers-bascules faussés ou usés.

Diagnostic : Dans le cas d'un débit d'essence insuffisant, le moteur ne peut supporter la marche à pleine puissance; on a, dès qu'on ouvre les gaz en grand, des retours de flamme au carburateur, produisant des claquements significatifs.

Avec un carburateur non automatique, on supprime les retours au carburateur en diminuant l'entrée d'air additionnel; avec un carburateur automatique, en diminuant l'entrée d'air primaire; mais le moteur perd de la puissance.

Remède : On remplit, s'il y a lieu, le réservoir d'essence, on nettoie le gicleur, les filtres ; on vérifie, en appuyant sur le poussoir, que l'essence gicle bien par le gicleur, que son niveau dans le « vase à niveau constant » est à 2 ou 3 mm au-dessous de l'orifice de giclage. On alourdit, s'il y a lieu, le flotteur par un point de soudure (le poids ainsi ajouté doit être très exactement déterminé) ; on répare ou on remplace les leviers-bascules, si ceux-ci sont usés.

2° *Le débit d'essence est trop fort.*

Diagnostic : On a des flammes noirâtres à l'échappement, la carburation est mauvaise, les explosions se font mal, le moteur faiblit et chauffe.

Causes : Cela peut tenir à un gicleur agrandi, à un flotteur alourdi par l'entrée d'un peu d'essence à son intérieur, à des leviers faussés, à des pivots usés, à un pointeau obturant mal (souvent par suite d'une saleté ou d'un matage).

Remèdes : On remplace le gicleur, on répare le flotteur ou on le change, on rode le pointeau, etc.

3° *L'appareil d'introduction d'air additionnel est trop ou pas assez sensible dans le cas de carburateur automatique.*

Causes : Ressort de soupape trop fort ou trop faible ; bain de pétrole servant d'amortisseur insuffisant (Renault) ; bille collée ou perdue (type Grouvelle) ; membrane de caoutchouc percée ou durcie (Krebs), etc.

Diagnostic : La carburation, bonne à une certaine allure, est mauvaise à toutes les autres ; un appareil trop sensible gêne la marche au ralenti et cause des retours de flamme à toute augmentation brusque de vitesse ; un appareil trop peu sensible empêche le moteur de donner sa pleine puissance.

Remède : On remédie à ces inconvénients par un réglage approprié et méthodique.

4° *Joint du tuyau d'aspiration mal fait ou tuyau d'aspiration partiellement rompu au collet.*

L'entrée d'air supplémentaire sur le trajet compris entre le carburateur et le moteur vaporise d'une manière variable les gouttelettes d'essence condensées dans la tuyauterie, cause des remous, trouble la carburation et amène une mauvaise marche.

Cette rentrée d'air se décèle en outre souvent par une sorte de sifflement de l'air ainsi laminé et aspiré à grande vitesse. On y remédie en refaisant les joints, les collets, etc.

5° *Réchauffage du carburateur insuffisant.*

On a des condensations d'essence dans la tuyauterie d'aspiration qui troublent la carburation. Le carburateur se couvre de buée et même de givre.

On installe ou on vérifie la canalisation de réchauffage par l'eau ou l'alimentation d'air chaud.

6° *Réchauffage du carburateur trop intense.*

Mélange trop chaud admis aux cylindres. Le mélange gazeux admis à trop haute température a une densité trop faible, ce qui donne des cylindrées insuffisantes et, par suite, des explosions moins fortes.

On y remédie en ouvrant une prise d'air froid sur la canalisation d'air chaud, en diminuant le réchauffage par l'eau s'il y en a un.

Dans le cas d'emploi de soupapes concentriques, cet inconvénient se produit quelquefois parce que les gaz admis passent, avant d'entrer dans le cylindre, au contact des soupapes d'échappement trop chaudes.

On y remédie en refroidissant plus énergiquement le moteur.

7° *Essence pas homogène.*

Gouttelettes d'eau ou essences lourdes, dépôts laiteux.

8° *Air chaud impur.*

Par suite d'une fuite du tuyau d'échappement entouré par la prise d'air chaud.

C) **Compression.** — Le manque de compression peut provenir :

De segments ou d'obturateurs usés ou portant mal, cassés ou collés dans leur logement, de cylindres ovalisés;

De soupapes mal rodées ou cassées, ou portant mal sur leur siège, soit par suite d'une impureté, soit parce qu'elles sont voilées, que leur tige est coincée, leur ressort trop faible ou brisé;

De joints mal faits (bougies, chambre à eau, etc.).

On vérifie la compression de chaque cylindre en le tâtant avec la manivelle de mise en marche.

Le remède est évident.

D) **Distribution.** — 1° *Soupape d'aspiration.*

a) *Automatique.* — Ressort trop faible ou trop fort (cylindrée diminuée). Course trop grande ou trop petite (cylindrée diminuée également).

Dans les polycylindriques, il est de toute nécessité que les soupapes s'ouvrent toutes de la même quantité sous le même poids. Il faut tarer les ressorts en conséquence.

b) *Commandée.* — Usure de la came de commande, allongement de la tige de soupape par suite de rodages successifs. (Il doit exister un jeu de 1 à 2 mm entre la tige de soupape et son poussoir.)

Ressort trop faible, recuit ou cassé.

La soupape ne doit jamais s'ouvrir avant le point mort haut. La valeur du retard à l'ouverture ou à la fermeture est donnée par le constructeur.

2° *Soupape d'échappement.* — Allongement de la tige de soupape, par suite des rodages, empêchant la fermeture complète.

Usure de la tige, de la came.

Affaiblissement du ressort, en général, par recuit (on le constate par le frémissement de la soupape pendant l'aspiration).

Encrassement du guide de soupape.

La soupape d'échappement doit se fermer au point mort haut. Le degré d'avance à l'échappement est donné par le constructeur.

E) Refroidissement. — L'échauffement peut provenir :

D'un manque ou d'une insuffisance de réfrigérant, par suite de manque ou d'absence d'eau dans le réservoir ou le radiateur;

D'insuffisance ou d'arrêt de la circulation d'eau par avarie de la pompe elle-même ou de sa commande ou d'encrassage des canalisations;

D'une fuite d'eau;

D'entartrage des cylindres ou du radiateur, du mauvais fonctionnement du ventilateur par suite du glissement de la courroie de commande.

Dans un moteur trop chaud, les huiles de graissage perdent leur pouvoir lubrifiant et augmentent les pertes par frottement. Les gaz aspirés, dilatés au contact de parois trop chaudes, ont une densité trop faible, la cylindrée explosive est diminuée, d'où affaiblissement.

F) Lubrification. — L'échauffement peut résulter aussi d'un défaut de graissage qui introduit des pertes par frottement et peut provenir :

D'absence d'huile au réservoir, ou d'une obstruction du trou d'air de ce réservoir s'il est en charge;

D'une pompe avariée ou désamorcée;

D'une fuite (carter, tuyauterie, joints) ou d'une obstruction de canalisation.

Ce défaut peut avoir les conséquences les plus graves pour tous les organes du moteur. Il faut arrêter le moteur dès qu'une de ses pièces crie, grince ou cogne, et visiter par le toucher tous les paliers accessibles.

G) Usure des organes ou rupture des pièces. — L'usure des paliers de vilebrequin, en causant aux grandes vitesses des vibrations importantes, visibles à l'œil et des chocs pour les arbres qu'ils supportent, nuit au rendement du moteur.

L'usure des paliers de bielle se décèle facilement à ce que le moteur tend à cogner dès qu'on ralentit en maintenant la charge.

L'usure des engrenages de distribution produit un décalage nuisible dans cette distribution et, par suite, une irrégularité dans la valeur des cylindrées, des chocs néfastes.

Un disloquement du pot d'échappement, qui augmente la difficulté du passage des gaz brûlés, peut absorber une puissance très notable.

Les ruptures de pièces, clavettes, goupilles, etc., peuvent amener un déréglage général.

Le remède consiste, suivant le cas, soit à rattraper le jeu des coussinets en resserrant ou en remplaçant les bagues, soit à remplacer les pièces usées, en particulier les engrenages.

Si on surveille bien le moteur en tenant compte des observations ci-dessus, on aura le plus de chances possible de ne pas avoir de pannes. Comme elles peuvent se produire néanmoins, nous donnons ci-après, à titre d'indication, un mode de recherche méthodique utilement complété par l'expérience et le flair de chacun.

La façon d'opérer diffère évidemment suivant qu'on est en présence d'un moteur neuf ou usagé, très bien ou mal entretenu, parfaitement ou non vérifié et réglé. Étant donnée l'importance de cette recherche des pannes, on n'a pas craint de répéter par endroits et de compléter certaines des indications énumérées ci-dessus.

RECHERCHE MÉTHODIQUE DES PANNES

Les moteurs actuels sont faits avec assez de précision pour partir, par température moyenne, au bout de deux ou trois tours au maximum.

Supposons qu'un moteur refuse de fonctionner ou fonctionne mal. Cela peut tenir, comme on a vu : à un défaut dans l'allumage, dans la compression, dans la carburation, dans la distribution, dans le refroidissement, dans le graissage. Nous allons résumer ci-dessous les principaux cas qui peuvent se présenter, et donner une marche méthodique à suivre pour les diagnostiquer.

I. Le moteur refuse de fonctionner.

A) L'allumage ne fonctionne pas.

a) *Allumage par accumulateur et bobine à trembleur.* — Tous les contacts étant assurés, les interrupteurs fermés, le commutateur bien disposé sur « marche », on tourne lentement la manivelle à la main, (on coupe les gaz et on ferme l'essence au préalable); au moment où le distributeur, bien propre, est en contact avec le plot correspondant à chaque cylindre, le vibreur doit se faire entendre. Si on n'a pas de vibrations ou si on en a seulement de très faibles, cela peut tenir à ce que le courant fourni par les accus est insuffisant.

Accus. — On les vérifie au voltmètre ; si celui-ci donne un voltage égal à 1,8 volt ou que les accus aient fonctionné un temps voisin de celui nécessaire à la décharge normale, on les change et on les envoie au rechargement.

Les accus étant en forme, on vérifie la canalisation qui les relie à la bobine, les contacts à la masse, le serrage des bornes ; un court-circuit du primaire se manifeste par un échauffement sensible des conducteurs et des bornes des accus.

Trembleur. — Si en tournant à la manivelle on n'obtient pas de vibrations au trembleur, cela tient à ce que :

Le vibreur étant mal réglé (trop près du faisceau de fer doux) colle, ou les bouts platinés de la vis et du trembleur ont des aspérités ;

— ou la vis platinée appuie trop ou pas assez sur le trembleur ;

— ou la vis et le trembleur ne sont pas bien bloqués sur leur socle ;

— ou des saletés sont interposées ;

— ou les ressorts des trembleurs sont cassés ou insuffisamment bandés.

On règle le trembleur en desserrant l'écrou de la vis platinée et en vissant ou dévissant celle-ci tout doucement jusqu'à ce qu'on obtienne une vibration énergique et régulière.

On bloque alors la vis platinée au moyen de son contre-écrou. Si on n'arrive pas à un bon résultat, on change le vibreur.

Bobine. — Si, malgré cela, le vibreur ne marche pas, c'est que la bobine (circuit primaire) ou le condensateur ont un court-circuit (Si le court-circuit est seulement partiel, on obtient aux bougies une petite étincelle rouge).

On change la bobine.

Canalisations. — Les accus et la bobine étant en bon état, le vibreur marche. On vérifie les canalisations et les bougies.

On dévisse le fil d'une bougie et on amène le distributeur sur le plot du cylindre correspondant. On doit obtenir une étincelle entre la masse du moteur et l'extrémité du fil maintenue à 1 mm environ de cette masse.

Si on n'a pas d'étincelle, cela tient à ce que soit le secondaire de la bobine est détérioré, cas très peu probable si on a remplacé la bobine primitive par une neuve, soit le contact à la masse de ce secondaire est mauvais, soit la canalisation est rompue ou présente un mauvais isolement.

Toutes les canalisations des bougies sont vérifiées et remises en état, on recommence l'essai sur le fil d'une autre bougie. En général, on obtient une étincelle.

Si par hasard on n'a pas d'étincelle, c'est que le secondaire de la bobine est détérioré. Il faut changer à nouveau la bobine et vérifier son primaire et son trembleur, comme ci-dessus.

Bougies. — Les accus, la bobine et les canalisations étant en état, on accroche les fils de bougies et on dévisse celles-ci.

Leur vérification se fait comme il a été indiqué plus haut (allumage par magnéto). On vérifie s'il n'y a pas *écartement* trop grand des pointes (plus d'un demi-millimètre), *court-circuit, encrassage.*

Enfin, on vérifie que les fils aboutissent bien aux cylindres auxquels ils sont destinés.

b) *Allumage mixte par accus et magnéto.* — On vérifie les accus, la bobine, les canalisations et les bougies comme ci-dessus. Le réglage du vibreur est remplacé par celui du rupteur de la magnéto (Voir plus haut le réglage de l'allumage par magnéto), on vérifie si l'écartement n'est pas trop grand pour les vis platinées, s'il n'y a pas d'encrassage, etc.

c) *Allumage par magnéto* (Voir plus haut vérification de l'allumage par magnéto).

1° *Il y a des étincelles aux bougies.* — C'est qu'alors, ou la magnéto est décalée après un mauvais remontage; ou le distributeur est décalé ou avarié; ou les connexions sont mal faites.

2° *Il n'y a pas d'étincelles aux bougies.* — Cela peut provenir de ce que :

— l'interrupteur n'est pas fermé;

— un fil est rompu ou détaché, ou dénudé et en contact avec la masse;

— le mécanisme de rupture est encrassé ou la vis platinée trop écartée;

— les balais de charbon sont encrassés, usés, fendus, coincés;

— les frotteurs du distributeur sont relevés ou ne frottent plus;

— les tampons d'allumage ou les bougies ne sont pas bien isolés;

— le condensateur est détérioré et forme court-circuit;

— un corps étranger se trouve au parafoudre de la magnéto ou de la bobine et forme contact.

B) L'allumage fonctionne.

a) **Il y a de la compression.** — On vérifie la carburation :

1° Le *carburateur peut être noyé,* on a un excès d'essence et celle-ci coule sur le sol. Cela provient de ce que l'arrivée d'essence demeure normalement ouverte par la faute du mauvais fonctionnement du pointeau :

— soit parce qu'il a besoin d'être rodé;

— soit que la soupape à bille, s'il y en a une, n'est pas étanche;

— soit que le flotteur est percé ou qu'après une réparation il est trop lourd;

— soit qu'une saleté est interposée;

— soit que les petites branches de commande du flotteur accrochent.

Si la réparation ne peut être faite sur place, et que le défaut ne soit pas trop grave on peut partir en fermant l'arrivée d'essence, et en tournant la manivelle de façon à aspirer l'essence en excès.

Il arrive un moment où on a réalisé un mélange ayant une bonne composition et où le moteur part. On ouvre ensuite partiellement le robinet d'essence.

2º Le *carburateur peut être à sec*. Regarder en donnant quelques tours de manivelle si l'essence gicle par l'ajutage et si elle déborde quand on appuie sur le poussoir.

Si l'essence n'arrive pas, c'est :

— soit que le gicleur est obstrué (le déboucher avec un fil de laiton);

— soit que le filtre est encrassé (nettoyer);

— soit que le ressort de la soupape (quand il y en a) est trop fort (en couper une spire);

— soit que le trou d'air de la chambre à niveau constant ou du réservoir à essence est obstrué;

— soit que les leviers de bascule ont leurs pivots trop usés ou rompus;

— soit que le pointeau est coincé et faussé;

— soit que le carburateur a été mal remonté;

— soit que la longueur de la tige du pointeau ou de la tige du flotteur a été mal réglée.

Pour partir on donne au carburateur un léger excès d'essence en appuyant sur le poussoir.

3º *On a excès ou manque d'air*. On règle les ouvertures d'air dans les carburateurs non automatiques, on vérifie le fonctionnement de la soupape d'air additionnel (carburateurs automatiques), ressort trop fort ou trop mou, tige coincée, trou d'air de la lanterne (Krebs) obstruée.

En hiver, quand le moteur est froid on favorise le départ en employant un excès d'essence, et en fermant partiellement l'arrivée d'air, en introduisant directement dans chaque cylindre quelques gouttes d'essence par le robinet de décompression ou une soupape; il est important de ne pas donner d'avance à l'allumage.

4º Enfin le défaut de carburation peut provenir de la *mauvaise qualité de l'essence*, trop vieille, mélangée de pétrole ou d'eau.

b) **Il n'y a pas de compression.** — Le moteur est trop doux à tourner. On tourne lentement pour déterminer dans quel cylindre le défaut de compression existe.

Cela peut tenir :

— à un **joint qui fuit** (joint de bougie, de décompression, etc.); généralement un léger sifflement indique où est le mal.

On peut sentir le soufflement d'air ainsi produit à la main; on peut mouiller à l'aide d'eau savonneuse ou d'un peu d'huile; en tournant lentement, des bulles se forment à l'endroit défectueux du joint;

— à une soupape cassée en général au ras du clapet par suite du refroidissement;

— à une tige de soupape encrassée qui colle ou est grippée dans son canal guide (regarder de préférence la soupape d'échappement);

— à un ressort de soupape cassé ou recuit;

— à une saleté qui s'est glissée sous un clapet et le maintient ouvert;

— à des segments collés (on les dégomme avec un peu de pétrole), ou ayant tourné et mal orientés; dans ce cas toutes les fentes se font suite, et on a en même temps, en général, un encrassement des bougies; à des obturateurs en mauvais état;

— à un cylindre ovalisé ou fêlé, ou à une culasse fêlée;

— à un piston brisé ou percé au fond;

— à une fuite d'eau dans le cylindre (on trouve de l'eau dans la canalisation d'échappement);

— au décompresseur oublié à sa position d'ouverture des soupapes d'échappement.

d) **Le moteur est dur à tourner.** — On ne peut provoquer assez rapidement les périodes d'aspiration et de compression, et la rotation de la magnéto, pour qu'il se mette en route.

Cela peut provenir : de segments collés, gommés, d'une pièce cassée (ressort ou tige d'échappement, dent d'engrenage de distribution, etc...) ;

D'une pièce de mise en marche, ou d'un arbre principal, de distribution, de pompe, de magnéto, etc... grippée, en hiver de l'eau de la pompe gelée.

e) **Cas particuliers.**

1º Le *moteur n'est ni trop doux ni trop dur* à tourner. La difficulté de mise en marche peu provenir :

Des soupapes d'admission collées (cas des soupapes automatiques) par suite soit d'huile brûlée, soit d'un ressort déplacé, soit de spires de ressort accrochées ou brisées, soit d'une tige grippée ;

Du collet d'un tube d'aspiration fondu ou d'un joint mal fait.

2º Le *moteur donne des coups en arrière*, dangereux pour le conducteur ; pour éviter leurs conséquences graves et des fractures, il faut toujours tirer la manivelle de bas en haut avec une seule main, et en effaçant le corps afin que la manivelle en revenant en arrière ne vienne pas heurter le bras.

Ce défaut provient d'un excès d'avance à l'allumage ou d'un auto-allumage dans un moteur encore trop chaud (moteur à ailettes).

II. Le moteur peine, faiblit, refuse de s'emballer ou s'arrête après quelques tours.

a) **Le moteur tape ou « cogne ».** — On entend parfois, dans un moteur en marche, des bruits analogues à des coups de marteau sourds.

Si ce bruit est constant, il provient d'un jeu aux

têtes ou aux pieds de bielles (il faut resserrer les coussinets); s'il est seulement momentané, il provient d'un excès d'avance à l'allumage, par exemple lorsque le moteur ralentit dans une côte dure; quand la magnéto est à avance variable, il faut diminuer cette avance quand la vitesse de rotation décroît.

On peut entendre quelquefois une sorte de cliquetis, quand on emballe le moteur en terrain plat, à admission modérée; ce bruit semble être dû à une sonorité spéciale de l'explosion qui se produirait dans un temps très court par rapport à la durée totale de la course de détente. C'est qu'alors on est très près de l'auto-allumage par suite d'un échauffement exagéré.

b) **Le moteur n'a pas de force.** — On se trouve en présence d'une des causes d'affaiblissement de puissance indiquées dans le chapitre précédent et qui sont résumées ci-dessous.

Si cette faiblesse se manifeste après un remontage cela peut tenir à une erreur dans la distribution, par exemple à une avance à l'échappement insuffisante ou trop forte.

Ou à une avance à l'allumage trop grande ou trop faible. Quand l'avance est trop grande, le moteur a tendance à cogner; quand elle est trop faible, à chauffer.

En temps normal, les causes peuvent provenir:

— soit de l'*allumage* (source d'électricité épuisée, pointes d'une des bougies trop écartées, fuites dans la canalisation d'allumage, mauvais état des organes de distribution, de rupture ou de contacts);

— soit d'une *perte de compression*, comme on l'a vu au paragraphe précédent;

— soit d'un *mauvais fonctionnement des soupapes* (soupapes portant mal sur leur siège, piquées, tiges coincées, ressort affaibli, etc...);

— soit d'*usure des pièces de commande des soupapes*

(dans ce cas, en général, le mal ne s'est pas déclaré subitement et a suivi une marche progressive);

— soit d'un *défaut de carburation* produisant : une mauvaise alimentation particulière d'un ou de plusieurs cylindres (ajutages obstrués en partie, joints mauvais) ou générale par suite d'excès ou de pénurie d'air ou d'essence ; ou une insuffisance d'alimentation par suite d'une diminution anormale d'arrivée d'essence (gicleur obstrué partiellement, filtre encrassé);

— soit d'un défaut de *refroidissement*, augmentation des frottements (cylindrées trop chaudes, par suite incomplètes), ou de *graissage* (manque ou excès d'huile, fuites dans la canalisation d'huile, manque d'huile dans le réservoir, cylindre fendu se remplissant d'eau);

— soit d'un défaut d'*échappement* (ouvertures d'évacuation du pot d'échappement obstruées par la boue, la poussière, etc...).

c) **Le moteur s'arrête, repart.** — Les causes de cette marche intermittente peuvent être :

Allumage. — L'épuisement de la source d'électricité, par exemple des accus qui se rechargent partiellement pendant les arrêts, ou des contacts intermittents avec la masse.

Refroidissement. — L'échauffement d'une pièce qui dérègle la distribution soit par suite de sa dilatation linéaire, soit par suite de son grippement. Une fois refroidi, le moteur peut fonctionner à nouveau.

Une mauvaise circulation d'eau. La pompe débite mal ou la circulation est obstruée partiellement par suite d'encrassement ou de formation de colonnes de vapeur.

Pendant l'arrêt, le refroidissement se produit et permet un nouveau départ.

Carburation. — Une saleté a pu pénétrer dans le carburateur et y voyage selon l'aspiration, les cahots, les mouvements du flotteur, etc... obturant le gicleur d'une façon intermittente ; à l'arrêt le recul de l'essence entraîne cette saleté et la mise en route se fait sans peine.

La toile-filtre peut être engorgée.

Le trou d'air du réservoir d'essence peut être bouché.

La charge d'essence peut être insuffisante.

d) **Le moteur pétarade.** — Des explosions soudaines et ininterrompues en cours de marche proviennent d'une rupture dans la tuyauterie d'échappement, ce qui produit un échappement à l'air libre, sans inconvénient si les gaz brûlants ne risquent pas de produire d'incendie ou de détériorer la canalisation d'allumage.

Les *explosions dans le carburateur* peuvent provenir :

1° Du mauvais fonctionnement de la soupape d'admission.

La course du clapet peut être trop grande, la fermeture n'est pas complète au moment de l'explosion ; l'inflammation gagne les gaz frais qui arrivent du carburateur ; un grippement de sa tige ou une saleté interposée produisent le même effet ;

2° D'un défaut d'allumage, aux changements d'allure surtout. Le moteur tourne très vite, on débraye tout à coup et on ramène brusquement l'avance à l'allumage à son minimum pour éviter l'emballement. Le piston a alors le temps de redescendre après la compression d'une façon notable avant que l'allumage ait lieu ; le plein du cylindre n'étant pas fait, une dépression se produit vers la fin de la détente et la soupape d'admission automatique s'ouvre au moment où l'explosion a lieu ;

3° D'un défaut de carburation. La carburation étant mauvaise (excès d'air), le mélange gazeux fuse lentement au lieu de brûler, et la portion de gaz encore enflammée restant dans le cylindre au moment de l'admission met le feu aux gaz nouveaux.

Les explosions dans le pot d'*échappement* proviennent des *ratés dans l'allumage* ou d'un *excès d'essence*.

Les cylindrées non explosées sont évacuées dans le pot d'échappement où elles sont enflammées par la chaleur du pot et des gaz brûlés provenant des cylindrées antérieures ou suivantes. Ces explosions se produisent surtout lorsqu'on arrête le moteur en coupant l'allumage avant de couper les gaz.

e) **Le moteur a des ratés.** — Toutes les défectuosités de l'allumage, de l'alimentation et de la carburation sont susceptibles d'expliquer les « crises de hoquet du moteur ».

« Les ratés s'entendent dans le ronronnement du moteur comme des notes fausses ou sautées dans un morceau de musique. » (Baudry de Saunier.) Chaque raté correspond à une diminution brusque de l'effort moteur et par suite cause toujours un soubresaut au moteur; si ces ratés se produisent régulièrement, les trépidations correspondantes peuvent produire de véritables oscillations capables de désorganiser le bâti.

Quelquefois cependant les ratés peuvent être silencieux, dans le cas d'un défaut complet de carburation dans un cylindre, d'une fuite notable à une soupape, toutes les cylindrées étant mauvaises ne s'allument jamais. On les reconnaît aux trépidations anormales et la baisse de puissance produites.

Les ratés en pleine marche proviennent, en sus des dérèglements qui causent les pétarades, surtout d'un défaut dans l'allumage, en particulier :

— d'une source d'électricité épuisée (surtout dans le cas de l'emploi des accus dont l' « agonie » se manifeste par des intermittences de débit);

— de mauvais contacts par suite d'écrasement ou de faiblesse de ressorts, de fils partiellement rompus, de charbons de contacts brisés, coincés ou encrassés;

— de la présence d'huile sur une touche qui devrait
rester toujours nette ou au contraire d'absence d'huile
sur un frotteur qui devrait être lubrifié pour éviter de
détacher par frottements des parcelles métalliques qui
causent des courts-circuits;

— de bougies encrassées, en court-circuit, à porcelaine
fendue, à pointes trop écartées;

— de la présence d'eau dans l'essence, qui peut provenir soit de condensations, soit d'une fuite dans le cas
d'une chemise d'eau de réchauffage de carburateur;

— d'un carburateur engorgé.

Quand un moteur tourne assez bien à petite allure
sur place, et a de nombreux ratés quand on veut l'emballer ou le mettre en charge, il y a toute probabilité
pour qu'on ait une *mauvaise carburation.*

En effet, dans un moteur donné, tant que la carburation reste bonne, si on ouvre les gaz en grand puis
qu'on les referme brusquement, on n'observe que des
variations d'allure normales. Dans le cas contraire, on
a des ratés persistant, à l'emballage, par manque d'air,
et à petite allure par excès d'air.

Les ratés provenant de l'allumage ne dépendent pas
en général de l'allure du moteur; cependant, quand les
pointes de bougie sont trop écartées, l'étincelle peut
jaillir au ralenti, et ne plus pouvoir traverser, à pleine
admission, la couche des gaz fortement comprimés.

f) **Le moteur chauffe.** — L'échauffement du moteur
se révèle tout d'abord à l'odorat : on perçoit une odeur
de peinture qui brûle ou de tôle qui chauffe, dans tous
les cas une odeur d'huile cuite; en outre le moteur perd
peu à peu de sa force, il cogne, il a de l'auto-allumage;
si on est en automobile, il arrive par moment des bouf-
fées de chaleur; il se dégage du radiateur des flocons de
vapeur.

Le danger de gripper un piston dans son cylindre

est assez faible, mais on risque de détériorer le joint de culasse, de gripper le pied de bielle, de brûler les soupapes, de détremper les ressorts, de faire éclater le cylindre et la culasse. Dans tous les cas, il faut arrêter le moteur le plus tôt possible, on a ainsi des chances que le malheur soit réparable.

1° L'échauffement peut être produit par un manque de réfrigérant ou un défaut de circulation d'eau.

Si le radiateur est bien plein d'eau, ce peut être la pompe qui fonctionne mal ou pas du tout, soit parce que son entraînement ne se fait pas (cuir du volant de friction en mauvais état, clavetage sur l'arbre défait, goupille ou clavette de la noix d'entraînement, dans le cas de commande par engrenage, cisaillée), soit parce que le disque même de la pompe peut être déclaveté de telle sorte que l'arbre de commande tourne sans qu'il y ait entraînement d'eau.

Si l'on n'a pas de manomètre, on ne peut s'apercevoir de ce défaut qu'en défaisant un joint pour vérifier qu'il y a entraînement d'eau, ou en démontant la pompe.

L'entraînement d'eau peut ne pas se faire encore parce qu'il existe un jeu exagéré entre le disque de la pompe et son carter, soit par suite d'usure normale, soit par suite de l'entraînement d'une saleté qui a rongé les palettes, soit par suite du frottement de celles-ci contre une aspérité, écrou trop enfoncé par exemple.

La canalisation peut être plus ou moins complètement obstruée.

Il peut y avoir une fuite d'eau interne, d'où vaporisation constante qui contrarie la circulation, gêne la carburation et le graissage.

Il peut y avoir entartrage. Le tartre déposé par les eaux non seulement rétrécit les canaux et les cavités, mais encore constitue un calorifuge énergique qui empêche les cessions de température du cylindre à l'eau, du radiateur à l'air.

Pour les éviter, il est bon de prendre de l'eau bouillie, en tout cas d'employer de l'eau non calcaire, et d'utiliser toujours la même eau.

Enfin, on peut avoir une perte d'eau par suite d'une fuite de joint ou de bouchon, d'une rupture de tube.

Il est essentiel de ne pas mettre d'eau froide en contact avec un moteur qui chauffe, parce qu'on pourrait amener par retrait subit la rupture des cylindres et des chemises d'eau en fonte.

Il faut ajouter de l'eau chaude si possible et en petite quantité à la fois par le radiateur. Si on n'a que de l'eau froide à sa disposition, il faut attendre que le moteur ait repris sensiblement la température de celle-ci.

2º L'échauffement peut provenir d'un défaut de ventilation, soit parce que la quantité d'air passant sur les cylindres ou à travers le radiateur est trop faible ou à trop haute température. On sait en effet que le pouvoir d'émission d'un corps chaud est, toutes choses égales d'ailleurs, proportionnel à la différence de température qui existe entre ce corps et le milieu dans lequel il est plongé.

Quand un moteur a chauffé pour les raisons ci-dessus, il est bon d'injecter du pétrole dans les cylindres et de tourner un peu le moteur sans mettre l'allumage. Il est indispensable de l'examiner avec soin, et en particulier de vérifier les soupapes, qui auront, en général, besoin de roder, et les ressorts d'échappement qui ont dû être recuits.

3º L'échauffement peut provenir d'un défaut de graissage produit par manque d'huile ou emploi d'huile ayant perdu ses propriétés lubrifiantes. Il faut vérifier le fonctionnement de la pompe, son débit, les canalisations, le contenu du réservoir d'huile, les joints, le carter. Le défaut de graissage peut amener rapidement la fusion de la garniture régulée d'un coussinet de tête ou de pied de bielle, ou d'un palier du vilebrequin.

La tête de bielle qui chauffe fait entendre une sorte de gémissement qui se produit surtout au temps du travail; le moteur marche irrégulièrement, il n'obéit plus à l'avance à l'allumage et perd sa souplesse. Entre les deux parties du carter filtre une fumée noirâtre; le bâti est très chaud; si les paliers sont garnis de métal anti-friction, l'échauffement produit d'abord un entraînement de métal et rapidement la fusion complète. On entend alors un bruit tout à fait caractéristique provenant du jeu de 1 à 2 mm produit dans la tête de bielle. Ce jeu devient vite dangereux et peut amener la rupture de la bielle. Le remède consiste à arrêter au premier choc et à remplacer le **régule** après démontage complet du moteur et à réajuster la tête de bielle.

4º L'échauffement se manifeste encore toutes les fois qu'on a une mauvaise carburation (excès d'essence ou excès d'air) ou une avance à l'allumage trop faible.

L'échauffement ainsi produit n'entraîne pas, en général, d'inconvénient grave pour la bonne conservation du moteur, mais il lui enlève toute souplesse et diminue notablement sa puissance.

APPLICATIONS DU MOTEUR A EXPLOSION

L'étude précédente est relative au moteur à explosion en général. Celui-ci trouve chaque jour des applications nouvelles, grâce à son faible encombrement, à sa rapidité et à sa facilité de mise en route, à la simplicité de son fonctionnement et de son entretien.

Suivant le rôle auquel il est destiné, il présente des caractéristiques spéciales :

— pour l'automobile, le type varie suivant l'emploi du véhicule (motocyclette, voiture de course, de tourisme ordinaire, voiture de service, camion de poids lourd, tracteur agricole, etc.);

— pour la navigation maritime, on n'emploie pas les mêmes moteurs sur les cruisers rapides et sur les bateaux de pêche ou de plaisance;

— pour l'aéronautique, les qualités requises sont différentes selon qu'on considère les dirigeables ou les avions;

— pour l'industrie, le moteur du groupe électrogène léger diffère du moteur fixe.

Ces différences sont relatives au mode de construction, au groupement des organes, à la nature des métaux employés, à la puissance massique, au rapport de l'alésage à la course, à la valeur de la compression, à la vitesse de rotation, au mode d'alimentation, de refroidissement, de graissage, à la souplesse de marche et à la rapidité des reprises, au mode de régulation, etc.

La description détaillée de ces divers types n'entre pas dans le cadre de cet ouvrage, qui est destiné à constituer le prélude de cette importante étude; le fascicule *Moteurs d'aviation* du même auteur en est un chapitre.

TABLE DES MATIÈRES

NANCY — IMPRIMERIE BERGER-LEVRAULT